高职化工类
模块化系列教材

化工HSE

韩 宗 主 编

刘德志 史焕地 副主编

化学工业出版社

·北京·

内 容 简 介

　　本书全面贯彻党的教育方针，落实立德树人根本任务，在书中有机融入了党的二十大精神。本书结合现代化工企业生产实际，在介绍安全、职业卫生和环境保护基础理论的同时，加强对学生安全意识、安全行为、安全技能、健康管理、化工"三废"处理能力和安全素养的教育和培养，树立健康、安全和环保的工作意识，养成良好的职业习惯。

　　全书主要内容包括化工生产与安全认知、人的安全生产行为控制、职业卫生健康管理、正确使用个人防护用品、危险化学品管理、电气安全管理、压力容器安全管理、火灾与爆炸认知、应急演练及环境保护等。每个模块结合生产内容分为多个任务，并为学习者提供了多个生产事故案例作为参考。

　　本书具有实用性、综合性、典型性和先进性，可作为高职化工技术类及相关专业的教材，也可供从事化工生产及相关领域的技术人员和管理人员培训及参考。

图书在版编目（CIP）数据

　　化工 HSE/韩宗主编；刘德志，史焕地副主编.—北京：
化学工业出版社，2021.11（2024.11重印）
　　ISBN 978-7-122-39850-5

　　Ⅰ.①化…　Ⅱ.①韩…②刘…③史…　Ⅲ.①石油化工
企业-安全管理-高等职业教育-教材　Ⅳ.①TE687.2

　　中国版本图书馆 CIP 数据核字（2021）第 179124 号

责任编辑：提　岩　张双进　　　　　　　文字编辑：崔婷婷　陈小滔
责任校对：宋　玮　　　　　　　　　　　装帧设计：王晓宇

出版发行：化学工业出版社（北京市东城区青年湖南街 13 号　邮政编码 100011）
印　　刷：北京云浩印刷有限责任公司
装　　订：三河市振勇印装有限公司
787mm×1092mm　1/16　印张 17　字数 407 千字　2024 年 11 月北京第 1 版第 5 次印刷

购书咨询：010-64518888　　　　　　　　售后服务：010-64518899
网　　址：http://www.cip.com.cn
凡购买本书，如有缺损质量问题，本社销售中心负责调换。

定　　价：49.80 元

高职化工类模块化系列教材
—— 编审委员会名单 ——

序

目前，我国高等职业教育已进入高质量发展的时期，《国家职业教育改革实施方案》明确提出了"三教"（教师、教材、教法）改革的任务。三者之间，教师是根本，教材是基础，教法是途径。东营职业学院石油化工技术专业群在实施"双高计划"建设过程中，结合"三教"改革进行了一系列思考与实践，具体包括以下几方面：

1. 进行模块化课程体系改造

坚持立德树人，基于国家专业教学标准和职业标准，围绕提升教学质量和师资综合能力，以学生综合职业能力提升、职业岗位胜任力培养为前提，持续提高学生可持续发展和全面发展能力。将德国化工工艺员职业标准进行本土化落地，根据职业岗位工作过程的特征和要求整合课程要素，专业群公共课程与专业课程相融合，系统设计课程内容和编排知识点与技能点的组合方式，形成职业通识教育课程、职业岗位基础课程、职业岗位课程、职业技能等级证书（1＋X 证书）课程、职业素质与拓展课程、职业岗位实习课程等融理论教学与实践教学于一体的模块化课程体系。

2. 开发模块化系列教材

结合企业岗位工作过程，在教材内容上突出应用性与实践性，围绕职业能力要求重构知识点与技能点，关注技术发展带来的学习内容和学习方式的变化；结合国家职业教育专业教学资源库建设，不断完善教材形态，对经典的纸质教材进行数字化教学资源配套，形成"纸质教材＋数字化资源"的新形态一体化教材体系；开展以在线开放课程为代表的数字课程建设，不断满足"互联网＋职业教育"的新需求。

3. 实施理实一体化教学

组建结构化课程教学师资团队，把"学以致用"作为课堂教学的起点，以理实一体化实训场所为主，广泛采用案例教学、现场教学、项目教学、讨论式教学等行动导向教学法。教师通过知识传授和技能培养，在真实或仿真的环境中进行教学，引导学生将有用的知识和技能通过反复学习、模仿、练习、实践，实现"做中学、学中做、边做边学、边学边做"，使学生将最新、最能满足企业需要的知识、能力和素养吸收、固化成为自己的学习所得，内化于心、外化于行。

本次高职化工类模块化系列教材的开发，由职教专家、企业一线技术人员、专业教师联合组建系列教材编委会，进而确定每本教材的编写工作组，实施主编负责制，结合化工行业企业工作岗位的职责与操作规范要求，重新梳理知识点与技能点，把职业岗位工作过程与教学内容相结合，进行模块化设计，将课程内容按能力、知识和素质，编排为合理的课程模块。

本套系列教材的编写特点在于以学生职业能力发展为主线，系统规划了不同阶段化工类专业培养对学生的知识与技能、过程与方法、情感态度与价值观等方面的要求，体现了专业教学内容与岗位资格相适应、教学要求与学习兴趣培养相结合，基于实训教学条件建设将理论教学与实践操作真正融合。教材体现了学思结合、知行合一、因材施教，授课教师在完成基本教学要求的情况下，也可结合实际情况增加授课内容的深度和广度。

　　本套系列教材的内容，适合高职学生的认知特点和个性发展，可满足高职化工类专业学生不同学段的教学需要。

高职化工类模块化系列教材编委会

2021 年 1 月

前言

健康、安全和环保工作贯穿于各个行业和领域，越来越受到政府和公众的重视。化工生产的各个环节中不安全因素较多，存在发生火灾、爆炸、中毒、环境污染等恶性事故的风险，如果做不好相应的管理，就可能给人们的生命、财产带来危害，给国家造成巨大损失。

HSE 是健康（health）、安全（safety）和环境（environment）的简称，由于对健康、安全和环境的管理在原则和效果上彼此相似，在实际过程中，三者之间又有着密不可分的联系，因此化工生产企业把三者纳入一个整体管理体系，即 HSE 管理体系。HSE 管理体系是一种系统化、科学化、规范化、制度化的先进管理方法，是现代工业发展到一定阶段的必然产物，它的形成和发展是现代工业多年工作经验积累的成果。

高职院校培养的化工类专业学生是未来化工行业发展所需的高级技术技能型人才，国家先后出台了《教育部国家安全监管总局关于加强化工安全人才培养工作的指导意见》（教高〔2014〕4 号）和《教育部办公厅关于进一步支持化工安全复合型高级人才培养工作意见的复函》（教高厅函〔2017〕59 号），支持化工安全复合型人才的培养，因此化工类专业学生在进行基础理论学习的同时，还应结合现代化工企业生产实际，树立健康、安全和环保的工作意识，养成良好的职业习惯。

本书充分落实党的二十大报告中关于"实施科教兴国战略""着力推动高质量发展""加快发展方式绿色转型"等要求，在重印时持续不断完善，对新标准、新知识、新技术等进行及时的更新和补充，并有机融入工匠精神、绿色发展、文化自信等理念，弘扬爱国情怀，树立民族自信，培养学生的职业精神和职业素养。

本书由东营职业学院韩宗主编，刘德志、史焕地副主编。模块一由刘德志编写，模块二由韩宗编写，模块三、模块四、模块七、模块十由史焕地编写，模块五（部分）、模块八由王丽编写，模块六、模块九由张盼盼编写，模块五（部分）由李浩编写。全书由韩宗、史焕地统稿，孙士铸主审。

本书在编写过程中得到中国（上虞）绿色化工人才实训中心、富海集团有限公司、华泰化工集团有限公司等有关领导和同志的大力帮助，在此表示衷心感谢！

由于编者水平所限，书中不足之处在所难免，敬请广大读者批评指正！

编者

目录

模块一

化工生产与安全认知

面对新时代、新形势、新要求，必须坚持安全发展理念，强化风险防控，从根本上消除事故隐患，有效遏制重特大事故的发生，牢牢守住安全生产的底线和红线，为全面建成小康社会创造安全稳定的良好环境。

针对化工生产的特殊性以及安全生产事故的主要特点和突出问题，必须加快建立健全安全生产责任制和管理制度体系、隐患排查治理和风险防控体系，形成区域性和行业性安全预防控制体系，提高安全生产保障水平，为经济发展和社会和谐稳定创造良好的安全生产环境。

任务一
化工安全认知

学习
目标

◉ 能力目标

(1) 能辨识化工危险有害因素。
(2) 会识读安全标志。

◉ 素质目标

(1) 能够对资料进行整理、分析、归纳，并进行自主学习。
(2) 具有安全意识、团队意识、强烈的责任感及集体荣誉感。
(3) 促进理论联系实际，提高分析问题、解决问题的能力以及动手能力。

◉ 知识目标

(1) 了解化工生产的特点。
(2) 掌握化工企业危险有害因素辨识方法。
(3) 熟悉安全标志。

子任务一 化工生产安全状况分析

化学工业生产在国民生产中占有重要的地位，我们的衣食住行都离不开化工产品。但是在生产过程中，由于使用大量的易燃、易爆、有毒、有腐蚀性的物质，引起火灾、爆炸或者中毒的危险性很大。化工生产中使用的设备、生产操作条件也存在着高温、高压等特殊工况，给化工生产带来了极大的危险性。由于以上各种不安全因素的存在，化工生产一旦发生火灾、爆炸或者中毒等事故，就会给社会造成巨大的危害，给企业带来不可弥补的经济损失。所以，化工生产必须将安全放在第一位。

任务描述

通过化工生产特点分析，收集我国化工行业安全生产的数据资料，针对性地开展安全状况分析，形成对我国化工安全生产现状的正确认知。

一、化工生产特点分析

疫情防控新常态下，我们经常接触到消毒剂，许多消毒剂的主要成分中含有氯元素，要搞清楚这些氯元素是从哪里来的，可以从氯碱的工业生产说起。

原盐在一次盐水经溶解、精制除钙、镁等杂质离子后送至二次盐水，经进一步精制后成为合格的入槽盐水。在电解槽内，盐水在直流电的作用下生成湿氯气、氢气和烧碱，图1-1为离子膜烧碱生产工艺流程图。主要电解反应为：

$$2NaCl+2H_2O \xrightarrow{\quad} 2NaOH+Cl_2\uparrow+H_2\uparrow$$

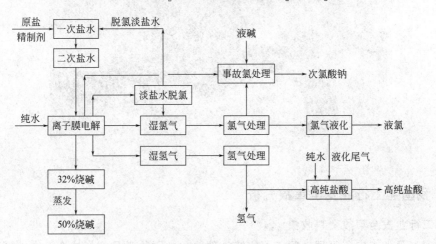

图 1-1 离子膜烧碱生产工艺流程图

氯气液化采用中温中压液化，从上游工序来的压缩气态氯气（压力约 0.65MPa），输送至液化器，与 7℃冷水换热，氯气放热液化生成液氯，液氯输送到液氯储槽储存（储存压力约 0.65MPa，储存温度约 20℃），液氯以气瓶和槽车两种包装形式外售（产品）。

由这个案例可知，氯气（Cl_2）是剧毒性气体，其理化性质、危害及安全防护措施如下。

（1）理化性质　常温常压下，氯气是一种黄绿色的气体，具有毒性和剧烈的刺激性，易溶于水、碱液，具有强氧化性，不燃，但可助燃。

（2）职业健康危害　能刺激眼、呼吸道黏膜发炎，引起气管炎。

（3）安全防护及应急措施　工作场所加强通风（有毒气体检测报警仪），佩戴防毒口罩、防毒面具。工作场所职业危害接触限值为 $1mg/m^3$。泄漏时穿防化服、戴空气呼吸器抢险，无关人员向上风向疏散。

工艺涉及多种设备如电解槽（图 1-2）、液氯储罐、制冷机组（图 1-3）等。

图 1-2　电解槽

图 1-3　制冷机组

二、我国化工行业安全事故分析

1. 化工行业安全事故资料收集

通过国家及省市应急管理部门、国家统计部门、中国化学品安全协会等专业网站以及安全事故通报等途径，可收集化工行业安全生产事故数据。

根据统计局数据，2019 全年各类生产安全事故共死亡 29519 人。工矿商贸企业就业人员 10 万人生产安全事故死亡人数 1.474 人，比上年下降 4.7%；煤矿百万吨死亡人数 0.083 人，下降 10.8%；道路交通事故万车死亡人数 1.80 人，下降 6.7%。

选取原国家安全监督管理总局官网中重特大事故数据，绘出 2002—2015 年我国 1082 起重特大事故中行业占比，可找出事故高发行业即高危行业，从而制定相应的对策措施。图 1-4 为 2002—2015 年我国重特大事故数行业占比。

从图中可以看出交通运输类事故占 47%，其次是矿业占比 36%，属于事故高发的两个行业。如果能有效地减少这两个行业的事故发生概率，不但能降低巨额的经济损失，最主要的是能减少事故死亡，保护职工人身健康。

化工行业的事故起数、死亡人数均较低，这是国家重视、行业企业自律，齐心协力的结果。

在生产实践中，大量石化企业按照安全规律管理生产，企业长时间平稳运行，无安全事故发生。

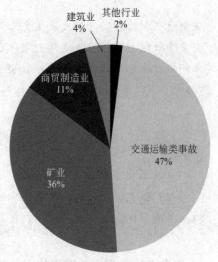

图 1-4　2002—2015 年我国重特大事故数行业占比

案例 1

广西石油化学工业供销总公司柳州公司柳江石化仓库实现 18 年无安全事故。

广西石油化学工业供销总公司柳州公司柳江石化仓库是集危险化学品经营、储存、铁路运输为一体的国有大型仓库，经营、储存、运输的危险化学品有六大类 80 多个品种，年危险化学品（含剧毒品）储存量约 5 万吨，通过铁路和公路运输至仓库周转的危险化学品达 9 万多吨。仓库领导班子对安全生产工作极为重视，严格贯彻执行安全生产法律法规和上级有关安全生产的工作指示，认真落实企业主体责任，坚持把安全生产工作纳入到本单位的重要议事日程，摆在首要位置进行研究部署。通过严格企业管理制度，坚持人才战略，注重素质建设，着力科技兴安，夯实安全屏障，从而保证仓库连读 18 年无安全事故。

案例 2

大芳烃装置高温高压、易燃易爆、有毒有害，且具有技术含量高、自动化程度高、生产连续性高等特点。中国石化天津分公司化工部大芳烃车间运行乙班有职工 26 名。班组倡导"最佳状态就是日常状态，最好水平就是平常水平"的安全管理理念，坚持"提升素质、精细管理、安心实干、共创和谐"的班组管理思路，坚持"两书一卡"（隐患检查报告书、隐患整改通知书和 HSE 观察卡），积极推行"六个一"安全管理模式，加强班组安全责任制的落实，加大装置重点部位消、气防演练力度，班组职工的整体安全素质和应对突发事故能力得到不断提升。运行乙班已连续 11 年实现班组安全生产无事故，连续 6 年在车间班组达标竞赛中保持第一，并先后荣获中国石化天津分公司"工人先锋号"、天津市"劳动模范"集体、全国"安康杯"竞赛优胜班组、全国"学习型班组"等荣誉称号。

案例 3

吉林石化公司合成树脂厂 23 年无生产安全事故。

该厂强化安全培训、完善 HSE 管理体系、管控高风险作业、开展隐患排查治理、加强职业卫生管理、细化环保管理，生产全程受控，三套 ABS 装置实现全年无生产安全事故。

2. 化工行业安全生产事故统计分析

根据 2019 年全年化工安全事故的统计分析，2019 年全国共发生化工事故 164 起，死亡 274 人。

（1）2019 年化工事故基本情况　如表 1-1 所示。

表 1-1　2019 年化工事故概况

事故类型	事故发生情况		人员伤亡情况	
	起数	较上年度发生率	死亡人数	较上年度发生率
一般事故	152	下降 6.7％	136	上升 1.5％
较大事故	9	下降 18.2％	35	下降 23.9％
重大事故	2	持平	25	下降 41.9％
特别重大事故	1	上升 100％	78	上升 100％

注：1. 特别重大事故：江苏响水天嘉宜化工有限公司"3·21"特别重大爆炸事故。

2. 重大事故：济南齐鲁天和惠世制药有限公司"4·15"重大着火中毒事故，三门峡市河南省煤气（集团）有限责任公司义马气化厂"7·19"重大爆炸事故。

（2）2019 年化工行业事故分布情况事故类型分布分析　爆炸事故 31 起、死亡 127 人；中毒和窒息事故 24 起、死亡 47 人；机械伤害事故 19 起、死亡 19 人；高处坠落事故 19 起、死亡 13 人；物体打击事故 14 起、死亡 12 人；火灾事故 14 起、死亡 9 人；灼烫事故 11 起、死亡 12 人；车辆伤害事故 11 起、死亡 10 人；其他伤害事故 13 起、死亡 16 人；触电事故 4 起、死亡 5 人；坍塌事故 4 起、死亡 5 人；淹溺事故 2 起、死亡 2 人；起重伤害事故 1 起、死亡 1 人。

（3）企业规模分布　从规模来看，2019 年发生事故的企业中有大型企业 42 家（包括 12 家中央企业所属企业），占事故企业总数的 25.6％；中型企业 43 家，占事故企业总数的 26.2％；小型企业 79 家，占事故企业总数的 48.2％。

（4）行业分布　从行业来看，2019 年基本化工原料行业事故 32 起、死亡 32 人，分别占事故总起数的 19.5％和死亡总人数的 11.7％，其中有机化工原料 15 起、死亡 13 人，无机化工原料 17 起、死亡 19 人；精细化工行业事故 29 起、死亡 104 人，分别占 17.7％和 38.0％；煤化工行业发生事故 28 起、死亡 51 人，分别占 17.1％和 18.6％；化肥行业事故

25 起、死亡 25 人，分别占 15.2％和 9.1％；石油化工行业事故 16 起、死亡 15 人，分别占
9.8％和 5.5％；医药行业事故 7 起、死亡 15 人，分别占 4.3％和 5.5％；生物化工事故 4
起、死亡 8 人，分别占 2.4％和 2.9％；农药行业事故 2 起、死亡 2 人，分别占 1.2％和
0.7％；其他事故 12 起、死亡 12 人，分别占 7.3％和 4.4％。

3. 安全生产事故数据分析

按照上述统计数据，可以绘制化工行业事故类型的分布和行业分布情况。图 1-5 为 2019
年化工行业事故类型分布，图 1-6 为 2019 年化工安全事故行业分布。

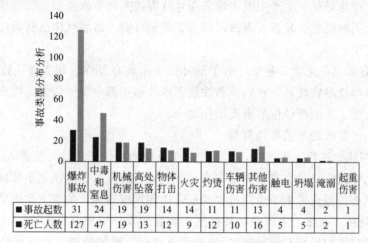

	爆炸事故	中毒和窒息	机械伤害	高处坠落	物体打击	火灾	灼烫	车辆伤害	其他伤害	触电	坍塌	淹溺	起重伤害
事故起数	31	24	19	19	14	14	11	11	13	4	4	2	1
死亡人数	127	47	19	13	12	9	12	10	16	5	5	2	1

图 1-5　2019 年化工行业事故类型分布

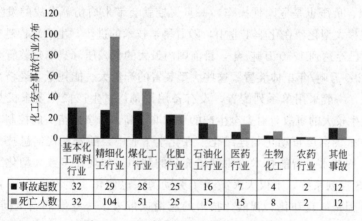

	基本化工原料行业	精细化工行业	煤化工行业	化肥行业	石油化工行业	医药行业	生物化工	农药行业	其他事故
事故起数	32	29	28	25	16	7	4	2	12
死亡人数	32	104	51	25	15	15	8	2	12

图 1-6　2019 年化工安全事故行业分布

4. 安全生产事故分析

① 从事故类型的分布情况看，事故起数和死亡人数均是爆炸事故最多，其次是中毒和
窒息事故、机械伤害事故、高处坠落事故，四类事故共计占到全年总事故起数和死亡总人数的
56.7％、74.9％。因此，爆炸、中毒和窒息、机械伤害、高处坠落是化工事故的防范重点。

② 中小型企业发生的事故比例共占全国的 74.4％。

③ 可见：化工子行业中基本化工原料、精细化工、煤化工、化肥、石油化工发生的事
故居前五位，是化工事故防范的重点行业。

三、我国化工安全生产现状分析

1. 化工生产具有许多危险特性

化工生产具有易燃、易爆、易中毒、高温、高压、有腐蚀性等特点，因而较其他工业部门有更大的危险性。

（1）化工生产涉及的危险品多

① 易燃、易爆。在化工生产中，所使用的各种原料、中间体和产品，一般都具有易燃、易爆性，火灾、爆炸是化工生产中发生较多而且危害甚大的事故类型。当管理不合理或生产装置存在某些缺陷时极易引起着火事故，明火在遇到可燃、易燃气体达到爆炸极限时就易引起爆炸事故的发生。

② 有毒、有害。在化学工业中，由于部分化学品具有毒性、刺激性、致癌性、致突变性、腐蚀性、麻醉性等特性，导致人员急性危害事故每年都会发生较多。因此，关注化学品的健康危害是化学工业生产单位的重要工作之一。

（2）化工生产要求的工艺条件苛刻

① 高温、高压。在化工生产中，为了使化学反应能够快速进行，就要人为地进行升温、加压。另外，化学反应自身也产生高温、高压。高温、高压虽然能使化学反应速率加快，达到理想的生产状态，但也带来了生产过程的危险性和难控制性，给安全生产增加了难度。

② 深冷、负压。在化工生产中，某些生产装置的操作应控制在深冷、负压的状态下进行。如空气分离装置的操作在 $-195.8℃$ 的低温下进行，再如低温多效海水淡化装置、硝铵尿素工业的蒸发装置则需要在负压下运行。因此，整个化工生产过程的工艺条件十分复杂、多变，并且深冷、负压也是危险性操作，一旦失控就会带来灼伤等事故的发生。

（3）生产规模大型化　在化学工业中，随着科学技术的进步，生产规模越来越大，如世界单体常减压装置已经达到 1750 万吨/年，目前国内最大的常减压（蒸馏）装置是中海油惠州以及中化泉州的 1200 万吨/年单体装置。这些大型装置的产量大、能耗低、经济效益好，但设备贵重、投资较大，一般采用单系列配置，没有备用设备，对生产操作要求极为严格，稍有不慎，就有可能发生较大的事故，对安全生产的要求非常高，对事故苗头的控制非常精细。

（4）生产方式的高度自动化与连续化　在化学工业中，随着现代信息技术的发展，计算机技术、信息工程技术、智能技术也得到了充分的利用。如现在多数大型化工装置的中央控制室均采用 DCS 控制系统，不仅大大减少了劳动力，也使化工生产各个环节的操作指标得到了精准控制。但是，自动化、智能化技术的应用也带来了一些新的安全问题，如果管理、维修、操作出现一点闪失，就有可能造成整个系统的停车，给企业造成巨大的经济损失，甚至可能造成人员的伤亡。

正因为化工生产具有以上特点，安全生产在化工行业就更为重要。

2. 我国化工行业安全生产现状分析

（1）小化工企业数量多　中国有化工生产企业约 9.6 万家，危险化学品生产经营单位近 30 万家，其中小化工企业占 80% 以上。2017 年，中小化工企业发生的事故占到事故总量的 81.7%。

（2）企业安全基础薄弱　我国化工企业建设年代早，在化工行业法律法规不完善时期，大量的化工企业兴建起来，部分化工安全设计标准低、工艺技术落后、设备设施简陋，自动化程度低。

（3）企业主体责任不落实、认识不到位　企业将政府监管部门当成自己的"保姆、安全员"，依赖于政府监管部门的日常监管，对企业主体责任的认识严重缺失。有的企业主要负责人认为自己不会干，是安监干部没有教会怎么干，有的企业主要负责人对自己的应急职责一问三不知，应急管理方面的工作交给副总或安全员。

（4）企业风险意识差，应急管控能力严重不足　企业从主要负责人到安全管理人员甚至到一线操作员工，风险意识不强，不能对厂区所有车间、设备设施、岗位进行风险辨识，没有建立风险台账，没有风险管控措施，导致风险得不到管控带来隐患，最终可能酿成事故。

（5）企业应急培训教育不到位　加强对化工企业员工的培训教育工作是从源头管控的有效手段，但是目前部分化工企业在培训工作中只注重安全生产工作的培训而忽视应急管理方面的知识培训。企业将更多的精力放在生产上，不能定期地组织员工进行培训教育，一旦事故来临，员工凭借的更多的是本能意识和工作经验，没有应急救援和处置的能力，不能在事故初期阶段采取必要的应急措施，防止事态扩大。

（6）应急资金投入不足　部分化工企业安全生产方面的资金投入严重不足，降低应急知识的培训费用，减少应急装备的配备，应急设备设施严重不足，导致企业应急管理存在很大的漏洞，很容易导致事故发生。

四、健康、安全与环境管理体系认知

健康（health），指人身体上没有疾病，在心理上（精神上）保持一种完好的状态。安全（safety），就是指企业员工在生产过程中没有危险、不受威胁、不出事故。环境（environment），是指与人类密切相关的、影响人类生活和生产活动的各种自然力量或作用的总和。它不仅包括各种自然因素的组合，还包括人类与自然因素间相辅相成的生态关系的组合。由于对健康、安全、环境的管理在原则和效果上彼此相似，在实际过程中，三者之间又有着密不可分的联系，因此把三者纳入一个整体管理体系，称作 HSE 管理体系。

HSE 管理体系是现代工业发展到一定阶段的必然产物，它的形成和发展是现代工业多年工作经验积累的成果。它是一种系统化、科学化、规范化、制度化的先进管理方法，推行HSE 管理体系是国际石油、石化行业安全管理的现代模式，也是当前进入国际市场竞争的通行证。

HSE 管理体系是一种事前进行风险分析，确定其自身活动可能发生的危害及后果，从而采取有效的防范手段和控制措施防止事故发生，以减少可能引起的人员伤害、财产损失和环境污染的有效管理方法。它在实施中突出责任与考核，以责任和考核保证管理体系的实施。

子任务二　化工危险和有害因素辨识

案例

2019 年 4 月 15 日，位于山东省的某制药有限公司四车间地下室，在冷媒系统管道改造过程中，发生重大着火中毒事故，造成 10 人死亡、12 人受伤，直接经济损失 1867 万元。

事故调查认定：该公司对动火作业风险辨识不认真，风险管控措施不落实；不了解冷媒增效剂的主要成分，对其危险特性及存在的安全风险认知不够。在该公司四车间地下室管道改造作业过程中，违规动火作业引燃现场堆放的冷媒增效剂，瞬间产生爆燃，放出大量氮氧化物等有毒气体，造成现场施工和监护人员中毒窒息死亡。同时，该公司主体责任落实不到位，改造项目管理不严，外包施工队伍管理缺失，施工承包商对施工人员的教育培训不到位，现场施工人员严重违章，事故应急处置能力严重不足。另外，冷媒增效剂供应商非法生产、销售属于危险化学品的冷媒增效剂，未依法提供冷媒增效剂的安全技术说明书（SDS），导致该公司未能及时了解冷媒增效剂的危险特性。

从材料中提到的"对动火作业风险辨识不认真，风险管控措施不落实；不了解冷媒增效剂的主要成分，对其危险特性及存在的安全风险认知不够"可知：应如何理解、怎么正确对待是化工从业人员必须面对的。

一、正确理解和把握危险和有害因素概念

危险因素是指能对人造成伤亡或对物造成突发性损害的因素。有害因素是指能影响人的身体健康导致疾病或对物造成慢性损害的因素。通常情况，两者并不加以区分而统称为危害和有害因素。

所有危险、有害因素尽管表现形式不同，但从本质上讲，之所以能造成危险、有害后果（发生伤亡事故、损害人身健康和造成物的损坏等），原因可归结为存在能量、有害物质失去控制两方面的综合作用，并导致能量的意外释放或有害物质泄漏、散发。故存在能量、有害物质失控是危险有害因素产生的根本原因。

二、准确认识危险和有害因素辨识的意义

1. 进行危险和有害因素辨识是企业实现安全生产目标的要求

企业的生产安全管理实际就是风险管理，管理的内容包括危险源辨识、风险评价、危险预警与监测管理、事故预防与风险控制管理及应急管理。企业为实现自己的生产经营目标，必须要加强安全管理，辨识生产经营过程中的各种危险有害因素、评价风险、制定预防措施，最大限度地控制事故的发生，保障从业人员的生命安全，减少财产损失。

2. 进行危险和有害因素辨识是员工自我保护的需要

生产经营活动中存在着诸多危险和有害因素，从业人员在从事生产经营活动时，为了保证自己的健康与安全，必须要及时辨识出各种危险，提前做好预防和控制这些危险的措施，以此来规避事故风险，保护自己在从事生产经营活动中的安全与健康。

三、准确区分化工危险和有害因素类别

1. 按照事故类型分类

参照《企业职工伤亡事故分类》（GB 6441—1986），综合考虑起因物、引起事故的诱导性原因、致害物、伤害方式等，将危险因素分为20类。

（1）物体打击 指物体在重力或其他外力的作用下产生运动，打击人体，造成人身伤亡

事故，不包括因机械设备、车辆、起重机械、坍塌等引发的物体打击。

（2）车辆伤害　指企业机动车辆在行驶中引起的人体坠落和物体倒塌、下落、挤压造成的人身伤亡事故，不包括起重设备提升、牵引车辆和车辆停驶时发生的事故。

（3）机械伤害　指机械设备运动（静止）部件、工具、加工件直接与人体接触引起的夹击、碰撞、剪切、卷入、绞、碾、割、刺等伤害，不包括车辆、起重机械引起的机械伤害。

（4）起重伤害　指各种起重作业（包括起重机安装、检修、试验）中发生的挤压、坠落（吊具、吊重），物体打击等。

（5）触电　触电包括电击、电伤和雷电。电击指人体与带电体直接接触或人体接近带高压电体，使人体流过超过承受阈值的电流而造成伤害的危险；带电体产生放电电弧而导致人体烧伤的伤害称为电伤。雷电是由于雷击造成的设备损坏或人员伤亡。雷电也可能导致二次事故的发生。

（6）淹溺　人体落入水中造成伤害的危险，包括高处坠落淹溺，不包括矿山、井下透水等的淹溺。

（7）灼烫　指火焰烧伤，高温物体烫伤，化学灼伤（酸、碱、盐、有机物引起的体内外灼伤），物理灼伤（光、放射性物质驯起的体内外灼伤），不包括电灼伤和火灾引起的烧伤。

（8）火灾　指由于火灾而引起的烧伤、窒息、中毒等伤害的危险，包括由电气设备故障、雷电等引起的火灾伤害的危险。

（9）高处坠落　指在高处作业时发生坠落造成冲击伤害的危险。不包括触电坠落和行驶车辆、起重机坠落的危险。

（10）坍塌　物体在外力或重力作用下，超过自身的强度极限或因结构、稳定性破坏而造成的危险（如脚手架坍塌、堆置物倒塌等）。不包括车辆、起重机械碰撞或爆破引起的坍塌。

（11）冒顶片帮　井下巷道和采矿工作面围岩或顶板不稳定，没有采取可靠的支护，顶板冒落或巷道偏帮对作业人员造成的伤害。

（12）透水　井下没有采取防治水措施，没有及时发现突水征兆或发现突水征兆没有及时采取防探水措施或没有及时探水，裂隙、溶洞、废弃巷道、透水岩层、地表露头等积水进入采空区、巷道、探掘工作面，造成井下涌水量突然增大而发生淹井事故。

（13）放炮　爆破作业中所存在的危险。

（14）火药爆炸　火药、炸药在生产、加工、运输、贮存过程中发生爆炸的危险。

（15）瓦斯爆炸　井下瓦斯超限达到爆炸条件而发生瓦斯爆炸危险。

（16）锅炉爆炸　锅炉等发生压力急剧释放、冲击波和物体（残片）作用于人体所造成的危险。

（17）容器爆炸　压力容器、乙炔瓶、氧气瓶等发生压力急剧释放、冲击波和物体（残片）作用于人体所造成的危险。

（18）其他爆炸　可燃性气体、粉尘等与空气混合形成爆炸性混合物，接触引爆能源（包括电气火花）发生爆炸的危险。

（19）中毒窒息　化学品、有害气体急性中毒、缺氧窒息、中毒性窒息等危险。

（20）其他伤害　除上述因素以外的一些可能的危险因素，例如体力搬运重物时碰伤或扭伤、非机动车碰撞轧伤、滑倒（摔倒）碰伤、非高处作业跌落损伤、生物侵害等危险。

2. 按照事故的直接原因分类

根据《生产过程危险和有害因素分类与代码》（GB/T 13861—2009），将生产过程中的危险和有害因素分为 4 大类。

（1）人的因素

① 心理、生理性危险和有害因素。包括负荷超限（指易引起疲劳、劳损、伤害等的负荷超限）；健康状况异常（指伤、病期等）；从事禁忌作业；心理异常；辨识功能缺陷；其他心理、生理性危险和有害因素。

② 行为性危险和有害因素。包指挥错误；操作错误；监护失误；其他行为性危险和有害因素。

（2）物的因素

① 物理性危险和有害因素。包括设备、设施、工具、附件缺陷；防护缺陷；电伤害；噪声危害；振动危害；电离辐射；非电离辐射；运动物危害；明火；能够造成灼伤的高温物质；能够造成冻伤的低温物质；信号缺陷；标志缺陷；其他标志缺陷；有害光照；其他物理危险有害因素。

② 化学性危险和有害因素。包括爆炸品；压缩气体和液化气体；易燃液体；易燃固体、自燃物品和遇湿易燃物品；氧化剂和有机过氧化物；有毒品；放射性物品；腐蚀品；粉尘与气溶胶；其他化学性危险和有害因素。

③ 生物性危险和有害因素。包括致病微生物；传杂病媒介物；致害动物；致害植物；其他生物性危险和有害因素。

（3）环境因素

① 室内作业场所环境不良；

② 室外作业场地环境不良；

③ 地下（含水下）作业环境不良；

④ 其他作业环境不良。

（4）管理因素

① 职业安全卫生组织机构不健全；

② 职业安全卫生责任制未落实；

③ 职业安全卫生管理规章制度不完善；

④ 职业安全卫生投入不足；

⑤ 职业健康管理不完善；

⑥ 其他管理因素缺陷。

3. 按照职业健康分类

根据国卫疾控发〔2015〕92 号《职业病危害因素分类目录》，将职业病危害因素分为粉尘、化学因素、物理因素、放射性因素、生物因素、其他因素等 6 类。

四、正确掌握化工危险和有害因素辨识方法

1. 辨识方法类别

（1）直观经验分析方法　直观经验分析方法适用于有可供参考先例、有以往经验可以借鉴的系统，不能应用在没有可供参考先例的新开发系统中。

① 对照、经验法。对照、经验法是对照有关标准、法规、检查表或依靠分析人员的观察分析能力，借助于经验和判断能力对评价对象的危险、有害因素进行分析的方法。

② 类比法。类比方法是利用相同或相似工程系统或作业条件的经验和劳动安全卫生的统计资料来类推、分析评价对象的危险、有害因素。

③ 案例法。收集整理国内外相同或相似工程发生事故的原因和后果，相类似的工艺条件、设备发生事故的原因和后果，对评价对象的危险和有害因素进行分析。

（2）系统安全分析方法　系统安全分析方法是应用系统安全工程评价方法中的某些方法进行危险、有害因素的辨识。系统安全分析方法常用于复杂、没有事故经验的新开发系统。常用的系统安全分析方法主要有以下几种：预先危险性分析、事故树分析、事件树分析、故障类型及影响分析、危险和可操作性分析、工作危害分析（JHA）等。

2. 安全检查表法

安全检查表〔Safety Check List（SCL）〕其实就是一份进行安全检查的问题清单。它是一种基于经验的方法，由一些有经验，并且对工艺过程、机械设备和作业情况熟悉的人员，事先对检查对象进行详细分析、充分讨论、列出检查项目和检查要点并编制成表，在系统安全设计和安全检查时，按照表中已定的项目和要求进行检查和诊断，逐项分析和落实，保证系统安全。

（1）安全检查表的编制依据

① 国家、地方的相关安全法规、规定、规程、规范和标准，行业、企业的规章制度、标准及企业安全生产操作规程。

② 国内外行业、企业事故统计案例，经验教训。

③ 行业及企业安全生产的经验，特别是本企业安全生产的实践经验，引发事故的各种潜在不安全因素及成功杜绝或减少事故发生的成功经验。

④ 系统安全分析的结果，即是为防止重大事故的发生而采用事故树分析方法，对系统进行分析得出能引发事故的各种不安全因素的基本事件，作为防止事故控制点源列入检查表。

（2）安全检查表编制步骤　在编制安全检查表时应符合以下程序：

① 确定人员。要编制一个符合客观实际，能全面识别系统危险性的安全检查表，首先要建立一个编制小组，其成员包括熟悉系统的各方面人员。

② 熟悉系统。包括系统的结构、功能、工艺流程、操作条件、布置和已有的安全卫生设施。

③ 收集资料。收集有关安全法律、法规、规程、标准、制度及本系统过去发生的事故资料，作为编制安全检查表的依据。

④ 判别危险源。按功能或结构将系统划分为子系统或单元，逐个分析潜在的危险因素。

⑤ 列出安全检查表。针对危险因素有关规章制度、以往的事故教训以及本单位的经验，确定安全检查表的要点和内容，然后按照一定的要求列出表格。表 1-2 为安全检查表的一般形式。表 1-3 是手持灭火器安全检查表。

表 1-2　安全检查表

安全检查表
检查人：_____　　检查时间：_____

序号	检查内容	标准和要求	检查结果	检查人建议	处理结果

表 1-3　手持灭火器安全检查表

手持灭火器安全检查表

检查人：_____　　检查时间：_____

序号	检查内容	检查结果
1	灭火器的数量足够吗	
2	灭火器的放置地点能使任何人都易马上看到和拿到吗	
3	通往灭火器放置地点的通道畅通无阻吗	
4	每个灭火器都有有效的检查标志吗	
5	灭火器类型对所要扑灭的火灾适用吗	
6	大家都熟悉灭火器的操作吗	
7	是否已用其他灭火器取代了四氯化碳灭火器	
8	在规定地点都配备了灭火器吗	
9	灭火药剂容易冻的灭火器采取了防冻措施吗	
10	能保证用过的或损坏的灭火器及时更换吗	
11	每个人都知道自己工作区域内的灭火器在什么地点吗	
12	汽车库内有必备的灭火器吗	

3. JHA 工作危害分析法

JHA（Job Hazard Analysis）是一个识别作业过程中的潜在危险因素，进而提出控制措施，从而减少甚至消除事故发生的工具，是目前欧美企业在安全管理中使用最普遍的一种作业安全分析与控制的管理工具。JHA 通过把一项作业分成几个步骤，识别每个步骤中可能存在的问题与风险，进而找到控制风险的措施。

（1）作业活动分解　按实际作业情况，将作业活动分解为若干个相连的工作步骤。如果作业流程长、步骤多，可先将该作业活动分为几大部分，每部分为一个大步骤，再将大步骤分为几个小步骤。

（2）危害辨识　例如，可以按下述问题列举提示清单提问：

① 身体某一部位是否可能卡在物体之间？

② 工具、机器或装备是否存在危险和有害因素？

③ 从业人员是否可能接触有害物质、滑倒、绊倒、摔落、扭伤？

④ 从业人员是否可能暴露于极热或极冷的环境中？

⑤ 噪声或振动是否过度？

⑥ 空气中是否存在粉尘、烟、雾、蒸汽？

⑦ 照明是否存在安全问题？

⑧ 物体是否存在坠落的危险？

⑨ 天气状况是否可能对安全存在影响？

⑩ 现场是否存在辐射、灼热、易燃易爆和有毒有害物质？

可以从能量和物质的角度进行提示。其中从能量的角度可以考虑机械能、电能、化学能、热能和辐射能等。例如：机械能可造成物体打击、车辆伤害、机械伤害、起重伤害、高处坠落、坍塌等；热能可造成灼烫、火灾；电能可造成触电；化学能可导致中毒、火灾、爆炸、腐蚀。从物质的角度可以考虑压缩或液化气体、腐蚀性物质、可燃性物质、氧化性物质、毒性物质、放射性物质、病原体载体、粉尘和爆炸性物质等。

（3）识别现有安全控制措施　可以从工程控制、管理措施和个体防护各方面考虑。如果这些控制措施不足以控制此项风险，应提出建议的控制措施。

（4）危害后果分析　对危害因素产生的主要后果进行分析，如可能导致的事故类型。

（5）风险评估　根据评价准则进行风险评估，确定风险等级，判断是否为可容许风险。

例如，表 1-4 为汽油出厂工作危害分析记录表。

表 1-4　汽油出厂工作危害分析记录表

工作危害分析（JHA）记录表				
工作/任务：汽油出厂分析				
分析人员：安全员、技术员、设备员、班长				
序号	工作步骤	危害	主要后果	控制措施
1	高处坠落、摔倒	骑车或步行过程的车辆伤害、意外	人身伤害	采样车车况良好；遵守交通规则；制定固定采样路线
2	上、下油罐	高处坠落、摔倒	人身伤害	油罐楼梯平且无腐蚀穿孔，通过性良好；上下楼梯过程扶栏杆，注意力集中
3	采样过程	静电引燃油品	着火爆炸	穿着防静电服，触摸消除静电；使用防静电采样器具，控制油壶提拉速度
		吸入高浓度油气	中毒窒息	站立在上风口，佩戴防毒口鼻罩
4	馏程分析	加热过程油品着火	火灾	分析过程监控，馏程瓶无破损，配备消防灭火设施
5	胶质分析	高温蒸汽	灼烫	正确使用劳保用品
6	原子吸收分析	乙炔泄漏，高温火焰	着火爆炸，灼烫	使用前后对乙炔气瓶及配管进行检查，清除燃烧头周围可燃物，正确使用劳保用品
7	诱导期分析	高压、高温	机械伤害，灼烫	检查氧弹耐压性，操作时正确使用劳保用品

子任务三　安全标志识别

一、安全警示标志识读

国家法律规定生产经营单位应当在有较大危险因素的生产经营场所和有关设施、设备上，设置明显的安全警示标志。因此，我们必须能够识读安全标志。

1. 安全标志的使用

GB 2894—2008《安全标志及其使用导则》规定了传递安全信息的标志及其设置、使用的原则。

安全标志（safety sign）是用以表达特定安全信息的标志，由图形符号、安全色、几何形状、边框或文字构成。安全色（safety colour）是指传递安全信息含义的颜色，包括红、黄、蓝、绿四种颜色。

安全标志是向工作人员警示工作场所或周围环境的危险状况，指导人们采取合理行为的标志。安全标志能够提醒工作人员预防危险，从而避免事故发生；当危险发生时，能够指示人们尽快逃离，或者指示人们采取正确、有效、得力的措施，对危害加以遏制。安全标志不仅类型要与所警示的内容相吻合，而且设置位置要正确合理，否则就难以真正充分发挥其警示作用。

2. 安全标志识读

不同地点和不同物料，可能需要考虑不同的安全标志。安全标志分禁止标志、警告标志、指令标志和提示标志四大类型。

（1）禁止标志识读　禁止标志是禁止人们不安全行为的图形标志。禁止标志的几何图形是带斜杠的圆环，其中圆环与斜杠相连，用红色；图形符号用黑色，背景用白色。《安全标志及其使用导则》（GB 2894—2008）规定的禁止标志共有 40 个。

（2）警告标志识读　警告标志是提醒人们对周围环境引起注意，以避免可能发生危险的图形标志。警告标志的几何图形是黑色的正三角形、黑色符号和黄色背景。《安全标志及其使用导则》（GB 2894—2008）规定的警告标志共有 39 个。

（3）指令标志识读　指令标志是强制人们必须做出某种动作或采用防范措施的图形标志。指令标志的几何图形是圆形、蓝色背景、白色图形符号。《安全标志及其使用导则》（GB 2894—2008）规定的指令标志共有 16 个。

（4）提示标志识读　提示标志是向人们提供某种信息（如标明安全设施或场所等）的图形标志。提示标志的几何图形是方形、绿色背景、白色图形符号及文字。《安全标志及其使用导则》（GB 2894—2008）规定的提示标志共有 8 个。图 1-7 为典型安全标志。

图 1-7　安全标志

3. 安全标志牌识读

① 标志牌应设在与安全有关的醒目地方，并使大家看见后，有足够的时间来注意它所表示的内容。环境信息标志宜设在有关场所的入口处和醒目处；局部信息标志应设在所涉及的相应危险地点或设备（部件）附近的醒目处。

② 标志牌不应设在门、窗、架等可移动的物体上，以免这些物体位置移动后，看不见安全标志。标志牌前不得放置妨碍认读的障碍物。

③ 标志牌的平面与视线夹角应接近 90°，观察者位于最大观察距离时，最小夹角不低于 75°。

④ 标志牌应设置在明亮的环境中。

⑤ 标志牌的固定方式分附着式、悬挂式和柱式三种。悬挂式和附着式的固定应稳固不倾斜，柱式的标志牌和支架应牢固地连接在一起。

⑥ 标志牌设置的高度，应尽量与人眼的视线高度相一致。悬挂式和柱式的环境信息标志牌的下缘距地面的高度不宜小于 2m；局部信息标志的设置高度应视具体情况确定。

二、 正确排列安全标志

按照 GB 2894—2008《安全标志及其使用导则》的要求，多个标志牌在一起设置时，应按警告、禁止、指令、提示类型的顺序，先左后右、先上后下地排列。正确排列示例中（图1-8、图 1-9）的安全标志。

图 1-8　重大危险源安全警示牌

图 1-9　某车间大门安全标识

任务二
化工企业安全管理

能力目标

(1) 能描述生产经营单位主要负责人、安全生产管理机构以及安全生产管理人员的职责。
(2) 能根据所学安全生产法律法规对事故案例进行分析。

素质目标

(1) 能够对资料进行整理、分析、归纳，并进行自主学习。
(2) 具有安全意识、团队意识、强烈的责任感。
(3) 促进理论联系实际，提高学生分析问题、解决问题的能力以及动手能力。

知识目标

(1) 了解三级安全教育、特种作业培训内容。
(2) 理解我国法律法规中与安全生产相关的条款。
(3) 掌握《中华人民共和国安全生产法》中从业人员的权利和义务。

　　化工安全生产关系到国家的财产安全、人民的生活利益以及职工的安康，是化工企业最根本的效益所在。以国家安全生产法律法规和标准为依据，明确安全管理工作目标和任务，坚持标本兼治，重在治本，切实做好化工企业安全基础管理工作，进一步减少事故总量，控制和减少较大以上事故发生，促进化工企业安全、环保、科学地发展。

子任务一　安全教育制度的建立

案例

2015年8月31日23时18分，某化学有限公司年产2万吨改性型胶黏新材料联产项目二胺车间混二硝基苯装置在投料试车过程中发生爆炸事故。事故造成包括该公司副总经理在内的13人死亡，混二硝基苯装置框架厂房完全损毁，相邻的周边其他建筑物受到不同程度损坏。

经调查，事故发生的直接原因是车间负责人违章指挥操作人员向地面排放硝化再分离器内含有混二硝基苯的物料，导致起火燃烧，大火炙烤附近的硝化反应釜并引发爆炸。同时企业在项目建设和试车过程中存在严重违法违规行为，是造成本次事故的重要原因。

另外也暴露出了企业安全生产责任不落实。该公司安全生产管理制度不健全，没有按照规定编制规范的工艺操作法和安全操作规程。对员工安全生产教育和培训不到位，各级人员缺乏必备的安全生产知识和技能，安全意识淡漠。企业为了追求经济利益，无视法律法规，最终酿成事故，教训极为深刻。

材料中提到的"安全生产教育和培训"应当引起各个企业的重视，企业应当如何正确开展安全生产教育和培训？

一、建立安全教育培训制度

企业安全教育是安全管理的一项重要工作，其目的是提高职工的安全意识，增强职工的安全操作技能和安全管理水平，最大程度减少人身伤害事故的发生。它真正体现了"以人为本"的安全管理思想，是搞好企业安全管理的有效途径。

《生产经营单位安全培训规定》对工矿商贸生产经营单位（以下简称生产经营单位）从业人员的安全培训做了明确规定。

1. 主要负责人、安全生产管理人员的安全培训

（1）生产经营单位主要负责人安全培训　应当包括下列内容：

① 国家安全生产方针、政策和有关安全生产的法律、法规、规章及标准；

② 安全生产管理基本知识、安全生产技术、安全生产专业知识；

③ 重大危险源管理、重大事故防范、应急管理和救援组织以及事故调查处理的有关规定；

④ 职业危害及其预防措施；

⑤ 国内外先进的安全生产管理经验；

⑥ 典型事故和应急救援案例分析；

⑦ 其他需要培训的内容。

（2）生产经营单位安全生产管理人员安全培训　应当包括下列内容：

① 国家安全生产方针、政策和有关安全生产的法律、法规、规章及标准；

② 安全生产管理、安全生产技术、职业卫生等知识；

③ 伤亡事故统计、报告及职业危害的调查处理方法；

④ 应急管理、应急预案编制以及应急处置的内容和要求；

⑤ 国内外先进的安全生产管理经验；

⑥ 典型事故和应急救援案例分析；

⑦ 其他需要培训的内容。

生产经营单位主要负责人和安全生产管理人员初次安全培训时间不得少于 32 学时。每年再培训时间不得少于 12 学时。

煤矿、非煤矿山、危险化学品、烟花爆竹、金属冶炼等生产经营单位主要负责人和安全生产管理人员初次安全培训时间不得少于 48 学时，每年再培训时间不得少于 16 学时。

2. 三级安全教育

企业安全教育分为三级安全教育。三级安全教育制度是企业安全教育的基本教育制度，教育的对象主要以新员工为主体。三级安全教育指厂（矿），车间（工段、区、队），班组三级安全培训教育。

（1）厂（矿）级岗前安全培训　内容应当包括：

① 本单位安全生产情况及安全生产基本知识；

② 本单位安全生产规章制度和劳动纪律；

③ 从业人员安全生产权利和义务；

④ 有关事故案例等。

煤矿、非煤矿山、危险化学品、烟花爆竹、金属冶炼等生产经营单位厂（矿）级安全培训除包括上述内容外，应当增加事故应急救援、事故应急预案演练及防范措施等内容。

（2）车间（工段、区、队）级岗前安全培训　内容应当包括：

① 工作环境及危险因素；

② 所从事工种可能遭受的职业伤害和伤亡事故；

③ 所从事工种的安全职责、操作技能及强制性标准；

④ 自救互救、急救方法、疏散和现场紧急情况的处理；

⑤ 安全设备设施、个人防护用品的使用和维护；

⑥ 本车间（工段、区、队）安全生产状况及规章制度；

⑦ 预防事故和职业危害的措施及应注意的安全事项；

⑧ 有关事故案例；

⑨ 其他需要培训的内容。

（3）班组级岗前安全培训　内容应当包括：

① 岗位安全操作规程；

② 岗位之间工作衔接配合的安全与职业卫生事项；

③ 有关事故案例；

④ 其他需要培训的内容。

生产经营单位新上岗的从业人员，岗前安全培训时间不得少于 24 学时。

　　煤矿、非煤矿山、危险化学品、烟花爆竹、金属冶炼等生产经营单位新上岗的从业人员安全培训时间不得少于 72 学时，每年再培训的时间不得少于 20 学时。

　　从业人员在本生产经营单位内调整工作岗位或离岗一年以上重新上岗时，应当重新接受车间（工段、区、队）和班组级的安全培训。

　　生产经营单位采用新工艺、新技术、新材料或者使用新设备时，应当对有关从业人员重新进行有针对性的安全培训。

3. 特种作业培训

　　为规范特种作业人员的安全技术培训考核工作，提高特种作业人员的安全技术水平，防止和减少伤亡事故，根据《中华人民共和国安全生产法》《中华人民共和国行政许可法》等有关法律、行政法规，原国家安全生产监督管理总局制定并审议通过了新的《特种作业人员安全技术培训考核管理规定》，自 2010 年 7 月 1 日起施行。

　　本规定所称特种作业，是指容易发生事故，对操作者本人、他人的安全健康及设备、设施的安全可能造成重大危害的作业。共有 11 个作业类别，51 个工种纳入了特种作业目录；本规定所称特种作业人员，是指直接从事特种作业的从业人员。

　　特种作业人员必须经专门的安全技术培训并考核合格，取得《中华人民共和国特种作业操作证》后，方可上岗作业。

　　特种作业操作资格考试包括安全技术理论考试和实际操作考试两部分。考试不及格的，允许补考 1 次。经补考仍不及格的，重新参加相应的安全技术培训。

　　特种作业操作证有效期为 6 年，在全国范围内有效。特种作业操作证由中华人民共和国应急管理部统一式样、标准及编号。

　　特种作业操作证每 3 年复审 1 次。特种作业人员在特种作业操作证有效期内，连续从事本工种 10 年以上，严格遵守有关安全生产法律法规的，经原考核发证机关或者从业所在地考核发证机关同意，特种作业操作证的复审时间可以延长至每 6 年 1 次。

　　离开特种作业岗位 6 个月以上的特种作业人员，应当重新进行实际操作考试，经确认合格后方可上岗作业。

二、教育培训的实施与组织

1. 安全教育形式

　　（1）广告式　包括安全广告、标语、宣传画、标志、展览、黑板报等形式，以精练的语言、生动的方式在醒目的地方展示，提醒人们注意安全和怎样才能安全。

　　（2）演讲式　包括教学、讲座的讲演，经验介绍，现身说法，演讲比赛等。可以是系统教学，也可以专题论证、讨论。用以丰富人们的安全知识，提高对安全生产的重视程度。

　　（3）会议讨论式　包括事故现场分析会、班前班后会、专题研讨会等，以集体讨论的形式，使与会者在参与过程中进行自我教育。

　　（4）竞赛式　包括抢答赛、书面知识竞赛、操作技能竞赛及其他安全教育活动评比，激发人们学安全、懂安全、会安全的积极性，促进职工在竞赛活动中树立安全第一的思想，丰富安全知识，掌握安全技能。

　　（5）声像式　它是用声像现代艺术手段，使安全教育寓教于乐，主要有安全宣传广播、电影、电视、录像等。

（6）文艺演出式　它是以安全为题材编写和演出的相声、小品、话剧等文艺演出的教育形式。

（7）学校正规教学　利用国家或生产经营单位办大学、中专、技校，开办安全工程专业，或穿插渗透其他专业的安全课程。

2. 安全生产教育实施

（1）全面细致做好培训需求分析　除了普适性的安全生产知识，企业在对员工进行培训前必须要对员工的培训需求进行摸底排查，做到心中有数，并形成书面材料提报给教育培训机构或培训教师，对需求不同的员工进行针对性的教育培训，使得培训更加有效。

（2）制订科学培训计划　有了培训需求分析，还需要制订科学的培训计划，针对员工量身打造，不仅可以提高员工的职业认同感，同时对于留住员工和员工的长远发展都大有裨益。

（3）加强培训师资管理　在安全生产教育培训过程中，教育培训队伍是其中的重要角色。优秀的教育培训队伍不仅要系统地掌握安全生产教育培训知识，还要积极地学习新的法律法规、规章制度、相关的知识。不仅在知识储备上要到位，还要掌握正确的教育学理论和方法，因材施教才能够达到更好的教学效果。

（4）政府加强综合监管　政府监管是对企业安全培训工作的督促和监督。政府监管部门通过全面细致分析培训需求、严格制订科学培训计划、打造优良培训师资和综合监管科学体系，依法加强企业安全生产教育培训监管力度和对社会培训机构的监督监管，发挥其在预防安全生产事故方面的作用。同时要通过各种方式为企业提供更多免费的、覆盖面广的培训机会，不断加强安全生产教育培训重要性的宣传教育。

三、安全教育培训的评估

安全生产教育培训要最终形成闭环体系，还需要最后一步，就是培训后的评估工作，只有通过评估反馈，才能更好地优化培训流程，加强培训效果。

安全生产教育培训的评估旨在发现培训中存在的不足，是否能够较好地发挥培训效果。通过培训能否从源头上遏制重特大事故的发生，减少安全生产事故对我国国民经济社会的发展产生的不良影响。

1. 反应评估

在培训完成后，对接受培训的企业员工进行回访，调查员工对培训的满意度，包括培训时间、培训方式、培训内容等，从而掌握更加匹配企业员工的培训方式。

2. 学习保持评估

每隔一段时间对接受培训的企业员工进行学习考核，考核内容为培训内容，比较员工的学习保持时间，在培训后能否持续掌握所学内容，从而确定多久对员工进行一次培训才能使其更好、更久地掌握所学知识。

3. 行为运用评估

需要进入一线生产对员工的安全生产能力进行调查、走访身边的其他工友，调查受训员工能否掌握所学知识并将其应用到实际工作中。

4. 经济效益评估

对企业员工接受培训后是否会对企业产生精神效益、经济效益进行评估。评估可以通过一系列指标来衡量，如事故率、生产率、员工离职率、次品率、员工士气以及客户满意度等，比较培训前后，证明培训的有效性、有益性。

子任务二 安全生产法规的解读

案例

2018年11月28日零时40分55秒，某化工有限公司氯乙烯泄漏扩散至厂外区域，遇火源发生爆燃，造成24人死亡、21人受伤，38辆大货车和12辆小型车损毁。

调查认定某化工公司"11·28"重大爆燃事故是一起重大危险化学品爆燃责任事故。公安机关对12名企业人员依法立案侦查并采取刑事强制措施，同时对地方政府及相关监管部门层面给予党政纪处分，对该化工公司进行行政处罚。

一、我国安全生产法律法规体系解读

安全生产法律法规制度是指由国家权力机关、行政机关及有关行业协会等为规范生产经营单位的安全生产活动，保护从业人员的人身安全、生产单位的财产安全，针对生产、经营行为而制定的法律、法规、规章、标准等系列规范的总称。

安全生产法律法规体系，是指我国全部现行的、不同的安全生产法律规范形成的有机联系的统一整体。安全生产法律体系是由母系统与若干个子系统共同组成的。从具体法律规范上看，它是单个的；从法律体系上看，各个法律规范又是母体系不可分割的组成部分。

我国持续加强安全生产法律法规体系建设，基本形成了以宪法为根本，以安全生产法、职业病防治法为主体，以系列行政法规为支撑，以地方性安全法规为补充，以规范标准为延伸的安全生产法律法规框架体系。

按法律地位及效力同等原则，安全生产法律法规体系分为以下6个门类：

1. 宪法

《中华人民共和国宪法》是安全生产法律体系框架的最高层级，"加强劳动保护，改善劳动条件"是有关安全生产方面最高法律效力的规定。

2. 安全生产方面的法律

我国法律的制定权是全国人大及其常委会。《中华人民共和国安全生产法》是我国安全生产领域的一部综合性法律。

3. 安全生产行政法规

国务院根据宪法和法律制定行政法规。如《危险化学品安全管理条例》《中华人民共和国尘肺病防治条例》等。

4. 地方性法规、自治条例和单行条例

地方性法规的制定权是省级人大及其常委会、省会市人大及其常委会、国务院批准的较大市人大及其常委会。自治条例和单行条例的制定权是自治区、自治州、自治县的人大及其常委会。

5. 规章

规章的制定权是国务院组成部门、直属机构、省级政府、省会市和较大的市的政府以及经济特区所在的市政府。

6. 安全生产标准

如 GB/T 13861—2009《生产过程危险和有害因素分类与代码》、GB 2894—2008《安全标志及其使用导则》、GB 6441—86《企业职工伤亡事故分类》等。

二、深刻领会《中华人民共和国宪法》相关要求

《中华人民共和国宪法》的第 42 条规定，中华人民共和国公民有劳动的权利和义务。国家通过各种途径，创造劳动就业条件，加强劳动保护，改善劳动条件，并在发展生产的基础上，提高劳动报酬和福利待遇。劳动是一切有劳动能力的公民的光荣职责。国有企业和城乡集体经济组织的劳动者都应当以国家主人翁的态度对待自己的劳动。国家提倡社会主义劳动竞赛，奖励劳动模范和先进工作者。国家提倡公民从事义务劳动。国家对就业前的公民进行必要的劳动就业训练。

《中华人民共和国宪法》的第 43 条规定，中华人民共和国劳动者有休息的权利。国家发展劳动者休息和休养的设施，规定职工的工作时间和休假制度。

三、准确把握并遵守《中华人民共和国安全生产法》

1. 总则

（1）立法目的　为了加强安全生产工作，防止和减少生产安全事故，保障人民群众生命和财产安全，促进经济社会持续健康发展。

（2）适用范围　在中华人民共和国领域内从事生产经营活动的单位（以下统称生产经营单位）的安全生产，适用本法；有关法律、行政法规对消防安全和道路交通安全、铁路交通安全、水上交通安全、民用航空安全以及核与辐射安全、特种设备安全另有规定的，适用其规定。

（3）基本方针　安全生产基本方针是"安全第一，预防为主，综合治理"。

2. 生产经营单位的安全生产保障

（1）主要负责人职责

① 建立、健全本单位安全生产责任制。

② 组织制定本单位安全生产规章制度和操作规程。

③ 组织制订并实施本单位安全生产教育和培训计划。

④ 保证本单位安全生产投入的有效实施。

⑤ 督促、检查本单位的安全生产工作，及时消除生产安全事故隐患。

⑥ 组织制定并实施本单位的生产安全事故应急救援预案。

⑦ 及时、如实报告生产安全事故。

（2）安全管理机构和安全管理人员配备　矿山、金属冶炼、建筑施工、道路运输单位和危险物品的生产、经营、储存单位，应当设置安全生产管理机构或者配备专职安全生产管理人员。

前款规定以外的其他生产经营单位，从业人员超过一百人的，应当设置安全生产管理机构或者配备专职安全生产管理人员；从业人员在一百人以下的，应当配备专职或者兼职的安全生产管理人员。

（3）生产经营单位的安全生产管理机构以及安全生产管理人员履行职责

① 组织或者参与拟订本单位安全生产规章制度、操作规程和生产安全事故应急救援预案。

② 组织或者参与本单位安全生产教育和培训，如实记录安全生产教育和培训情况。

③ 督促落实本单位重大危险源的安全管理措施。

④ 组织或者参与本单位应急救援演练。

⑤ 检查本单位的安全生产状况，及时排查生产安全事故隐患，提出改进安全生产管理的建议。

⑥ 制止和纠正违章指挥、强令冒险作业、违反操作规程的行为。

⑦ 督促落实本单位安全生产整改措施。

3. 从业人员的权利和义务

（1）从业人员的权利

① 从业人员有权了解其作业场所和工作岗位存在的危险因素、防范措施及事故应急措施，有权对本单位的安全生产工作提出建议。

② 从业人员有权对本单位安全生产工作中存在的问题提出批评、检举、控告；有权拒绝违章指挥和强令冒险作业。

生产经营单位不得因从业人员对本单位安全生产工作提出批评、检举、控告或者拒绝违章指挥、强令冒险作业而降低其工资、福利等待遇或者解除与其订立的劳动合同。

③ 从业人员发现直接危及人身安全的紧急情况时，有权停止作业或者在采取可能的应急措施后撤离作业场所。

生产经营单位不得因从业人员紧急情况下停止作业或者采取紧急撤离措施而降低其工资、福利等待遇或者解除与其订立的劳动合同。

④ 因生产安全事故受到损害的从业人员，除依法享有工伤社会保险外，依照有关民事法律尚有获得赔偿的权利的，有权向本单位提出赔偿要求。

上述从业人员的权利即：知情权、建议权、批评权、检举权、控告权、拒绝权、紧急避险权、申请赔偿权，简称为从业人员的八项权利。

（2）从业人员的义务

① 从业人员在作业过程中，应当严格遵守本单位的安全生产规章制度和操作规程，服从管理，正确佩戴和使用劳动防护用品。

② 从业人员应当接受安全生产教育和培训，掌握本职工作所需的安全生产知识，提高安全生产技能，增强事故预防和应急处理能力。

③ 从业人员发现事故隐患或者其他不安全因素，应当立即向现场安全生产管理人员或者本单位负责人报告；接到报告的人员应当及时予以处理。

四、准确运用相关法律安全规定

1.《中华人民共和国刑法》

《中华人民共和国刑法》对违反各项安全生产法律法规，情节严重者的刑事责任做了规定。

第一百三十四条［重大责任事故罪］在生产、作业中违反有关安全管理的规定，因而发生重大伤亡事故或者造成其他严重后果的，处三年以下有期徒刑或者拘役；情节特别恶劣的，处三年以上七年以下有期徒刑。强令他人违章冒险作业，或者明知存在重大事故隐患而不排除，仍冒险组织作业，因而发生重大伤亡事故或者造成其他严重后果的，处五年以下有期徒刑或者拘役；情节特别恶劣的，处五年以上有期徒刑。

第一百三十五条［重大劳动安全事故罪］安全生产设施或者安全生产条件不符合国家规定，因而发生重大伤亡事故或者造成其他严重后果的，对直接负责的主管人员和其他直接责任人员，处三年以下有期徒刑或者拘役；情节特别恶劣的，处三年以上七年以下有期徒刑。

第一百三十六条［危险物品肇事罪］违反爆炸性、易燃性、放射性、毒害性、腐蚀性物品的管理规定，在生产、储存、运输、使用中发生重大事故，造成严重后果的，处三年以下有期徒刑或者拘役；后果特别严重的，处三年以上七年以下有期徒刑。

2.《中华人民共和国劳动法》

（1）用人单位在职业卫生安全方面的职责

第五十二条　用人单位必须建立、健全劳动安全卫生制度，严格执行国家劳动安全卫生规程和标准，对劳动者进行劳动安全卫生教育，防止劳动过程中的事故，减少职业危害。

第五十三条　劳动安全卫生设施必须符合国家规定的标准。新建、改建、扩建工程的劳动安全卫生设施必须与主体工程同时设计、同时施工、同时投入生产和使用。

第五十四条　用人单位必须为劳动者提供符合国家规定的劳动安全卫生条件和必要的劳动防护用品，对从事有职业危害作业的劳动者应当定期进行健康检查。

第五十五条　从事特种作业的劳动者必须经过专门培训并取得特种作业资格。

第五十六条　劳动者在劳动过程中必须严格遵守安全操作规程。劳动者对用人单位管理人员违章指挥、强令冒险作业，有权拒绝执行；对危害生命安全和身体健康的行为，有权提出批评、检举和控告。

（2）女职工和未成年工特殊保护

第五十八条　国家对女职工和未成年工实行特殊劳动保护。未成年工是指年满十六周岁未满十八周岁的劳动者。

第五十九条　禁止安排女职工从事矿山井下、国家规定的第四级体力劳动强度的劳动和其他禁忌从事的劳动。

第六十条　不得安排女职工在经期从事高处、低温、冷水作业和国家规定的第三级体力劳动强度的劳动。

第六十一条　不得安排女职工在怀孕期间从事国家规定的第三级体力劳动强度的劳动和孕期禁忌从事的劳动。对怀孕七个月以上的女职工，不得安排其延长工作时间和夜班劳动。

第六十二条　女职工生育享受不少于九十天的产假。

第六十三条　不得安排女职工在哺乳未满一周岁的婴儿期间从事国家规定的第三级体力劳动强度的劳动和哺乳期禁忌从事的其他劳动，不得安排其延长工作时间和夜班劳动。

第六十四条　不得安排未成年工从事矿山井下、有毒有害、国家规定的第四级体力劳动强度的劳动和其他禁忌从事的劳动。

第六十五条　用人单位应当对未成年工定期进行健康检查。

3.其他安全法律法规

其他安全生产领域的法律法规如表 1-5 所示。

表 1-5　其他安全法律法规

法律层级	名称
法律	《中华人民共和国职业病防治法》
	《中华人民共和国消防法》
	《中华人民共和国行政处罚法》
	《中华人民共和国特种设备安全法》

续表

法律层级	名称
行政法规	《生产安全事故报告和调查处理条例》
	《危险化学品安全管理条例》
	《工伤保险条例》
	《安全生产许可证条例》
	《特种设备安全监察条例》
部门规章	《生产经营单位安全培训规定》
	《生产安全事故信息报告和处置办法》
	《建设项目安全设施"三同时"监督管理办法》
	《危险化学品登记管理办法》
	《生产安全事故应急预案管理办法》
国家标准	GB 6944—2012《危险货物分类和品名编号》
	GB 13690—2009《化学品分类和危险性公示通则》
	GB 12268—2012《危险货物品名表》
	GB/T 13861—2009《生产过程危险和有害因素分类与代码》
	GB 2894—2008《安全标志及其使用导则》
	GB/T 11651—2008《个体防护装备选用规范》
	GB 6441—86《企业职工伤亡事故分类》
国际公约	作业场所安全使用化学品公约（第 170 号国际公约）
	职业安全和卫生及工作环境公约（第 155 号公约）

任务训练

一、查阅《中华人民共和国安全生产法》，并根据理解回答以下问题。

1. 我国安全生产方针的内涵是什么？

2. 企业主要负责人有哪些职责？如何做到位？

3. 生产经营单位的安全生产管理机构以及安全生产管理人员有哪些履职要求？如何完成？

4. 从业人员有哪些权利和义务？如何保障自己的合法权益？

二、查阅盛华化工公司事故调查报告，对照相关法律原文，说明对其处罚的原因与依据。

模块考核题库

1. 依据《中华人民共和国安全生产法》的规定，危险物品的生产、经营、储存单位以及矿山、建筑施工单位的主要负责人和（　　），应当由有关主管部门对其安全生产知识和管理能力考核合格后方可任职。

A. 安全生产管理人员　B. 安全生产检查人员　C. 从业人员　　　　D. 特种作业人员

2. 某厂焊工因生产安全事故受到伤害，依据《中华人民共和国安全生产法》的规定，下列关于张某获取赔偿的说法中，正确的是（　　　）。

A. 只能依法获得工伤社会保险赔偿

B. 只能依照有关民事法律提出赔偿要求

C. 工伤社会保险赔偿不足的，应当向民政部门提出赔偿要求

D. 除依法享有工伤保险赔偿外，可以依照有关民事法律提出赔偿要求

3. 安全生产法律法规规定，生产经营单位的安全生产第一责任人是（　　　）。

A. 安全机构负责人　　　　B. 管理者代表　　　　　C. 主要负责人　　　　　D. 党政负责人

4. 根据《中华人民共和国安全生产法》的规定，判定重大危险源的依据是单元中危险物质的实际存在量、危险物质的临界量和（　　　）。

A. 危险物质的种类数　　　　　　　　　　B. 危险物质的贮存方式

C. 危险物质的贮存范围　　　　　　　　　D. 危险物质的性质

5. 依据《中华人民共和国安全生产法》的规定，生产经营单位应当按照国家有关规定将本单位重大危险源及有关安全措施，应急措施报（　　　）备案。

A. 有关地方人民政府公安部门

B. 有关地方人民政府劳动管理部门

C. 有关地方人民政府负责安全生产监督管理的部门和有关部门

D. 有关地方人民政府公安部门和安全生产监督管理部门

6. 依据《中华人民共和国安全生产法》的规定，生产经营单位从业人员（　　　）了解其作业场所和工作岗位存在的危险因素及事故应急措施。

A. 有权　　　　　　　B. 特殊情况下可以　　　C. 经批准可以　　　　　D. 无权

7. 依据《中华人民共和国安全生产法》的规定，生产经营单位的（　　　）拥有本单位安全生产投入的决策权。

A. 主要负责人　　　　　　　　　　　　B. 财务人员

C. 从业人员　　　　　　　　　　　　　D. 安全生产管理人员

8. 依据《中华人民共和国安全生产法》的规定，企业与职工订立合同，免除或者减轻其对职工因生产安全事故伤亡依法应承担的责任的，该合同无效。对该违法行为应当实施的处罚是（　　　）。

A. 责令停产整顿　　　　　　　　　　　B. 提请所在地人民政府关闭企业

C. 对企业主要负责人给予治安处罚　　　D. 对企业主要负责人给予罚款

9. 根据《中华人民共和国安全生产法》的规定，下列生产经营单位应当设置安全生产管理机构或者配备专职安全生产管理人员的是（　　　）。

A. 从业人员 80 人的危险化学品使用单位

B. 从业人员 20 人的机械制造单位

C. 从业人员 60 人的食品加工单位

D. 从业人员 50 人的建筑施工单位

10.《中华人民共和国安全生产法》规定，国家对严重危及生产安全的工艺、设备实行（　　　）。

A. 审核制度　　　　　　B. 淘汰制度　　　　　　C. 监控制度　　　　　　D. 备案制度

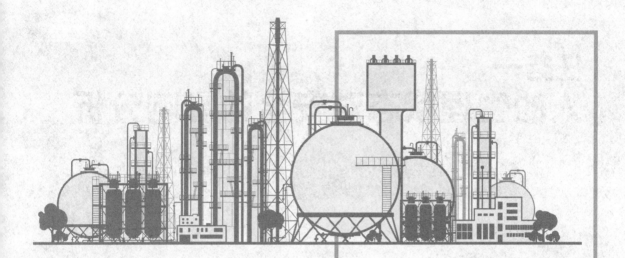

模块二

人的安全生产
行为控制

任务一
人的生理状态对安全的影响分析

能力目标

(1) 能辨识人体的感官系统。

(2) 会归纳人的生理与安全的关系。

(3) 能判断人体生物节律周期。

素质目标

(1) 能够对资料进行整理、分析、归纳，并进行自主学习。

(2) 具有安全意识、团队意识、强烈的责任感及集体荣誉感。

(3) 促进理论联系实际，提高分析问题、解决问题的能力以及动手能力。

知识目标

(1) 了解人体感官系统。

(2) 掌握人体生物节律。

子任务一　人的感官系统认知

生产过程实质是一个复杂的人-机-环系统，在这个系统中，人的生理和心理因素对生产过程的安全有着重要作用。

案例

美国一家人自驾游向科罗拉多州方向行进。中午时分，当汽车拐过一个山谷后，行进到一个转弯处（图2-1为转弯处B点），司机猛踩油门，接下来便是一家人绝望的尖叫声——一家四口连人带车坠下山崖，葬身谷底。

在这条公路上，类似的事故不断发生。让人不解的是，明知道前面是悬崖，为什么驱车经过这里时，会不约而同地猛踩油门而不是踩刹车。"魔鬼公路"由此得名！

思考： 真的有魔鬼存在吗？

原来这段"魔鬼公路"是一条与太阳起落平行的公路。每天 10:30—12:00 时，因平行太阳光的照射，护栏的黑色阴影正好投射在司机行驶的公路上。

图 2-1　转弯处 B 点

此时，司机顺着太阳照射的方向行驶，黑色阴影与护栏连为一体，与对面的黑色柏油公路相连，这样他们就看到了两条断头路连在一起的假象（图2-2为司机的视角），会继续踩油门直行而不是减速。

图 2-2　司机的视角

魔鬼不存在，但眼见不一定为实，我们的感官会欺骗我们！
材料中提到的"感官"是怎么回事？

一、人的感官系统分析

感官系统又称感觉系统，是人体接受外界刺激，经传入神经和神经中枢产生感觉的机构。人的感官系统包括眼、耳、鼻、舌、皮肤，产生感觉、运动感和平衡感。实验表明，人类获取信息其中视觉占 83%，听觉占 11%，嗅觉占 3.5%，触觉占 1.5%，味觉占 1%，所以说视觉是最重要的感觉通道。

二、人的视觉特征分析

视觉是指光刺激作用于视觉器官而产生的主观印象。

1. 视觉刺激

视觉的适应刺激是光，其波长在 380～760nm 之间。

2. 视敏度

视敏度即视力，是能够辨认出视野中空间距离非常小的两个物体的能力，是表征人眼对物体细部识别能力的一个生理尺度，是辨认外界物体的敏锐程度。以最小视角的倒数表示：

$$视力＝1/最小视角$$

检查人眼视力的标准规定，最小视角为 1 时，视力等于 1.0，此时视力为正常。视力主要影响因素有亮度、对比度、背景反射、物体的运动等。

3. 颜色视觉

颜色视觉是光谱上 380～760nm 波长的辐射能量作用于人的视觉器官所产生的颜色感觉，在可见光谱上从长波端到短波端依次产生的色觉为红、橙、黄、绿、蓝、紫。

4. 适应性

当外界光亮程度变化时，产生的适应性变化分为明适应和暗适应。

从暗室到光亮的适应过程叫明适应，明适应很快，1min 左右就可完全适应。

从光亮环境进入暗室，开始时看不见周围的东西，经过一段时间后才能逐渐区分出物体，眼的这种感受性逐渐增高的过程叫暗适应。暗适应时间较长，4～5min 才能基本适应，完全适应需 30～40min。

5. 视野

视野包括静视野、动视野、水平面内的视野、垂直面内的视野等几方面。

静视野是指人的眼球不转动的情况下，观看正前方所能看见的空间范围。

动视野是指眼球自由转动时能看到的空间范围。

水平面内的视野是指两眼视区在左右 60°以内的区域。

垂直面内的视野是指最大视区为标准视线以上 50°和标准视线以下 70°，人的自然视线低于标准视线。

6. 视错觉

注意力只集中于某一因素时，由于主观因素的影响，感知的结果与事实不符的特殊视知觉。视错觉普遍存在，主要有形状错觉，如长短、方向、对比、大小、远近、透视等；色彩错觉如对比、大小、温度、距离、疲劳等；物体运动错觉。

三、人的听觉分析

听觉是指声波作用于听觉器官，使其感受细胞兴奋后引起的感觉。听觉是除视觉外最敏感的感觉通道。听觉的功能有分辨声音的高低和强弱，还可以判断环境中声源的方向和远近。

1. 听觉刺激

听觉的刺激物是声波，人耳能听见的频率范围一般在 20～20000 Hz 范围内。听觉最灵敏处在 1000～4000 Hz 之间。

2. 听觉的掩蔽

当几种声强不同的声音传到人耳时，只能听到最强的声音，而较弱的声音就听不到了，即弱声被掩盖了。一个声音被其他声音干扰而使听觉产生困难，只有提高该声音的强度才能产生听觉，这种现象称为听觉的掩蔽。被掩蔽声音的听阈提高的现象，称为掩蔽效应。

3. 听觉疲劳

如果声音较长时间连续作用，导致听觉感受性的显著降低，称作听觉疲劳。听觉疲劳在声音停止作用后需很长一段时间才能恢复，如果这一疲劳经常发生，会造成听力减退甚至耳聋。

四、人的嗅觉和味觉分析

1. 嗅觉

嗅觉是由气体刺激嗅觉器官引起的感受。嗅觉的刺激物必须是气体物质，只有挥发性有味物质的分子，才能成为嗅觉细胞的刺激物。

2. 味觉

味觉是溶解性物质刺激口腔内味蕾而发生的感觉。

味觉和嗅觉器官是我们的身体内部与外界环境沟通的两个出入口。因此，它们担负着一定的警戒任务。人们敏锐的嗅觉，可以避免有害气体进入体内。

五、人的肤觉分析

人的皮肤表层中分布着多种神经末梢，受刺激时引起神经冲动，传入大脑皮层相应投射区产生各种肤觉。通常有触觉、温觉、冷觉和痛觉几种基本的肤觉。肤觉器官是人体最大的一个感觉器官，可感知物体的形状和大小、振动、冷暖、质感强度、刺激程度等。

六、人的平衡感和运动感分析

人对自身姿态和空间位置变化的感觉称为平衡感觉。主要由前庭器官来调节。前庭器官是人体运动状态及在空间位置的感受器。人的运动感是主体对身体姿势和身体运动的感受或意识。

任务
训练

1. 环卫工人的衣服是什么颜色？为什么？
2. 根据所学知识，讨论在关灯后还玩手机的危害。
3. 总结人的感官系统。

子任务二　人体生物节律对安全的影响分析

案例

> 疲劳驾驶是交通事故的主要原因之一，除意外事故外，82％车祸都发生在司机生物节律的临界期。交通事故与肇事者的生物节律密切相关。当人体生物节律处于临界期或低潮期时，人会感到体力不济，精神恍惚，对高速运行的车辆和复杂的路况做出错误判断和错误动作，这是导致交通事故的重要原因之一。人在连续驾车超过 4 小时后会出现疲劳，使人处于生物节律的临界期或低潮期，这时一定要停车休息 20 分钟以上，此举会大大减少恶性交通事故。

以上案例中提到了"人体生物节律"这个概念，那么什么是人体生物节律呢？它对安全有哪些影响呢？

生物功能和生活习性在内在时钟的控制下出现的周期性变化称为生物节律。是自然进化赋予生命的基本特征之一，人类和一切生物都要受到生物节律的控制与影响。

一、人体生物节律分析

人体生物节律，是指人的体力、情绪和智力的周期循环。每个人都存在着体力 23 天、情绪 28 天、智力 33 天的周期性波动规律。

在每一个周期内有高潮期、低潮期、临界日和临界期。

人体生物节律周期（图 2-3）为一正弦曲线，人从出生那一刻开始，就分别按照各自的周期循环变化。

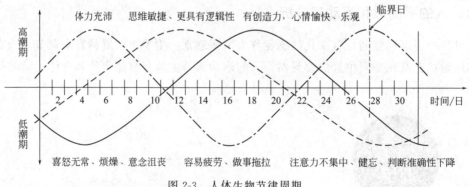

图 2-3　人体生物节律周期

首先进入正半周期，即高潮期，此时心情舒畅，精力充沛，工作成功率高。

然后经过正弦曲线与横轴交点，称为"临界点"，即临界日。

之后进入负半周期，即低潮期，此时心情不佳，容易疲劳、健忘，工作成绩差。

临界点前后各一天称临界期。在临界点或临界期，体力、情绪和智力极不稳定，最易发生事故。

人们可以通过以下方法来计算人体生物节律。

$$X = 365A \pm B + C$$

式中　X——被测算人自出生日起到测算日的总天数；

　　　A——被测算人自出生日起到测算年份的周岁数；

　　　B——本年生日到预测日的总天数，如未到生日用"−"，已过生日则用"+"；

　　　C——周岁中的"闰年"次数，即 $C = A/4$ 所得的整数。

【例】某人生于 1998 年 5 月 12 日，计算其 2020 年 7 月 18 日的人体生物节律周期。

$X = 365 \times A \pm B + C$

$A = 2020 - 1998 = 22$

$B = 19 + 30 + 18 = 67$（式中各数字为 2020 年生日 5 月 12 日到这个月底还余 19 天，30 是 6 月整月的天数，18 是 7 月到被测日 2020 年 7 月 18 日的天数。）

$C = 22/4 = 5$

所以 $X = 365 \times 22 + 67 + 5 = 8102$。

将求出的 X 值去分别除以 23、28、33。

① 体力（T）周期：$8102 \div 23 = 352$ 余 6 天，

② 情绪（Q）周期：$8102 \div 28 = 289$ 余 10 天，

③ 智力（Z）周期：$8102 \div 33 = 245$ 余 17 天。

将除后的余数再对照人体三大生物节律所处的时期对照表（表 2-1），确定人的体力、情绪、智力所处的时期。

表 2-1　人体三大生物节律所处的时期对照表

节律	周期/天	上升临界期/天	高潮期/天	下降临界期/天	低潮期/天
体力（T）	23	22、0、1	2~9	10、11、12	13~21
情绪（Q）	28	27、0、1	2~12	13、14、15	16~26
智力（Z）	33	32、0、1	2~14	15、16、17	18~31

以上体力周期余数 6 表示到 2020 年 7 月 18 日，某人正处于第 352 周期的第 6 天，属于高潮期；情绪周期余数 10 表示该日为情绪第 289 周期的第 10 天，处于高潮期；智力周期余数 17 表示该日为智力第 245 周期的第 17 天，处于从高潮期进入低潮期的临界期。

二、人体生物节律对安全的影响分析

人体生物节律是人体自身的一种生命规律，存在于每一个人。由于人的身体素质、年龄大小、文化知识、修养及接受的教育不同，以及一些内外因素的影响，在每个人身上的表现也有差别。

人体生物节律影响人的行为，一般来说，人在节律临界期的日子体力容易下降，情绪波动和精神恍惚，人的行为波动大，所以会对人们在生产中的安全产生影响。如果工人处在节律临界期，在生产岗位上操作则较容易出现操作失误，甚至导致工伤事故的发生。所以从事危险作业人员在生物节律低潮期时应尽可能避免从事相关危险作业，以防止事故发生。

掌握人体生物节奏的规律，应用生物节律理论指导安全生产、指导安全管理，是分析事故原因、预防事故发生的有力措施。

根据人体生物节律公式，确定你的体力、情绪、智力所处的时期。

任务二
人的心理状态对安全的影响分析

学习目标

◉ 能力目标

(1) 能描述化工生产中存在的心理问题、违章操作心理成因及消除违章操作心理的对策。

(2) 能归纳人的心理与安全的关系。

◉ 素质目标

(1) 能够对资料进行整理、分析、归纳，并进行自主学习。

(2) 具有安全意识、团队意识、强烈的责任感。

(3) 促进理论联系实际，提高学生分析问题、解决问题的能力以及动手能力。

◉ 知识目标

(1) 理解化工生产中存在的心理问题。

(2) 掌握违章操作心理及其消除对策。

子任务一　化工生产中典型心理状态分析

河南省某化肥厂机修车间，1 号 Z35 摇臂钻床因全厂设备检修，加工备件较多，工作量大，人员又少，工段长派女工宋某到钻床协助主操作工干活，往长 3m，直径 75mm×3.5mm 不锈钢管上钻直径 50mm 的圆孔。10 时许，宋某在主操师傅上厕所的情况下，独自开床，并由手动进刀改用自动进刀，钢管是半圆弧形，切削角力矩大，产生反向上冲力。由于工具夹（虎钳）紧固钢管不牢，当孔钻到 2/3 时，钢管迅速向上移动而脱离虎钳，造成钻头和钢管一起做 360 度高速转动，钢管先将现场一长靠背椅打翻，再打击宋某臀部并使其跌倒，宋某头部被撞伤破裂出血，缝合 5 针，骨盆严重损伤。

材料中案例造成事故的主要原因是宋某违反了原化学工业部安全生产《禁令》第八项"不是自己分管的设备、工具不准动用"的规定。因为直接从事生产劳动的职工，都要使用设备和工具作为劳动的手段，设备、工具在使用过程中本身和环境条件都可能发生变化，不分管或不在自己分管时间内，可能对设备性能变化不清楚。

人的心理是大脑对于客观现实的反应，是人在长期的生物进化中发展到高级阶段后形成的人脑的一种特殊机能；心理是脑的功能，脑是心理的器官，离开了人脑就不能产生人的心理活动。人的心理反应有主观的个性特征，所以同一客观事物，不同的人的反应可能不大相同。

一、人的心理过程分析

人的心理过程包括认识过程、情感过程和意志过程。

1. 认识过程分析

（1）感觉和知觉　感觉是人脑对直接作用于感觉器官的客观事物个别属性的反应。知觉是人脑对直接作用于感觉器官的客观事物和主观状况整体的反应。在生活或生产活动中，人都是以知觉的形式直接反应事物，而感觉只作为知觉的组成部分存在于知觉之中，很少有孤立的感觉存在。

（2）记忆和思维　记忆由识记、保持和重现三个环节构成，是人们对经验的识记、保持和应用过程；是对信息的选择、编码、储存和提取过程；是人们积累经验的基础，是思维的前提。思维是人脑对现实事物间接的和概括的加工形式，是人们运用已有的知识经验，对输入信息进行分析、综合、比较、分类、抽象、概括、具体化和系统化的过程。

2. 情感过程分析

（1）情绪与情感　情绪是人在对客观事物抱有某种态度时所伴有的心理体验，是与人的生理需要满足与否相联系的心理活动。任何情绪都是由客观现实引起的，它具有两极性。高兴、愉快、满意等能使人们在工作时思维清晰、头脑敏捷、判断准确，充满自信感；而相反的情绪则会使人在工作时动作缓慢、反应迟钝、判断力下降、失控，很容易引起工作失误，从而导致安全事故的发生。情感是人对客观事物是否满足自己的需要而产生的态度体验，是与人的社会需要满足与否相联系的心理活动。

（2）注意　注意是心理活动对一定对象的指向和集中，具有方向和强度的特征。引起注意的原因，主要包括两类因素，主观因素和客观因素。主观因素有需求、兴趣与爱好、知识与经验、情绪状态、人的精神状态、训练等；客观因素主要有强度、对比、运动（变化）、新异、重复、奇特和感情色彩等。

3. 意志过程分析

意志是人自觉地确定目的，并根据目的调节支配自身的行动，克服困难，去实现预定目的的心理过程。意志品质主要包括自觉性、果断性、自制性和坚韧性等几方面。

二、化工生产中存在的心理问题分析

根据对大量事故的统计分析说明，有 $70\%\sim80\%$ 的事故都跟人有直接关系。所以安全工作的重点应该"以人为本"，提高人的综合素质、安全意识，提高生产者遵守安全规章制度的自觉性、工作技能及安全防护技能，尊重他们的意愿和要求。

人是生产过程的执行者，人的思维方式及心理活动主导人的行动，一旦发生不安全行为，就有可能诱发安全事故。所以，对化工生产的操作者来说，他的喜怒哀乐都直接影响到操作者本身的安全，甚至还关系到他人及设备的安全。

人们在化工生产事故分析中，总结出普遍存在以下几种心理问题。

（1）疲劳　体力疲劳、心理疲劳、病态疲劳。

（2）情绪失控　喜、怒、哀、乐。

（3）下意识动作　由于长期的工作行为、工作动作习惯，导致人在特殊情况下发生危险动作。

（4）侥幸心理

（5）自信心理

（6）省能心理　花最少的力气、时间，做最多的事，获取最大的回报。

（7）逆反心理　由于批评，教育，处罚方式不当、粗暴，人会产生对抗心理，正好是一种与正常行为相反的叛逆心理。

（8）配合不好　有心理原因，也有管理、技术方面原因。

（9）判断失误　导致小事变大事。

（10）心理素质不佳　不适合从事某项工作。

（11）注意力问题　注意力不集中或过分集中都不好。

如果在生产活动中，出现了上述一种或数种心态，那就很危险，随之而来的很可能就是不安全行为及不安全状态，安全事故就有可能发生了。所以作为化工从业人员，必须要有一种稳定的心态，只有这样，才能保障自身、他人及设备的安全。

任务
训练

分小组举例说明生产过程中常见的心理问题有哪些。

子任务二　违章操作心理成因及消除

随着化工生产自动化程度的不断提高、生产安全设施的不断完善，违章操作逐渐成为事故的主要原因。在实际生产过程中，操作者是严格遵守安全操作规程，还是有意无意地违反，对生产和人身安全的影响极大。因此，分析和掌握违章现象产生的心理特征，制定相应的消除对策，对安全工作十分重要。

一、违章操作解读

1. 违章操作的含义

违章操作就是指不严格遵守安全操作规程的动作或行为。

2. 违章操作的类型

违章操作有各种各样的类型。从心理学角度来看，违章操作主要分为两大类，即无意违章和有意违章。

（1）无意违章　无意违章是指在无意的情况下所造成的违背安全操作规程的动作或行为。按其产生的原因，无意违章分为两种情况。第一种是当行为人或操作者在意识不清的状态时发生的违章行为。第二种情况是，虽然操作者或行为人处在意识清醒状态下，但由于某种生理、心理缺陷或无知造成的违章。在实际作业过程中，最常见的是由于无知而造成的违章。

（2）有意违章　有意违章又称为故意违章，分为两种情况。一种情况是操作规程或注意事项本身订得不合理、不科学，但又没有能加以及时修订、完善。另一种情况是安全操作规程本身没有问题，不是因为安全操作规程的原因造成的，而是其他原因，这就是通常所说的明知故犯。

二、违章操作者的心理状态分析

现代安全管理理论认为，人的习惯性违章违纪行为动机是由三个因素决定影响的。一是行为者对违章行为追求的程度，即行为者对行为后果的期望程度。二是行为者对自己行为能力过高的估计。三是安全场（氛围）对个体的影响。任何违章行为者都不是孤立的一个人存在，都是与集体紧密相连的，这种外界因素对行为者的直接或间接的影响是巨大的。

违章操作人员一般存在以下几种心理状态，而且这些心理状态是造成事故的重要隐患。

1. 惰性心理分析

惰性心理又称"节能心理"，它是指在作业中尽量减少能量支出，能省力便省力，能将就凑合就将就凑合的一种心理状态，它是懒惰行为的心理依据。干活图省事，嫌麻烦。节省时间，得过且过。惰性心理对安全的影响很大，特别是这种心理存在比较普遍，几乎每个人都或多或少存在这种心理。

2. 麻痹心理分析

麻痹大意是造成违章的主要心理因素之一。有这种心理的人，在行为上多表现为马马虎虎，大大咧咧，操作时缺乏认真严肃的精神，对安全虽明知重要，但往往只是挂在嘴上，而在心里却觉得无所谓，缺乏应有的警惕性。

3. 逞能心理分析

争强好胜本来是一种积极的心理品质，但如果它和炫耀心理结合起来，且发展到不恰当的地步，就会走向反面。逞能心理就是二者的混合物。在逞能（或逞强）心理的支配下，为了显示自己的能耐，往往会头脑发热，干出一些冒险的、愚蠢的事情来。

4. 侥幸心理分析

侥幸心理是许多违章人员在行动前的一种重要心态。作业人员在工作过程中，认为在现场工作时，严格按照规章制度执行太过于繁琐或机械，未严格按照规章制度执行或执行没有完全到位，不是违章行为，认为即使偶尔出现一些违章行为也不会造成事故。有这种心态的人，不是不懂安全操作规程，缺乏安全知识，也不是技术水平低，而多数是"明知故犯"。

5. 逆反心理分析

逆反心理是一种无视社会规范或管理制度的对抗心理状态，一般在行为上表现为"你让我这样，我偏那样""越不允许，我越要干"等特征。逆反心理产生的行为是一种与正常行为相反的对抗性行为，它受好奇心、好胜心、思想偏见、虚荣心、对抗情绪等心理活动所驱使。这种心理和行为一般发生在青年工人身上，但在其他工人身上也会发生。在生产活动中，具有逆反心理的人对安全规章制度也容易产生对抗行为，故意不遵守规章制度、不按安全操作规程操作而发生事故的事例也时有发生。逆反心理很强的人，往往缺乏理智，不辨是非，对自己认为"讨厌"的人和事盲目地一概加以拒绝或否定，因此容易导致事故。

6. 冒险心理分析

冒险心理也是引起违章操作的重要心理原因之一。冒险有两种情况：一种是理智性冒险，这种冒险心理通常发生在明知有危险，但又必须去干的情况下。例如由于某些本身带有危险性的特殊作业的要求，或是由于突发事件，必须立即采取措施，而安全保障条件又不具备的情况下，不得不违章作业。这种理智性冒险心理是一种无畏的勇气和不怕牺牲的精神，是一种高尚的行为。另一种是非理智性冒险，这种心理往往受到激情的驱使，或者本人有强烈的虚荣心。例如有的人本来比较胆小，害怕登高，但为了不使自己在众人面前"露怯"，硬充大胆，做出一些非理智的行为。这种非理智性冒险常是惹祸的根苗。

7. 凑趣心理分析

凑趣心理又称凑兴心理。它是社会群体成员之间人际关系融洽而在个体心理上的反映。个体为了获得心理上的满足和温暖，同时也为了对同伴表示友爱或激励，和其他个体凑在一起开开玩笑说些幽默的话等。如果掌握适度，不失为改进团体气氛，松弛紧张情绪，增强团体内各成员间的情感沟通的一种方法。但是，如果掌握不适度，不但不会起到调节情感，增进团结的积极作用，相反还会伤害一些群体成员的感情，产生出一些误会或不理智的行为。

8. 从众心理分析

从众心理是指个人在群体中由于实际存在的或头脑中想象到的社会压力与群体压力，而在知觉、判断、信念以及行为上表现出与群体中大多数人一致的现象。从众心理是从众行为的内在驱动力和根据。

9. 好奇心理分析

好奇心人皆有之。它是人对外界新异刺激的一种反应。有的人违章，就是好奇心所致。

例如新进厂的工人来到厂里，看到什么都新鲜，于是乱动乱摸，造成一些机器设备处于不安全状态，其结果可能直接危及本人或者殃及他人。有的人好奇心很重，周围发生什么事都会引起他的注意，结果影响正常操作，造成违章甚至事故。

10. 无所谓心理分析

无所谓心理常表现为对遵章或违章心不在焉，满不在乎。这里也有三种情况：一是本来根本没有意识到危险的存在，认为章程都是领导用来卡人的。这种问题出在对安全、对章程缺乏正确的认识上。二是对安全问题谈起来重要，干起来次要，忙起来不要，在行为中根本不把安全条例等放在眼里。三是认为违章是必要的，不违章就干不成活。无所谓心理对安全的影响极大，因为他心里根本没有安全这根弦，因此在行为上常表现为频繁违章，有这种心理的人常是事故多发者。

三、违章操作心理的消除

1. 加强员工安全教育，提高员工安全意识和安全素质

在企业生产过程中，要时刻加强员工的安全教育，牢固树立"安全第一，预防为主，综合治理"的思想，注意培养员工的安全防范意识，增加员工的安全知识，提高员工的安全技能。要学习其他单位的事故案例，从中深刻吸取经验和教训，在进行生产施工作业过程中，要结合本单位的实际情况，做好事故预案并经常开展演练，作业前要落实好各项安全措施，不能只相信经验，要相信分析结果和科学的施工方案，从而避免事故的发生。

2. 加强检查和监督

在日常生产作业过程中，有些员工往往会由于经常地从事某一项单调的工作而忽视必要的操作步骤和保护措施，产生一种惰性心理。因此，有必要建立严格的工作纪律并进行严格的检查和监督，如规定员工必须按规定着装，必须按时巡检等，同时还可以运用先进的科学手段进行监控。如应用电子巡检仪就可以准确地查出操作人员在任何时间的巡检记录和巡检情况，使操作人员在生产中形成一种习惯，自觉地进行巡检，避免和减少意外事故的发生等等。

3. 提高生产的自动化程度

在工程技术方面，要运用先进的科学技术改善操作环境和操作手段，提高自动化程度，采用先进的 DCS 集散控制系统、可燃气报警系统和自动联锁保护系统，从而大大降低员工的劳动强度，提高员工的操作效率，使其有更多的时间随时监控生产情况，处理异常情况，达到本质安全，减少事故的发生。

4. 加强员工的人员调整和必要的惩戒措施

在生产过程当中可能会有一些员工不适合自己当前的生产岗位，采取措施使其在合适的岗位上充分发挥自己的主观能动性，搞好安全生产。对于一些纪律较差的又屡教不改的员工应及时采取一定的惩戒措施，坚决消除违章行为。

上述几种类型的违章心理在生产中是常见的，而这些不良心理的激发因素又是多方面的。因此，企业的安全管理人员要及时掌握员工的心理状态和情绪，有的放矢地消除违章现象，从而促进化工安全生产。

模块考核题库

一、单选题

1.（　　）是良好安全行为的前提条件。

A. 安全需要　　　　　B. 安全意识　　　　　C. 安全能力　　　　　D. 安全管理

2. 在生产作业过程中，噪声强度太大或作业环境太复杂、变化太快时，就会造成人的（　　）机能障碍，甚至导致事故发生。

A. 感觉系统　　　　　B. 呼吸系统　　　　　C. 神经系统　　　　　D. 运动系统

3. 节假日前后，与假日有关的事情会在员工头脑中起干扰作用，容易（　　），情绪不稳定，更应关注员工的松弛心态，提醒安全。

A. 注意力稳定　　　　B. 转移注意力　　　　C. 注意力集中　　　　D. 注意力分散

4. 安全心理学是以生产劳动中的（　　）为对象，从保证生产安全、防止事故、减少人身伤害的角度研究人的心理活动规律的一门科学。

A. 工具　　　　　　　B. 设备　　　　　　　C. 人　　　　　　　　D. 环境

5. 发生事故后首先要做好（　　），防止加剧恐惧情绪造成过度应激再次发生事故。

A. 事故调查　　　　　B. 事故分析　　　　　C. 心理干预工作　　　D. 会议讨论

二、多选题

1. 根据人的生理因素特点，安全的生产措施有（　　）。

A. 在需要频繁改变光亮度的场所，应采用缓和照明

B. 在机器设计中，应使操纵速度低于人的反应速度

C. 工人在生产岗位上操作，要避开节律转折点的日子

D. 在进行单调乏味的作业时，可以播放音乐

2. 通过对事故规律的研究，人们目前已经认识到，生产事故发生中人的重要原因是（　　）。

A. 物的不安全状态　　　　　　　　B. 人的不安全心理

C. 人的不安全行为　　　　　　　　D. 环境的不安全状态

3. 在企业的生产活动中，是通过（　　）等一系列心理活动来指导作业活动按一定规范进行。

A. 感觉　　　　　　　B. 知觉　　　　　　　C. 思维　　　　　　　D. 注意

4. 违章行为能够满足（　　）、少费力气、避免麻烦、减少不舒服、增强自信等生理心理需求。

A. 多得薪酬　　　　　　　　　　　B. 感觉舒服或愉快

C. 获得他人认可和尊重　　　　　　D. 节省时间

5. 人的外部感觉是个体对外部刺激的觉察，主要包括（　　）、味觉和皮肤感觉。

A. 视觉　　　　　　　B. 感觉　　　　　　　C. 听觉　　　　　　　D. 嗅觉

三、判断题

1. 员工在生产作业活动中经常变换身体姿势不能减轻疲劳。（　　）

2. 噪声不会影响作业员工的心理状态。（　　）

3. 违章行为与遵章行为都是为满足生理心理需要。（　　）

4. 违章比遵章更能满足人的需要时，会激励行为人采取违章行为。（　　）

5.简单说教对于纠正员工的有意违章行为作用很大。（　　）

6.听觉刺激比视觉刺激的反应时间要短，因此选择报警信号要优先选择声音信号。（　　）

7.作业现场的照明光线越强越对作业安全有利。（　　）

8.在生产作业中，能够使员工保持良好的心境，避免情绪的大起大落是非常重要的。（　　）

9.每个人都有各种情绪的变化，但是，在生产作业中情绪波动大，造成情绪失控，就容易导致事故。（　　）

10.不安全情绪不是安全隐患。（　　）

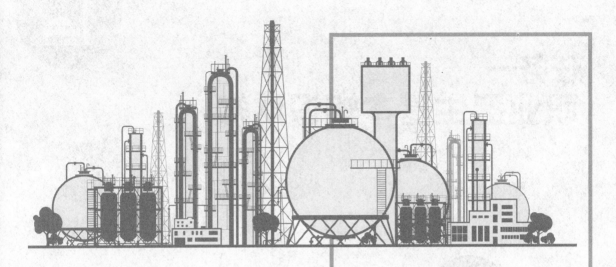

模块三

职业卫生健康管理

职业卫生是保护社会生产力和劳动者权益，为企业安全生产和职工健康服务的重要工程，是企业顺利发展的前提和保证，是生产经营工作的必然需求，与生产唇齿相依。企业在从事生产过程中产生或形成了各种职业危害因素，直接危害劳动者的健康，因此必须加以预防。石化企业存在的有害因素种类较多，不仅有硫化氢、氨、氯、苯、甲苯、二甲苯、汽油、液化气、二硫化碳等有毒物质，而且存在粉尘、噪声、高温等物理性因素，长期接触这些有害因素，就会对人的健康造成损害。因此，必须引起足够的重视。

任务一
职业卫生基本知识认知

学习
目标

◉ 能力目标

能识别职业危害因素。

◉ 素质目标

(1) 能够对资料进行整理、分析、归纳，并进行自主学习。

(2) 具有安全意识、团队意识、强烈的责任感及集体荣誉感。

(3) 促进理论联系实际，提高分析问题、解决问题的能力以及动手能力。

◉ 知识目标

(1) 熟悉职业病种类及特点。

(2) 掌握职业病预防技术措施。

子任务一　职业卫生认知

一、我国职业危害现状分析

通过收集职业病分布情况，对我国职业卫生状况进行分析归纳。

1. 资料收集

研究对象为全国新发职业病的病例，病例来自我国卫生部网站发布的数据。

2. 资料整理

汇总 2010—2019 年全国职业病的报告情况如表 3-1 所示，从职业病的种类方面进行分析。按照 2013 年《职业病分类和目录》将职业病种类分为 10 类 132 种。

表 3-1　职业病种类统计

年份	职业性尘肺病及其他呼吸系统疾病	职业性化学中毒	职业性肿瘤	职业性耳鼻喉口腔疾病	职业性放射疾病	职业性传染病	职业性眼病	职业性皮肤病	物理因素所致职业病	其他职业病	合计
2010	23812	2034	80	347	—	201	251	226	225	64	27240
2011	26401	2131	92	532	—	146	226	138	172	41	29879
2012	24206	1641	95	639	32	293	94	148	201	71	27420
2013	23152	1541	88	716	25	316	129	141	233	52	26393
2014	26873	1281	119	880	25	427	55	109	143	18	29930
2015	26081	931	81	1097	12	485	121	106	149	28	29091
2016	27992	1212	90	1276	17	610	104	100	268	24	31693
2017	22701	1021	85	1608	15	673	70	83	399	12	26667
2018	19468	1333	77	1528	17	540	47	93	331	7	23441
2019	15947	778	87	1623	15	578	53	72	264	11	19428
合计病例	236633	13903	894	10246	158	4269	1150	1216	2385	328	271182
构成比/%	87.26	5.13	0.33	3.78	0.06	1.57	0.42	0.45	0.88	0.12	100

3. 数据分析

从表 3-1 可见 2010—2019 年全国职业病的发病稳中有降，10 年来全国十类职业病新发病例为 271182 例。其中发病率较高的职业病为职业性尘肺病及其他呼吸系统疾病和职业性化学中毒，其中职业性尘肺病及其他呼吸系统疾病占比高达 87.26％。根据 2019 年数据统计，职业性尘肺病及其他呼吸系统疾病为 15947 例（其中职业性尘肺病为 15898 例），尘肺病依然是我国最严重的职业病，表明粉尘作业场所卫生条件没有得到根本改善。

4. 我国职业危害现状分析

① 我国工业基础薄弱，生产工艺落后，卫生防护设施差，工业场所普遍存在职业危害因素。

② 部分用人单位法制观念淡薄，片面追求经济利益，无视劳动者的健康权益，工作场所劳动条件恶劣，缺少必要的职业卫生的防护。

③ 职业病危害流动性大。目前国内企业大量雇用农民工，农民工流动性大，自我保护意识低，接触职业病危害的情况十分复杂，其健康影响难以准确估计。

④ 我国职业卫生监管体系不完善。基层卫生监督机构普遍缺乏既懂职业卫生专业知识，又具有一定法律政策水平的专业人员，职业卫生服务机构不仅数量少，而且分布不均衡，服务能力和水平不高等，也影响了职业病防治工作的开展。

⑤ 源头控制不力。建设项目职业病危害的前期预防工作不到位，职业病危害的预评价及卫生审核工作管理不力。

二、职业病危害因素认知

职业病危害因素是指生产工作过程及其环境中产生和（或）存在的，对职业人群的健康、安全和作业能力可能造成不良影响的一切要素或条件的总称。

1. 职业病危害因素分析

（1）环境因素

① 物理因素。不良的物理因素，或异常的气象条件如高温、低温、噪声、振动、高低气压、非电离辐射（可见光、紫外线、红外线、射频辐射、激光等）与电离辐射（如 X 射线、γ 射线）等。

② 化学因素。生产过程中使用和接触到的原料、中间产品、成品及这些物质在生产过程中产生的废气、废水和废渣等都会对人体产生危害，这些对人体产生危害的物质也称为工业毒物。工业毒物以粉尘、烟尘、雾气、蒸汽或气体的形态遍布于生产作业场所的不同地点和空间，接触毒物可对人产生刺激或使人产生过敏反应，还可能引起中毒。

③ 生物因素。生产过程使用的原料、辅料及在作业环境中都可能存在某些微生物和寄生虫，如炭疽杆菌、霉菌、布氏杆菌、森林脑炎病毒和真菌等。

（2）与职业有关的其他因素　如劳动组织和作息制度的不合理，工作的紧张程度等；个人生活习惯的不良，如过度饮酒、缺乏锻炼等；劳动负荷过重，长时间的单调作业、夜班作业，动作和体位的不合理等都会对人产生影响。

（3）其他因素　社会经济因素，如国家的经济发展速度、国民的文化教育程度、生态环境、管理水平等因素都会对企业的安全、卫生的投入和管理带来影响。另外，如职业卫生法制的健全、职业卫生服务和管理系统化，对于控制职业危害的发生和减少作业人员的职业危害，也是十分重要的。

另外，根据国卫疾控发〔2015〕92 号《职业病危害因素分类目录》可以将职业病危害因素分为六类。①粉尘 52 种；②化学因素 375 种；③物理因素 15 种；④放射性因素 8 种；⑤生物因素 6 种；⑥其他因素 3 种。

2. 职业性危害因素的作用条件分析

（1）接触机会　如若作业环境恶劣，职业性危害严重，可是劳动者不到此环境中去工作，既然无接触机会，也就不会产生职业病。

（2）作用强度　作用强度主要取决于接触量。接触量又与作业环境中有害物质的浓度（强度）和接触时间有关，浓度（强度）越高（强），接触时间越长，危害就越大。

（3）毒物的化学结构和理化性质

① 化学结构对毒性的影响。烃类化合物中的氢原子若被卤族原子取代，其毒性增大；芳香族烃类化合物，苯环上氢原子若被氯原子、甲基、乙基取代，其对全身的毒性减弱，但对黏膜的刺激性增强，苯环上氢原子若被氨基或硝基取代，其毒害作用会发生改变，有明显的形成高铁血红蛋白的作用。

② 理化性质对毒性的影响。毒物的理化性质对毒害作用有影响，如：固态毒物被粉碎成分散度较大的粉尘或烟尘，易被吸入，较易中毒；熔点低、沸点低、蒸气压低的毒物浓度高，易中毒；在体内易溶解于血清的毒物易中毒等。

（4）个体因素　某一人群处在同一环境，从事同一种生产劳动，但每个人受到职业性损伤的程度差别较大，这主要与人的个体危害因素有关。

① 遗传因素。如患有某些遗传性疾病或过敏的人，则容易受到有毒物质的影响。

② 年龄和性别。青少年、老年人和妇女对某些职业性危害因素较为敏感，其中尤其要重视妇女从事有职业性危害因素的生产劳动对胎儿、哺乳儿的影响。

③ 营养状况。营养缺乏的人，容易受到有毒物质的影响。

④ 其他疾病。身体有其他疾病或因某些精神因素，也会受到有毒物质的影响。

⑤ 文化水平和习惯因素。有一定文化和科学知识者，能自觉预防职业病；而生活上某种嗜好，如饮酒、吸烟、药物会增加职业性危害因素的作用。

三、职业病认知

1. 职业病定义认知

根据《中华人民共和国职业病防治法》，职业病是指企业、事业单位和个体经济组织等用人单位的劳动者在职业活动中因接触粉尘、放射性物质和其他有毒、有害因素而引起的疾病。

由国家主管部门公布的职业病目录所列的职业病称为法定职业病。界定法定职业病的几个基本条件是：①在职业活动中产生；②接触职业性危害因素；③列入国家职业病范围。

由于预防工作的疏忽及技术局限性，健康受到损害的，称为职业性病损，其包括工伤、职业病及与工作有关的疾病。也可以说，职业病是职业病损的一种形式。

思考

某些人从事视屏作业引起的视力下降，或者职业压力过大造成的心理紧张是否属于法定职业病的范畴？某些人患有职业病目录中的疾病，如白血病、肺癌等，但不是在职业活动中引起的，是否属于法定职业病范畴？

2. 职业病分类

根据国卫疾控发［2013］48 号《职业病分类和目录》，将法定职业病分为 10 大种类 132 种。包括：①职业性尘肺病及其他呼吸系统疾病；②职业性皮肤病；③职业性眼病；④职业性耳鼻喉口腔疾病；⑤职业性化学中毒；⑥物理因素所致职业病；⑦职业性放射性疾病；⑧职业性传染病；⑨职业性肿瘤；⑩其他职业病。

3. 职业病特点分析

① 病因明确，病因即职业病危害因素，在控制病因或作用条件后，可以消除或减少发病。

② 所接触的病因大多是可以检测的，而且其浓度或强度需要达到一定的程度，才能使劳动者致病，一般接触职业病危害因素的浓度或强度与病因有直接关系。

③ 在接触同样有害因素的人群中，常有一定数量的发病率，很少只出现个别病人。

④ 如能早期诊断，及早、妥善治疗与处理，愈后相对较好，康复相对较易。

⑤ 不少职业病，目前世界上尚无特效根治方法，只能对症治疗以减缓症状，所以发现并确诊越晚疗效越差。

⑥ 职业病是可以预防的。

⑦ 在同一生产环境从事同一工种的人中，人体发生职业性损伤的概率和程度也有极大差别。

4. 职业病诊断

根据《职业病诊断与鉴定管理办法》，职业病诊断需要以下资料：

① 劳动者职业史和职业病危害接触史（包括在岗时间、工种、岗位、接触的职业病危害因素名称等）；

② 劳动者职业健康检查结果；

③ 工作场所职业病危害因素检测结果；

④ 职业性放射性疾病诊断还需要个人剂量监测档案等资料。

根据煤制气厂使用的原料、生产工艺过程及所得产品，分析其可能产生的职业病危害因素。

子任务二　职业卫生的控制及预防

一、职业病三级预防

第一级预防又称病因预防，是从根本上杜绝危害因素对人的作用，即改进生产工艺和生产设备，合理利用防护设施及个人防护用品，以减少工人接触危害因素的机会和程度。

第二级预防指的是早期检测人体受到职业病危害因素所致的疾病，其主要手段是定期进行环境中职业病危害因素的监测和对接触者的体格检查，以早期发现病损，及时预防、处理。此外，还有长期病假或外伤后复工前的检查及退休前的检查。

第三级预防是指在得病以后，予以积极治疗和合理地促进康复。

第一级预防措施虽然是理想的方法，但实现所需费用较大，有时难以完全达到理想效果，第二级和第三级是对病人的弥补措施，也不可缺少，所以三个水平的预防应相辅相成，浑然一体。

二、前期预防

1. 工作场所管理

根据《中华人民共和国职业病防治法》的规定，产生职业病危害的用人单位的设立除应当符合法律、行政法规规定的设立条件外，其工作场所还应符合下列基本要求：

① 职业病危害因素的强度或者浓度符合国家职业卫生标准；

② 有与职业病危害防护相适应的设施；

③ 生产布局合理，符合有害与无害作业分开的原则；

④ 有配套的更衣间、洗浴间、孕妇休息间等卫生设施；

⑤ 设备、工具、用具等设施符合保护劳动者生理、心理健康的要求；

⑥ 法律、行政法规和国务院卫生行政部门关于保护劳动者健康的其他要求。

2. 职业病危害项目申报

企业应当按照《职业病危害因素分类目录》（国卫疾控发〔2015〕92号），及时、如实向卫生行政部门申报粉尘、噪声、振动、高温以及化学物质等职业病危害项目，并接受卫生行政部门的监督管理。

3. 职业病防护设施"三同时"管理

新建、扩建、改建建设项目和技术改造、技术引进项目（以下统称建设项目）的职业危害防护设施必须与主体工程同时设计、同时施工、同时投入生产和使用。职业危害防护设施所需费用应当纳入建设项目工程预算。

建设项目的职业病防护设施设计应当符合国家职业卫生标准和卫生要求；其中，医疗机构放射性职业病危害严重的建设项目的防护设施设计，应当经卫生行政部门审查同意后，方可施工。

三、劳动过程中的防护与管理

1. 组织机构的设置和规章制度的制定

用人单位应当采取下列职业病防治管理措施：

① 设置或者指定职业卫生管理机构或者组织，配备专职或者兼职的职业卫生管理人员，负责本单位的职业病防治工作；

② 制订职业病防治计划和实施方案；

③ 建立、健全职业卫生管理制度和操作规程；

④ 建立、健全职业卫生档案和劳动者健康监护档案；

⑤ 建立、健全工作场所职业病危害因素监测及评价制度；

⑥ 建立、健全职业病危害事故应急救援预案。

2. 职业病防治投入

《中华人民共和国职业病防治法》对职业病防治专项资金也有明确要求，其中第二十一条规定："用人单位应当保障职业病防治所需的资金投入，不得挤占、挪用，并对因资金投入不足导致的后果承担责任。"

职业病防治专项资金投入基本包括以下七个方面：

① 职业病危害因素检测与现状评价；

② 建设项目职业病危害预评价和控制效果评价；

③ 职业病防护设施、个人职业病防护用品、警示标志的配备与维护；

④ 接触职业病危害因素员工的职业健康监护；

⑤ 职业病病人的诊断、治疗、赔偿与康复及工伤保险等方面；

⑥ 接触职业病危害因素员工的职业卫生教育培训；

⑦ 职业病应急救援预案制订、演练以及应急救援设备、器材等有关预防职业病事故发生的费用。

3. 职业卫生培训

① 用人单位的法定代表人、管理者代表、管理人员及职业卫生管理人员应自觉遵守职业病防治法律、法规，并应接受职业卫生培训，同时还应按规定组织本单位的职业卫生培训工作。

② 对上岗前的劳动者进行职业卫生培训，且定期对在岗期间的劳动者进行职业卫生培训。

用人单位应对上岗前或变更工作岗位或工作内容的劳动者进行职业卫生培训做出明确规定，未经上岗前职业卫生知识培训的劳动者一律不得安排上岗。对在岗期间的劳动者进行职业卫生培训做出明确规定，根据用人单位实际情况制订培训计划，确定培训周期。

培训的内容应包括职业卫生法律、法规、规章、操作规程、所在岗位的职业病危害及其防护设施、个人职业病防护用品的使用和维护、劳动者所享有的职业卫生权利等内容。应做好记录及存档工作，存档内容包括培训通知、教材、试卷、考核成绩等，档案资料应有专人负责保管。

4. 职业健康监护

（1）职业健康检查 对从事接触职业病危害的作业的劳动者，用人单位应当按照国务院卫生行政部门的规定组织上岗前、在岗期间和离岗时的职业健康检查，并将检查结果书面告知劳动者。职业健康检查费用由用人单位承担。

生产经营单位不得安排未经上岗前职业健康检查的从业人员从事接触职业危害的作业；不得安排有职业禁忌的从业人员从事其所禁忌的作业；对在职业健康检查中发现有与所从事职业相关的健康损害的从业人员，应当调离原工作岗位，并妥善安置；对未进行离岗前职业健康检查的从业人员，不得解除或者终止与其订立的劳动合同。

（2）职业健康监护档案建设 根据规定，用人单位应为存在劳动关系的劳动者（含临时工）建立职业健康监护档案。应包括以下内容：

① 劳动者姓名、性别、年龄、籍贯、婚姻、文化程度、嗜好等一般概况；

② 劳动者职业史、既往病史、职业病危害接触史；

③ 相应工作场所职业病危害因素监测结果；

④ 职业健康检查结果及处理情况；

⑤ 职业病诊疗资料等劳动者健康资料。

5. 防护设施和个人职业病防护用品选用

职业病危害防护设施是以预防、消除或者降低工作场所的职业病危害，减少职业病危害因素对劳动者健康的损害或影响，达到保护劳动者健康目的的装置。应根据工艺特点、生产条件和工作场所存在的职业病危害因素性质选择相应的职业病防护设施。

个人职业病防护用品是指劳动者在职业活动中个人随身穿（佩）戴的特殊用品。如果职业病危害隐患没有消除，职业病防护设施达不到防护效果，作为最后一道防线，就应佩戴个人职业病防护用品，以消除或减轻职业病危害因素对劳动者健康的影响，如防护帽、防护服、防护手套、防护眼镜、防护口（面）罩、防护耳罩（塞）、呼吸防护器和皮肤防护用品等。

6. 工作场所职业病危害因素监测

职业病危害因素监测是利用采样和检验设备，依据国家职业卫生相关采样、测定的要求，在作业现场采集样品后测定分析或直接测量，对照国家职业病危害因素接触限值有关标准的要求，对工作场所（地点）中存在的职业病危害因素的浓度或强度进行评价。及时有效地预防、控制和消除职业病危害，保护劳动者职业健康权益。

7. 职业病危害事故的应急救援

用人单位应建立、健全职业病危害事故应急救援预案并形成书面文件予以公布。应急救援预案应明确责任人、组织机构、事故发生后的疏通线路、紧急集合点、技术方案、救援设施的维护和启动、医疗救护方案等内容。

用人单位应对职业病危害事故应急救援预案的演练做出相关规定，对演练的周期、内容、项目、时间、地点、目标、效果评价、组织实施以及负责人等予以明确。应急救援演练的周期应按照相关标准和作业场所职业病危害的严重程度分别管理，制定最低演练周期、演练要求及监督部门的监督职责。应如实记录实际演练的全程并存档。

应急救援设施应存放在车间内或临近车间处，一旦发生事故，应保证在 10s 内能够获取。应急救援设施存放处应有醒目的警示标志，应确保劳动者知晓。应使劳动者掌握急救用品的使用方法。

任务二
工业毒物危害及预防

在化工生产过程中，常接触到许多有毒物质。这些毒物的种类繁多，来源广泛，如原料、辅助材料、成品、半成品、副产品、废弃物等，并且当浓度达到一定值时，便可对人体产生毒害作用。因此，在化工生产中预防中毒是极为重要的。

子任务一 工业毒物认知

一、工业毒物认知

在工业生产中使用和生产的某些物质侵入人体后，在一定条件下，与人体的机体组织发生生物化学作用或生物物理作用，破坏机体的正常功能，造成暂时性或永久性的器官或组织的病理变化，甚至危及生命，这种物质称为工业毒物。

1. 按物理形态分类

在实际生产过程中，工业毒物常以气体、蒸气、雾、烟或粉尘等形态污染生产环境中的空气，从而对人体产生毒害。

(1) 气体　如氯、一氧化碳、二氧化硫等。

(2) 蒸气　如苯蒸气、碘蒸气。

(3) 雾　如喷漆时形成的含苯漆雾，电镀铬和酸洗作业时所形成的铬酸雾和硫酸雾。

(4) 烟尘　如炼铜所产生的氧化锌烟尘，熔铅时所产生的氧化铅烟尘等。

(5) 粉尘　如制造铬催化剂时的铬酸酐粉尘，包装塑料粉料中的塑料粉尘等。

2. 按化学性质和用途相结合的方法分类

(1) 金属、类金属及其化合物　这是最多的一类，如铅、汞、锰、砷、磷等。

(2) 卤族及其无机化合物　如氟、氯、溴、碘等。

(3) 强酸和碱性物质　如硫酸、硝酸、盐酸、氢氧化钠、氢氧化钾等。

(4) 氧、氮、碳的无机化合物　如臭氧、氮氧化物、一氧化碳等。

(5) 窒息性惰性气体　如氦、氖、氩、氮等。

(6) 有机毒物　按化学结构又分为脂肪烃类、芳香烃类、脂肪环烃类、卤代烃类、氨基及硝基烃化合物，醇类、醛类、酚类、醚类、酮类、酰类、酸类、腈类、杂环类、羰基化合物等。

(7) 农药类　包括有机磷、有机氯、有机汞、有机硫等。

(8) 其他　染料及中间体、合成树脂、橡胶、纤维等。

二、毒性评价与分级

1. 毒性及评价指标

毒性是指毒物引起机体损害的强度。工业毒物的毒性大小，可用毒物的剂量与反应之间的关系来表示。评价毒性的指标最通用的是计算毒物引起实验动物死亡的剂量（或浓度），所需剂量（浓度）越小，则毒性越大。常用的指标有以下几种：

（1）绝对致死剂量或浓度（LD_{100} 或 LC_{100}） 全组染毒动物全部死亡的最小剂量或浓度。

（2）半数致死剂量或浓度（LD_{50} 或 LC_{50}） 染毒动物半数死亡的剂量和浓度。

（3）最小致死量或浓度（MLD 或 MLC） 染毒动物中个别动物死亡的剂量或浓度。

（4）最大耐受量或浓度（LD_0 或 LC_0） 染毒动物全部存活的最大剂量或浓度。

2. 毒物急性毒性分级

毒物的急性毒性可根据动物染毒实验资料 LD_{50} 进行分级，据此将毒物分为剧毒、高毒、中等毒、低毒、微毒五级，详见表 3-2。

表 3-2 毒性分级

毒物分级	大鼠一次经口 LD_{50}/(mg/kg)	6 只大鼠吸入 4h 死亡 2～4 只的浓度/(μg/g)	兔涂皮时 LD_{50}/(mg/kg)	对人可能致死剂量	
				g/kg	总量/g（60kg 体重）
剧毒	<1	<10	<5	<0.05	0.1
高毒	1～50	10～100	5～44	0.05～0.5	3
中等毒	>50～500	>100～1000	>44～340	>0.5～5	30
低毒	>500～5000	>1000～10000	>340～2810	>5～15	250
微毒	>5000～15000	>10000～100000	>2810～22590	>15	>1000

3. 职业性接触毒物危害程度分级

根据《职业性接触毒物危害程度分级》（GBZ 230—2010），职业性接触毒物程度分级是以毒物的急性毒性、扩散性、蓄积性、致癌性、生殖毒性、致敏性、刺激与腐蚀性、实际危害后果与预后等 9 项指标为基础的定级标准。

三、工作场所空气中有害因素职业接触限值认知

防止职业中毒，关键是控制工作场所即劳动者进行职业活动的全部地点空气中的有害因素职业接触限值。职业接触限值（occupational exposure limit，OEL）是职业性有害因素的接触限制量值，指劳动者在职业活动过程中长期反复接触对机体不引起急性或慢性疾病而损害身体健康的允许接触水平。职业接触限值可分为时间加权平均容许浓度、最高容许浓度和短时间接触容许浓度三类。

（1）时间加权平均容许浓度（permissible concentration-time weighted average，PC-TWA） 指以时间为权数规定的 8 小时工作日的平均容许接触水平。

（2）最高容许浓度（maximum allowable concentration，MAC） 指工作地点在一个工作日内任何时间均不应超过的有毒化学物质的浓度。定义中的工作地点是指劳动者从事职业

活动或进行生产管理过程而经常或定时停留的地点。

（3）短时间接触容许浓度（permissible concentration-short term exposure limit，PC-STEL）　指一个工作日内，任何一次接触不得超过 15min 的加权平均的容许接触水平。

《工作场所有害因素职业接触限值　第1部分：化学有害因素》（GBZ 2.1—2019）中规定了工作场所空气中有害物质的容许浓度。

四、工业毒物侵入人体的途径分析

1. 呼吸道

在生产环境中，毒物常以气体、蒸气、雾、烟及粉尘等形态存在于空气中。因此，呼吸道是工业毒物侵入人体最主要的途径。由呼吸道进入的毒物被肺泡吸收后不经肝脏，直接进入血液循环而分布全身，无法起到解毒作用，所以有更大的危险性。

2. 皮肤

工业毒物经皮肤吸收而致中毒者也较常见。它是穿过表皮屏障或通过毛囊和皮脂腺而进入人体的。经皮肤侵入的毒物也不经肝脏而直接随血液循环分布于全身。能够经皮肤侵入的毒物主要有脂溶性毒物，如芳香族氨基或硝基化合物、有机金属类（如四乙基铅、有机锡）、有机磷化合物、氯代烃类等。

3. 消化道

工业毒物由消化道进入人体的机会很少，主要是由食用受毒物污染的食物或毒物溅入口腔造成的。由消化道吸收的毒物，大多随粪便排出，其中一部分在小肠内被吸收，经肝脏解毒转化后被排出，只有一小部分进入血液循环系统。

五、职业中毒分析

1. 急性中毒

在短时间内接触高浓度毒物所引起的中毒。一般发病很急，病情比较严重，病情变化也很快。如急性一氧化碳中毒、急性氯气中毒、急性氨中毒等。

引起急性中毒的常见毒物有刺激性气体、窒息性气体、金属蒸气、有机化合物（如苯类及苯的氨基、硝基物）等。

2. 慢性中毒

在长时期内不断接触低浓度毒物所引起的中毒。慢性中毒发病慢，病程进展也较慢，初期病情较轻。导致慢性中毒的原因主要是作业环境中的毒物浓度常常超过国家规定的卫生标准，毒物在人体内能存留（蓄积）或毒物蓄积后引起人体的器官和功能的变化。

引起慢性中毒的毒物有金属、有机化合物等，如铅、汞、锰、苯等。

六、常见毒物及其危害性分析

不同的毒物引起中毒后出现的症状是不一样的。刺激性气体中毒后主要出现呼吸系统的症状，有机溶剂中毒后大都出现神经系统症状，还有的毒物中毒后出现多系统的病状，如有机磷农药中毒可出现神经系统和循环系统的症状。

1. 刺激性气体中毒

在化工生产中最常见的刺激性气体有氯气、光气、氮氧化物、氨气、氯化氢、二氧化硫、硫酸二甲酯、甲醛等。

刺激性气体中毒后的表现主要为呼吸道黏膜和眼结膜的刺激现象。但是，由于毒物的种类不同、溶解度不同、接触时间不同、浓度和量不同，常出现轻重不同的影响。

一些易溶于水的刺激性气体，如氯气、氨气、氯化氢、二氧化硫等，接触或吸入会在湿润的眼结膜和上呼吸道黏膜上附着，成为酸或碱，可产生强烈的刺激作用。另外一些刺激性气体如氮氧化物、光气等不易溶于水，很少在上呼吸道溶解，因此对上呼吸道的刺激小些。这类气体被吸入后可直达呼吸道的终点——肺泡，并在那里停留，逐渐被液体吸收成为酸或碱，经一定时间后对肺产生作用，引起肺炎或肺水肿。

2. 窒息性气体中毒

窒息性气体就是指能妨碍氧气的供给和人体对氧气的摄取、运输、利用，从而造成人体缺氧的一些气体。

（1）单纯窒息性气体　这类气体的本身毒性很小或无毒，属惰性气体，如氮气、氧气、氩气、甲烷、乙烷等。但当它们在空气中的含量增大时，会使空气中氧含量相应降低，造成供氧不足而发生窒息。当氧含量低于16％时，即可发生呼吸困难。

例如氮气中毒，氮气本身为惰性气体，对人体并无明显的毒性，但当空气中氮气浓度过高，使氧含量低于16％时，人体吸入后即可出现缺氧症状。最初感到胸闷、气短、疲软无力，继之则有烦躁不安，极度兴奋，病人会无目的地跑动、叫喊，步态不稳，神情模糊，称为"氮醉"，并可进入昏睡或昏迷状态。当吸入气中氧含量低于6％时，病人可迅速出现昏迷，甚至呼吸、心跳停止而死亡，称为"氮窒息"。

（2）血液窒息性气体　这类气体主要通过影响血液中红细胞运输氧的功能，从而妨碍组织细胞的氧供给，造成人体窒息，如一氧化碳等。

例如急性一氧化碳中毒，一氧化碳是无色、无味的气体，它在作业环境中存在时，很难被人发现。人体吸入的一氧化碳，通过肺泡进入血液后，与红细胞内的血红蛋白结合成碳氧血红蛋白，从而使血红蛋白失去了运氧能力，造成人体缺氧。中毒后主要表现为头痛、头晕、头沉重感、恶心、呕吐、全身疲乏。病情加重时，面部和口唇呈樱桃红色，呼吸困难，心跳加速，甚至尿便失禁。重症病人出现昏迷，全身肌肉抽搐和痉挛，并可有多种并发症，如脑水肿、休克、心力衰竭等。

（3）细胞窒息性气体　这类气体进入人体后，主要作用于细胞内的呼吸酶，从而使组织细胞不能利用氧，造成人体的窒息，如氰化氢和硫化氢。

氰化氢是有杏仁味的剧毒气体。氰化氢被吸入人体后，它能与组织细胞内的氧化酶、含硫基酶结合，使酶失去活性，组织细胞因不能利用氧而发生内窒息。急性氰化氢中毒的临床表现为患者呼出气中有明显的苦杏仁味，轻度中毒主要表现为胸闷、心悸、心率加快、头痛、恶心、呕吐、视物模糊。重度中毒主要呈深昏迷状态，呼吸浅快，阵发性抽搐，甚至强直性痉挛。

3. 有机化合物中毒

有机化合物是指碳氢化合物及其衍生物，其种类繁多，在化工生产中常接触的有脂肪烃、芳香烃、卤烃类等。许多有机化合物有脂溶性，多数经呼吸道或皮肤吸收而导致中毒。其对人体的危害主要体现在以下几个方面。

（1）侵犯神经系统　急性中毒表现为头痛、头晕、恶心、呕吐。病情加重时可有步态不稳，神志模糊，昏迷甚至阵发性痉挛或抽搐，血压下降，呼吸浅表，严重者可因呼吸、心跳停止而死亡。

（2）损害造血系统　如苯对造血系统的毒害最明显，苯中毒后导致白细胞减少、血小板减少、贫血等。苯的氨基、硝基化合物进入人体后，引起高铁血红蛋白血症和溶血，使血液失去输氧能力，造成人体缺氧表现，如青紫、呼吸困难等。

（3）损害肝脏　卤烃类和硝基化合物损害肝脏最明显，四氯化碳中毒可引发肝细胞坏死、急性黄色肝萎缩。

（4）致癌作用　联苯胺可致膀胱癌，苯可引起白血病，氯乙烯可致肝血管肉瘤，氯甲醚可引发肺癌等。

（5）刺激皮肤　有的有机化合物对皮肤和黏膜有刺激或致敏作用，长期接触可引发皮炎、毛囊炎等。

4. 金属类中毒

金属种类繁多，迄今为止发现化学元素 107 种，其中有 83 种是金属。绝大多数金属、类金属能与氧、氯、酸等反应，生成金属化合物或盐，所以金属及其化合物有成千上万种。在化工生产中，对工人危害较严重的金属有汞、铅、锰、铬等。

汞和汞化合物在化工生产中应用甚广，危害也较严重。职业性汞中毒多为慢性。早期表现为头痛、头昏、失眠、多梦，记忆力减退；继之出现性情急躁，容易激动，好生气；进一步出现胆小、害羞，注意力不集中，甚至出现幻觉、幻听、幻视、哭笑无常等。严重时出现心跳过快，手足多汗，血压忽高忽低。

化工企业实践的过程中，在化工实验室及车间查到的物质的职业接触限值是多少？并与《工作场所有害因素职业接触限值》对比。

子任务二　工业毒物防护

一、综合防毒措施分析

工业毒物逸散到空气中并超过容许浓度时，就会对人体产生危害作用。为了有效地预防毒物危害，减轻其危害程度，保护劳动者的身心健康，应该采取综合措施，突出重点，先重后轻，分清主次地做好毒物危害的预防工作。

1. 做好防毒管理措施

（1）健全组织机构，完善管理制度　企业应有分管安全的领导，并设有专职或兼职人员负责相关工作。建立健全有关防毒的规章制度，如有关防毒的操作规程、宣传教育制度、设备定期检查保养制度、作业环境定期监测制度、毒物的贮运与废弃制度等。

（2）坚持"三同时""五同时"原则

①"三同时"是指生产经营单位新建、改建、扩建工程项目的安全设施，必须与主体工程同时设计、同时施工、同时投入生产和使用；

②"五同时"是指企业的生产组织领导者必须在计划、布置、检查、总结、评比生产工作的同时进行计划、布置、检查、总结、评比安全工作。

（3）健康管理　对新员工入厂进行体格检查，定期对从事有毒作业的劳动者做健康检查。

2. 采取有效技术措施

（1）工艺选用

① 优先选用不生产或少生产毒害物质的新工艺、新技术。

② 尽量以低毒或无毒物质代替高毒物质。

③ 散发粉尘的作业应尽量采用湿法作业或者以颗粒物料、浆料代替粉料。

（2）加强密闭与隔离

① 为有效防止化工生产中有毒物质的外逸，应尽量使用密闭的生产工艺和设备。

② 加强设备、管道、法兰、阀门等的选材、选型，提高设计、加工、安装水平，做到生产装置的有效密闭。

③ 日常应加强维护保养及检查，有效防止"跑、冒、滴、漏"。

（3）加强通风　采取必要的通风措施将空气中的毒物及时排走或稀释，以使其符合国家卫生标准的要求。

（4）提高自动化与程序控制水平　自动化与程序控制是现代化工生产大型化、连续化的要求，同时也为尘毒预防提供了条件。

（5）设置必要的事故应急处理设施　如设置冲淋洗眼装置，当现场作业者的眼睛或者身体接触有毒有害以及具有其他腐蚀性化学物质的时候，可以对眼睛和身体进行紧急冲洗或者冲淋，避免化学物质对人体造成进一步伤害。

3. 做好个人防护

在事故状态、抢修设备以及部分岗位尘毒超标作业时，做好个体防护是避免发生职业中毒和大量吸入尘毒的有效方法。

（1）呼吸防护　正确使用呼吸防护器是防止有毒物质从呼吸道进入人体引起职业中毒的重要措施之一。需要指出的是，这种防护只是一种辅助性的保护措施，而根本的解决办法在于改善劳动条件，降低作业场所有毒物质的浓度。用于防毒的呼吸器材，大致可分为过滤式防毒呼吸器和隔离式防毒呼吸器两类。

（2）皮肤防护　皮肤防护主要依靠个人防护用品，如工作服、工作帽、工作鞋、手套、口罩、眼镜等，这些防护用品可以避免有毒物质与人体皮肤的接触。对于外露的皮肤，则需涂上皮肤防护剂。皮肤被有毒物质污染后，应立即清洗。许多污染物是不易被普通肥皂洗掉的，而应按不同的污染物分别采用不同的清洗剂。但最好不用汽油、煤油作清洗剂。

（3）消化道防护　不在作业场所吃饭、饮水、吸烟等，坚持饭前漱口、班后淋浴、工作服清洗制度等，从而防止有毒物质从口腔、消化道进入人体。

二、急性中毒现场急救

对急性中毒患者，在现场若能及时、正确地进行急救或做一些简易的急救措施，能为危重患者减轻受伤害程度，争取时间，为到医院进一步抢救创造条件。不进行错误的现场急救或错误的现场处理，这些行为不但会延误病情，甚至会造成不必要的牺牲。因此，现场急救非常重要。

1. 救护者个人防护

急性中毒发生时毒物多由呼吸系统和皮肤进入人体。因此，救护者在进入危险区抢救之前，首先要做好呼吸系统和皮肤的个人防护，佩戴好供氧式防毒面具或氧气呼吸器，穿好防护服。进入设备内抢救时要系上安全带，然后再进行抢救。否则，不但中毒者不能获救，救护者也会中毒，致使中毒事故扩大。

2. 切断毒物来源

救护人员进入现场后，除对中毒者进行抢救外，同时应侦查毒物来源，并采取果断措施切断其来源，如关闭泄漏管道的阀门、堵加盲板、停止加送物料、堵塞泄漏设备等，以防止毒物继续外溢（逸）。对于已经扩散出来的有毒气体或蒸气应立即启动通风排毒设施或开启门、窗，以降低有毒物质在空气中的含量，为抢救工作创造有利条件。

3. 采取有效措施防止毒物继续侵入人体

救护人员进入现场后，应迅速将中毒者转移至有新鲜空气处，并解开中毒者的颈、胸部纽扣及腰带，以保持呼吸通畅。同时对中毒者要注意保暖和保持安静，严密注意中毒者神志、呼吸状态和循环系统的功能。在抢救搬运过程中，要注意人身安全，不能强硬拖拉，以防造成外伤，致使病情加重。

清除毒物，防止其沾染皮肤和黏膜。当皮肤受到腐蚀性毒物灼伤时，不论其吸收与否，均应立即采取下列措施进行清洗，防止伤害加重。

① 迅速脱去被污染的衣服、鞋袜、手套等。

② 立即彻底清洗被污染的皮肤，清除皮肤表面的化学刺激性毒物，冲洗时间要达到15～30min。

③ 如毒物系水溶性，现场无中和剂时，可用大量清水冲洗。用中和剂冲洗时，酸性物质用弱碱性溶液冲洗，碱性物质用弱酸性溶液冲洗。

非水溶性刺激物的冲洗剂为无毒或低毒物质。对于遇水能反应的物质，应先用干布或者其他能吸收液体的东西抹去污染物，再用水冲洗。

④ 对于黏稠的物质，如有机磷农药，可用大量肥皂水冲洗（敌百虫不能用碱性溶液冲洗），要注意皮肤皱褶、毛发和指甲内的污染物。

⑤ 较大面积的冲洗，要注意防止着凉、感冒，必要时可将冲洗液保持适当温度，但以不影响冲洗剂的作用和及时冲洗为原则。

⑥ 毒物进入眼睛时，应尽快用大量流水缓慢冲洗眼睛15min以上，冲洗时把眼睑撑开，让伤员的眼睛向各个方向缓慢移动。

4. 促进生命器官功能恢复

（1）心脏复苏术　患者心跳停止的抢救方法称为复苏术。在现场抢救中，首先采用心前区叩击术，即用拳头叩击患者的心前区，可连续叩击3～5次，观察心脏是否起搏，心脏跳动，则表示成功。心脏不跳，应做胸外心脏挤压术。方法是患者仰卧于硬板或地上，术者在患者一侧或骑跨在患者身上，用一手掌根部置于患者的胸骨下段，另一手掌置于手背上，双手冲击式、有节律地向背脊方向垂直下压，压下 3～5cm，不要用力过猛，防止肋骨骨折。在进行胸外心脏挤压术的同时，必须密切配合进行口对口人工呼吸。

（2）呼吸复苏术　患者若呼吸停止，则应立即进行呼吸复苏术。常用的方法有口对口人工呼吸和人工加压呼吸两种。比较确切、有效的是口对口人工呼吸。使患者仰卧，头部后仰，用一手捏住患者的鼻子，用另一手将患者下巴稍下扒，使口张开，术者向患者口中吹气，吹毕松开捏鼻的手，使胸廓及肺部自行回缩。如此有节律地、均匀地反复进行，保持每分钟 16～20 次，直至胸廓开始自主活动。

5. 及时解毒和促进毒物排出

发生急性中毒后应及时采取各种解毒及排毒措施，降低或消除毒物对机体的作用。如采用各种金属配位剂与毒物的金属离子配合成稳定的有机配合物，随尿液排出体外。

毒物经口引起的急性中毒。若毒物无腐蚀性，应立即用催吐或洗胃等方法清除毒物。对于某些毒物亦可使其变为不溶的物质以防止其吸收，如氯化钡、碳酸钡中毒，可口服硫酸钠，使胃肠道尚未吸收的钡盐成为硫酸钡沉淀而防止吸收。氨、铬酸盐、铜盐、汞盐、羧酸类、醛类、酯类中毒时，可给中毒者喝牛奶、生鸡蛋等缓解剂。烷烃、苯、石油醚中毒时，可给中毒者喝一汤匙液体石蜡和一杯含硫酸镁或硫酸钠的水。一氧化碳中毒应立即吸入氧气，以缓解机体缺氧并促进毒物排出。

2005 年 7 月 22 日，某市某施工队职工在清理炼油厂的污水池时，两人在污水池内中毒窒息死亡。该厂伤亡事故发生后，调查组委托该省科学院对事故现场的气体进行了取样化验。化验分析报告显示，污水池内有害气体的主要成分是硫化氢。

请分析如何采取防毒措施才能避免事故发生。

任务三
工业粉尘危害及预防

学习
目标

　　粉尘是指能够较长时间悬浮于空气中的固体微粒。在生产过程中产生的粉尘叫作生产性粉尘。如果对生产性粉尘不加以控制，它将破坏作业环境，危害工人身体健康，损坏机器设备，还会污染大气环境。可燃性粉尘在空气中的浓度达到爆炸极限时会引发爆炸事故，造成人员伤亡和财产损失。本部分探讨粉尘对人体的危害及采取的对策。

子任务一　工业粉尘认知

　　纪录片《人间世》第二季第三集讲述了尘肺病人"同呼吸，共命运"的人间故事。其中的一位主人公廖连和早期为了家庭生计，做了煤矿工人，从业于淮南矿务局。后来的他遭受了尘肺病给自己带来的 20 年的折磨。

　　感染尘肺病的人大多都是煤矿工人、石雕工人、金矿工人等。由于工作环境差，加上保护措施不完善，导致尘肺病。得了尘肺病后，无法像正常人一样呼吸，每呼吸一次都要用尽全身的力气，而且伴随着胸痛、咳血。

　　通过此案例，我们需要认识工业粉尘的危害，思考应采取哪些措施预防其危害。

一、工业粉尘认知

1. 工业粉尘定义

　　人类各种生产活动和生活活动中可产生大量的粉尘，自然界的分化腐蚀随着气体的流动也会产生粉尘。生产性粉尘专指在人类生产活动中产生的，能够较长时间漂浮于生产环境中的固体微粒。它是污染生产环境、危害劳动者健康的重要职业危害因素。长期吸入生产性粉尘会导致尘肺。

2. 工业粉尘来源

　　① 固体物质加工。固体物料的机械粉碎和研磨，如选矿、耐火材料车间的矿石粉碎过程和各种研磨加工过程。

　　② 粉状物料的混合、筛分、包装及运输，如水泥、面粉等的生产和运输过程。

　　③ 物质的燃烧，如煤燃烧时产生的烟尘量占燃煤量的 10% 以上。

　　④ 物质被加工时产生的蒸气，如矿石烧结、金属冶炼等过程中产生的锌蒸气，在空气中冷却时，会凝结、氧化成氧化锌固体微粒。

二、辨别粉尘类别

　　生产性粉尘种类繁多。根据其理化性质，不同种类的粉尘进入人体的量和作用部位，可引起不同的危害。

1. 无机粉尘

　　(1) 矿物性粉尘　如石英、石棉、滑石、煤等粉尘。

　　(2) 金属性粉尘　如铁、铝、锰等金属及其化合物粉尘。

　　(3) 人工无机粉尘　如金刚砂、水泥、玻璃等粉尘。

2. 有机粉尘

　　(1) 动物性粉尘　如毛、丝、骨质、角质等粉尘。

　　(2) 植物性粉尘　如棉、亚麻、枯草、谷物、茶、木等粉尘。

　　(3) 人工有机粉尘　如农药、有机染料、合成树脂、合成橡胶、合成纤维等。

3. 混合性粉尘

上述各类粉尘混合存在。如：煤矿开采时，有岩尘与煤尘；金属制品加工研磨时，有金属和磨料粉尘；棉纺厂准备工序时，有棉尘和土尘等。对混合性粉尘，要查明其中所含成分，尤其是矿物性物质所占比例，对进一步确定其对人体危害有重要意义。

三、粉尘的危害分析

1. 尘肺

尘肺是我国危害最严重的的职业病，是长期吸入较高浓度的粉尘沉积在肺内后引起的，以肺组织纤维化病变为主的全身性疾病。

2. 呼吸系统损害

粉尘进入呼吸道后，可引起黏膜刺激。石棉尘、二氧化硅粉尘可引起上呼吸道炎症，棉尘、麻尘等植物性粉尘可引起呼吸道阻塞性疾病。茶、枯草、皮毛等粉尘可引起过敏性体质人员的支气管哮喘。霉变枯草可致"农民肺"，甘蔗渣可致"甘蔗肺"。

3. 中毒

吸入的铅、砷、锰、农药、化肥、助剂等有毒粉尘能经呼吸道溶解吸收，引起全身中毒。

4. 皮肤病变

长期接触粉尘可使皮肤及眼受到损害，如沥青尘可致光感性皮炎，金属性粉尘可致角膜损伤，导致角膜感觉迟钝和角膜浑浊。

5. 致癌

石棉粉尘，镍及其氧化物粉尘，铬、砷等金属性粉尘可导致肺癌，放射性粉尘进入人体也会引起癌变。

子任务二　工业粉尘防护

一、制定预防粉尘措施

目前，粉尘对人造成的危害，特别是尘肺病尚无特异性治疗。因此，预防粉尘危害，加强对粉尘作业的劳动防护管理十分重要。

1. 工艺和物料

选用不产生或少产生粉尘的工艺，采用无危害或危害性较小的物料，是消除、减弱粉尘危害的根本途径。

例如，在工艺要求许可的条件下，尽可能采用湿法作业；用密闭风选代替机械筛分，尽可能采用不含游离二氧化硅或游离二氧化硅含量低的材料代替游离二氧化硅含量高的材料；尽可能不使用产生呼吸性粉尘或减少产生呼吸性粉尘（$5\mu m$ 以下的粉尘）的工艺措施等。

2. 限制、抑制扬尘和粉尘扩散

采用密闭管道输送、密闭自动（机械）称量、密闭设备加工，防止粉尘外溢。不能完全密闭的尘源，在不妨碍操作条件下，尽可能采用半封闭罩、隔离室等设施来隔绝。

通过降低物料落差、适当降低溜槽倾斜度、隔绝气流、减少诱导空气量和设置空间（通道）等方法，抑制由于正压产生的扬尘。

对亲水性、弱黏性的物料和粉尘应尽量采用增湿、喷雾、喷水蒸气等措施。

为消除二次尘源、防止二次扬尘,应在设计中合理布置、尽量减少积尘平面,严禁用吹扫方式清扫积尘。

3. 通风除尘

建筑设计时要考虑工艺特点和除尘的需要,利用风压、热压差合理组织气流(如进风口、天窗、挡风板的设置等),充分利用自然通风改善作业环境。当自然通风不能满足要求时,应设置全面或局部机械通风。

(1)全面机械通风 对整个厂房进行通风换气,把清洁的新鲜空气不断地送入车间,将车间空气中粉尘浓度稀释并将污染的空气排出室外,使室内空气中粉尘浓度达到标准规定的最高容许浓度以下。

(2)局部机械通风 一般应使清洁新鲜的空气先经过工作地带,再流向有害物质产生的部位,最后通过排风口排出;含有害物质的气流不应经过作业人员的呼吸带。

4. 其他措施

由于工艺、技术上的原因,通风和除尘设施无法达到卫生标准的有尘作业场所,操作人员必须佩戴防尘口罩等个体防护用品。

生产企业必须对作业环境的粉尘浓度实施定期检测,确保工作环境中的粉尘浓度达到标准规定的要求;定期对从事粉尘作业的职工进行健康检查,发现不宜从事接尘工作的职工,要及时调离;对已确诊为尘肺病的职工,应及时调离原工作岗位,安排合理的治疗和疗养。

二、选用防尘呼吸防护用品

根据结构与原理不同,呼吸防护用品主要分为过滤式呼吸器和隔绝式呼吸器两大类。

过滤式呼吸防护用品的净化原理是环境空气经滤毒罐的吸附、吸收、催化或过滤等作用,除去其中的烟雾粉尘及某些有害气体、蒸气后作为气源,供使用者呼吸用。适用于普通非密闭的作业场所,即有毒气体含量小于1%或者空气中含氧量高于18%时。

隔绝式呼吸防护用品又分为供气式与携气式两种。供气式是佩戴者靠呼吸或借助机械力通过导气管引入清新空气。携气式是靠携带空气瓶、氧气瓶或生氧器等作为气源。常用的隔绝式呼吸器有氧气呼吸器、空气呼吸器、长管呼吸器等。当环境中存在着过滤材料不能滤除的有毒物质,或氧含量低于18%,或有毒物质浓度较高时,应使用隔绝式呼吸防护用品。

某石英砂厂,使用石英矿石为原料生产石英砂,车间的除尘设施不到位,工人加料、包装均为手工操作。2011年,该厂40多名工人解聘时进行粉尘作业离岗体检,发现并确诊了9名硅肺病人。职防机构对作业场所进行了粉尘检测,发现多个岗位矽尘浓度超过职业接触限值多倍。经多方督促,劳动者的合法权益得到了保障。

该企业应该采取哪些防尘措施,以改善工作环境,保障工人的合法权益?

任务四
预防物理性危害

学习目标

能力目标

会根据实际情况制定噪声、辐射及异常气象条件防护方案。

素质目标

(1) 能够对资料进行整理、分析、归纳，并进行自主学习。

(2) 具有安全意识、团队意识、强烈的责任感及集体荣誉感。

(3) 促进理论联系实际，提高分析问题、解决问题的能力以及动手能力。

知识目标

(1) 熟悉噪声、辐射及异常气象条件的作业危害。

(2) 掌握防噪声安全措施。

(3) 掌握防辐射技术措施。

(4) 掌握异常气象条件安全防护措施。

物理性危害是指由物理因素引起的职业危害，如放射性辐射、电磁辐射、噪声、光等。物理性危害程度是由声、光、热、电等在环境中的量决定的。

子任务一　噪声危害及控制

案例

　　25 岁的小林长期在建筑工地打桩。近期，经常出现耳鸣、心慌、气短、心烦、失眠等症状。他以为是工作强度太大，稍加休息就能好转。谁知，病情越来越重，一听到升降机的开启或气锤的砰砰响，他就感到心慌、烦躁。经唇音听阈检测和心电等辅助检查，发现其听力指标明显下降，诊断为噪声性耳聋，而心电图提示有心律不齐、房颤等。经专家会诊，认为小林是长期处于噪声环境下引起的神经性耳聋及心脏症状。

　　通过此案例了解噪声的危害及控制措施。

一、噪声认知

　　在生产过程中，由机器转动、气体排放、工件撞击与摩擦所产生的噪声，称为生产性噪声或工业噪声。可归纳以下三类。

1. 机械性噪声

　　机械撞击、摩擦或质量不平衡旋转等机械力作用下引起固体部件振动所产生的噪声。例如，各种车床、电锯、电刨、球磨机、砂轮机、织布机等发出的噪声。

2. 空气动力噪声

　　由于气体压力变化引起气体扰动，气体与其他物体相互作用所致。例如，各种风机、空气压缩机、风动工具、喷气发动机、汽轮机等，是由压力脉冲和气体释放发出的噪声。

3. 电磁性噪声

　　由电磁场交替变化而引起某些机械部件或空间容积振动而产生的噪声。如电磁式振动台和振荡器、大型电动机、发电机和变压器等产生的噪声。

二、噪声的危害分析

　　噪声会造成听力减弱或丧失。长时间暴露在强噪声中，听力只能部分恢复，听力损伤部分无法恢复，会造成永久性损伤；中度噪声性耳聋的听力损失值在 40～60dB；重度噪声性耳聋的听力损失值在 ＞60～80dB。爆炸、爆破时所产生的脉冲噪声会造成鼓膜破裂出血，双耳完全失去听力，此即爆震性耳聋。

　　噪声最广泛的反应是令人烦恼，并表现有头晕、恶心、失眠、心悸、记忆力衰退等神经衰弱综合征。在强噪声下，会分散人的注意力，对于复杂作业或要求精神高度集中的工作会受到干扰。噪声会影响大脑思维、语言传达以及对必要声音的听力。

　　生产性噪声引起的职业病——噪声聋，由于长时间接触噪声导致的听阈升高、不能恢复到原有水平的称为永久性听力阈移。

三、预防与控制噪声

1. 消除或降低声源噪声

① 选用低噪声设备和改进生产工艺。

② 提高机械设备的加工精度和装配技术，校准中心，维持好动态平衡，注意维护保养，并采取阻尼减振措施等。

③ 对于高压、高速管道辐射的噪声，应降低压差和流速，改进气流喷嘴形式，降低噪声。

④ 控制声源的指向性。

2. 控制传播途径

（1）合理布局　应该把强噪声车间和作业场所与职工生活区分开；把工厂内部的强噪声设备与一般生产设备分开。也可把相同类型的噪声源，集中在一个机房内。

（2）利用地形、地物设置天然屏障　利用地形如山岗、土坡等，地物如树木、草丛及已有的建筑物等，可以阻断或屏蔽一部分噪声的传播。种植有一定密度和宽度的树丛和草坪，也可导致噪声的衰减。

（3）噪声吸收　利用吸声材料将入射到物质表面上的声能转变为热能，从而产生降低噪声的效果。

（4）隔声　在噪声传播的途径中采用隔声的方法是控制噪声的有效措施。把声源封闭在有限的空间内，使其与周围环境隔绝。

3. 使用防护装备

护耳器的使用，对于降低噪声危害有一定作用，但只能作为一种临时措施。要想更有效地控制噪声，还要依靠其他更适宜的减少噪声暴露的方法。耳套和耳塞是护耳器的常见形式。

任务
训练

给案例中企业制定噪声防治方案。

子任务二　辐射危害及防护

案例

切尔诺贝利核电站事故于 1986 年 4 月 26 日发生在乌克兰苏维埃共和国境内的普里皮亚季市，该电站第 4 发电机组，核反应堆全部炸毁，大量放射性物质泄漏，成为核电时代以来最大的事故。辐射危害严重，导致事故后有 31 人当场死亡，200 多人受到严重的放射性辐射，之后 15 年内有 6 万~8 万人死亡，13.4 万人遭受各种程度的辐射疾病折磨，方圆 30 公里地区的 11.5 万多民众被迫疏散。

事故展示了辐射的严重危害，那具体辐射是如何产生的，可以采取哪些措施来进行防护呢？

一、非电离辐射分析

非电离辐射是指能量比较低，并不能使物质原子或分子产生电离的辐射。非电离辐射包括低能量的电磁辐射。

1.高频作业、微波作业

（1）高频感应加热　金属的热处理、表面淬火、金属熔炼、热轧及高频焊接等。射频辐射对人体的影响不会导致组织器官的器质性损伤，主要引起功能性改变，并具有可逆性特征。往往在停止接触数周或数月后人体可恢复。

（2）微波作业　微波加热广泛用于食品、木材、皮革、茶叶等加工，以及医药、纺织印染等行业。微波对机体的影响主要表现在神经、分泌和心血管系统。

2.红外线

在生产环境中，加热金属、熔融玻璃、强发光体等可成为红外线辐射源；炼钢工、铸造工、轧钢工、锻钢工、玻璃熔吹工、烧瓷工、焊接工等会受到红外线辐射。

红外线引起的白内障是因长期受到炉火或加热红外线辐射而引起的职业病，为红外线所致晶状体损伤，职业性白内障已列入职业病名单。

3.紫外线

生产环境中，物体温度达 1200℃ 以上时，热辐射的电磁波谱中可出现紫外线。随着物体温度的升高，辐射的紫外线频率增高。常见的辐射源有冶炼炉、电焊、氧乙炔气焊、氩弧焊、等离子焊接等。

紫外线对皮肤作用能引起红斑反应。强烈的紫外线辐射可引起皮炎，皮肤接触沥青后再经紫外线照射，能发生严重的光感性皮炎，并伴有头痛、恶心、体温升高等症状。长期受紫外线作用，可发生湿疹、毛囊炎、皮肤萎缩、色素沉着，甚至可发生皮肤癌。

在作业场所比较多见的是紫外线对眼睛的损伤，即由电弧光照射所引起的职业病——电光性眼炎。此外在雪地作业、航空航海作业时，受到大量太阳光中紫外线照射，可引起类似电光性眼炎的角膜、结膜损伤，称为太阳光眼炎或雪盲症。

4.激光

激光也是电磁波，属于非电离辐射。工业生产中激光辐射用于焊接、打孔、切割、热处理等。

激光对健康的影响主要是它的热效应和光化学效应造成的。眼部受激光照射后，可突然出现眩光感、视力模糊等。激光意外伤害，除个别人发生永久性视力丧失外，多数人经治疗均有不同程度的恢复。

二、非电离辐射防护

1.屏蔽

利用一切可能的方法，将电磁能量限制在规定的空间里，防止其扩散。

（1）电场屏蔽　利用金属板或金属网等良性导体，或导电性能好的金属组成的屏蔽体，使辐射电磁波引起电磁感应，通过地线流入大地。

（2）磁场屏蔽　利用磁导率高的金属材料，如铜或铝，封闭磁力线。

（3）紫外红外屏蔽　应避免在交通路口或人多处从事电焊工作。

2. 远距离控制和自动化作业

根据射频电磁场场强随距离的增加而迅速减弱的原理，进行工艺改革，实行远距离操作或自动化作业。

3. 吸收

在场源周围设塑料、橡胶、陶瓷、石墨等吸收材料，这些材料的吸收效率均在80％以上。

4. 技术革新

尽量把手工焊接工序改为自动化机械焊接，以减少人接触紫外线的机会。

5. 正确使用个体防护用品

个体防护主要对象是从事高频和微波作业人员。在某些条件限制，不能采用屏蔽时，必须采用个体防护。电焊工作人员应备有绿色防护玻璃片的防护面盾。如防护衣、防护眼镜、防护头盔。

6. 健康监护

对作业人员要进行就业前和就业后的定期健康体检。

三、电离辐射认知

电离辐射是一切能引起物质电离的辐射总称。电离辐射的特点是波长短、频率高、能量高。高速带电粒子指 α 粒子、β 粒子、质子，不带电粒子指中子、X 射线、γ 射线。

1. 电离辐射应用

随着原子能事业的发展，核工业、核设施也迅速发展，放射性核素和射线装置在工业、农业、医药卫生和科学研究中已经广泛应用，接触电离辐射的劳动者也日益增多。

① 利用射线的生物学效应进行辐射育种、辐射菌种、辐照蚕茧，都可获得生物新品种。

② 射线照射肉类、蔬菜，可以杀菌、保鲜、延长储存时间。

③ 用射线照射肿瘤，杀伤癌瘤细胞用于治疗。

④ 利用射线照相原理进行管道焊缝、铸件砂眼的无损探伤。

从事上述各种辐照的工作人员，主要受到射线的外照射。

2. 电离辐射危害

放射病是人体因受各种电离辐射而发生的各种类型和不同程度损伤（或疾病）的总称。

① 全身放射性疾病，如急性、慢性放射病。

② 局部放射性疾病，如急性、慢性放射性皮炎，放射性白内障。

③ 放射所致远期损伤，如放射所致白血病。

放射性疾病，除由战时核武器爆炸引起之外，常见于核能和放射装置应用中的意外事故。列为国家法定职业病者，包括放射性皮肤疾病、放射性肿瘤等十一种。

四、电离辐射防护

1. 外照射防护原则

尽可能缩短被照射时间；尽可能远离放射源；屏蔽辐射指利用能吸收或阻挡射线的材质作为防护器材，置于放射源与人体之间，以期取得良好的防护效果。如放射源的防护铅罐、二次防护设施、铅屏风、铅胶防护服、防护镜等均属于屏蔽防护。

2. 健康监护

放射作业人员，就业前必须进行健康体检，严格控制职业禁忌症。

对就业后的人员，要根据实际情况、接触射线程度，制定出定期健康体检的间隔时间。

对已经出现职业病危害的人员，要早诊断、早期调离放射作业。每年应安排放射工作人员有一定时间的休息或疗养，提高放射工作人员的健康水平。

射线探伤是利用某种射线来检查焊缝内部缺陷的一种方法。常用的射线有 X 射线和 γ 射线两种。请分析射线探伤过程中可能存在的职业危害及防护措施。

子任务三　异常气象条件作业危害及防护

案例

某带钢有限公司带钢生产流水线上，在夏季高温季节时，公司采取每班两批工人每隔 2h 轮流进行作业的方式进行生产。某日，流水线上一名工人有急事请假离厂，与他轮班的工人未让车间安排的顶岗工人前来作业。这名与他轮班的工人在连续工作数小时后，出现头昏、恶心等症状，因发现及时，采取措施后逐渐恢复正常。

夏季高温是常见的异常气象条件，还有哪些异常气象条件需要进行防护呢？

一、作业场所异常气象条件分析

1. 高温强热辐射作业

工作地点气温 30℃ 以上、相对湿度 80% 以上的作业或工作地点气温高于夏季室外气温 2℃ 以上，均属高温强热辐射作业。如冶金工业的炼钢、炼铁等。这些作业环境的特点是气温高、热辐射强度大、相对湿度低、易形成干热环境。

2. 高温高湿作业

气象条件特点是气温气湿高，热辐射强度不大或不存在热辐射源。如印染、造纸等工业中，液体加热或蒸煮作业中，车间气温可达 35℃ 以上、相对湿度可达 90％ 以上。煤矿深井井下气温可达 30℃、相对湿度 95％ 以上。

3. 夏季露天作业

夏季从事农田、野外、建筑、搬运等露天作业以及军事训练等，受太阳的辐射和地面及周围物体的热辐射。

4. 低温作业

接触低温环境主要是冬天在寒冷地区或极区从事野外作业。如建筑、装卸、农业、渔业、地质勘探、科学考察、在寒冷天气中进行战争或军事训练。

5. 高气压作业

高气压作业主要有潜水作业和潜涵作业。潜水作业常见于水下施工、海洋资料及海洋生物研究、沉船打捞等。潜涵作业主要见于修筑地下隧道或桥墩，工人在地下水位以下的深处或沉降于水下的潜涵内工作。

6. 低气压作业

高空、高山、高原均属低气压环境，在这类环境中进行运输、勘探、筑路、采矿等生产劳动，属低气压作业。

二、异常气象条件对人体的影响分析

1. 高温作业对机体的影响

高温作业对机体的影响主要是体温调节和人体水盐代谢的紊乱，机体内多余的热不能及时散发掉，产生蓄热现象，体温升高。在高温作业条件下大量出汗使体内水分和盐大量丢失。汗液中的盐主要是氯化钠，引起体内水盐代谢紊乱，对循环系统、消化系统、泌尿系统都可造成一些不良影响。

2. 低温作业对机体的影响

在低温环境中，皮肤血管收缩以减少散热，内脏和骨骼肌血流增加，代谢加强，骨骼肌收缩产热，以保持正常体温。如时间过长，超过了人体耐受能力，体温会逐渐降低。由于全身过冷，机体免疫力和抵抗力降低，人易患感冒、肺炎、肾炎、肌痛、神经痛、关节炎等。

3. 高、低压作业对人体的影响

加压过程中，可引起充塞感、耳鸣、头晕等，甚至造成鼓膜破裂。减压过程中，如果减压过速，则会引起减压病。低压作业对人体的影响是由于低压性缺氧而引起的损害。

三、异常气象条件引起的职业病认知

1. 中暑

中暑是高温作业环境下发生的一类疾病的总称，是机体散热机制发生障碍的结果。按病情轻重可分为先兆中暑、轻症中暑、重症中暑。

重症中暑症状有昏倒或痉挛，皮肤干燥无汗，体温在 40℃ 以上。

可采取防暑降温的措施主要是隔热、通风和个体防护，暑季供应清凉饮料。

2. 减压病

急性减压病主要发生在潜水作业后，减压病的症状主要表现为皮肤奇痒、灼热感、紫绀、大理石样斑纹、肌肉、关节和骨骼酸痛或针刺样剧烈疼痛，头痛、眩晕、失明、听力减退等。

3. 高原病

高原病是发生于高原低氧环境下的一种特发性疾病。急性高原病分为三类：急性高原反应，主要症状为头痛、头晕、心悸、气短、恶心、腹胀、胸闷、紫绀等；高原肺水肿，是在急性高原反应基础上发生呼吸困难，X 射线显示双肺里有片状阴影；高原脑水肿，出现剧烈头痛、呕吐等症状，发病急，多在夜间发病。

四、异常气象条件防护

1. 低温作业、冷水作业防护

① 低温实现自动化、机械化作业，避免或减少低温作业和冷水作业。

② 控制低温作业、冷水作业的时间，穿戴防寒服、手套、鞋等个人防护用品。

③ 设置采暖操作室、休息室、待工室等。

④ 冷库等低温封闭场所应设置通信、报警装置，防止误将人员关锁。

2. 中暑的预防与急救

（1）预防措施

① 入暑前对从事高温和高处作业的人员进行一次健康检查。凡患持久性高血压、贫血、肺气肿、肾病、心血管系统疾病和中枢神经系统疾病者，一般不宜从事高温和高处作业。

② 对露天和高温作业者，应供给足够的符合卫生标准的饮料，如供给含盐浓度 0.1％～0.3％的清凉饮料。暑期还可供给工人绿豆汤、茶水，但切忌暴饮，每次最好不超过 300 毫升。

③ 加强个人防护。一般宜选用浅蓝色或灰色的工作服，颜色越浅，阻率越大。对辐射强度大的工种，应供给白色工作服，并根据作业需要佩戴好各种防护用具。露天作业应戴白色安全帽，防止阳光暴晒。

（2）急救方法

① 迅速将病人撤离引起中暑的高温环境，选择阴凉通风的地方休息。解开病人的衣扣、裤带，并使其安静休息。

② 立即喝含盐的凉开水。

③ 降温处理：为患者泼水或用冷水擦身，而不是让他浸入冷水中。泼在皮肤上的水，蒸发较快，可以增加降温的效率。如可能，将患者移到有冷气设备的地方。

④ 在额部、颞部涂抹清凉油、风油精等，或服用人丹、十滴水、藿香正气水等中药。

⑤ 如果出现血压降低、虚脱、神志不清，应在实施必要的急救措施的同时，立即拨打120 电话，急送医院抢救。

我国《防暑降温措施管理办法》规定："劳动者从事高温作业的，依法享受岗位津贴。"调查本地高温补贴政策。

模块考核题库

一、单选题

1.（　　）不会导致粉尘爆炸。

A. 镁粉 　　　　　B. 煤粉 　　　　　C. 石灰粉尘 　　　　　D. 棉麻粉尘

2.用人单位应当在产生严重职业病危害因素的作业岗位的醒目位置，设置（　　）和中文警示说明。

A. 公告栏 　　　　　B. 警示标志 　　　　　C. 安全标语

3.可吸入性粉尘的粒径为（　　）。

A. 1～5mm 　　　　　B. 1～5μm 　　　　　C. 1～5nm 　　　　　D. 1～5cm

4.粉尘侵入人体的最主要途径是（　　）。

A. 呼吸系统 　　　　　B. 眼睛 　　　　　C. 皮肤 　　　　　D. 口腔

5.粉尘作业时必须佩戴（　　）。

A. 棉纱口罩 　　　　　B. 防尘口罩 　　　　　C. 防毒面具

6.在作业场所液化气浓度较高时，应该佩戴（　　）。

A. 面罩 　　　　　B. 口罩 　　　　　C. 眼罩 　　　　　D. 防毒面具

7.依据《使用有毒物品作业场所劳动保护条例》的规定，使用高毒物品的用人单位，应定期对高毒作业场所进行职业中毒危害检测，检测频率至少（　　）一次。

A. 每月 　　　　　B. 每季度 　　　　　C. 每半年 　　　　　D. 每年

8.依据《使用有毒物品作业场所劳动保护条例》的规定，从事使用高毒物品作业的用人单位，在申报使用高毒物品作业项目时，应当向卫生行政部门提交的有关资料不包括（　　）。

A. 职业中毒事故应急救援预案 　　　　　B. 职业中毒危害控制效果评价报告

C. 职业中毒人员的具体情况 　　　　　D. 职业卫生管理制度和操作规程等材料

9.化学加药处理间最主要的职业危害防护措施是（　　）。

A. 员工戴防毒口罩 　　　　　B. 员工佩戴防护手套

C. 员工佩戴防护眼镜 　　　　　D. 放置通风排毒设施

10.职业病是指企业、事业单位和个体经济组织的劳动者在（　　），因接触粉尘、放射性物质和其他有毒、有害物质等因素而引起的疾病。

A. 职业岗位上 　　　　　B. 生产工作中 　　　　　C. 劳动过程中 　　　　　D. 职业活动中

二、多选题

1.呼吸防护用品是用于预防职业危害的个体防护装备，其作用是阻止粉尘、有毒有害气体、微生物被吸入人体。下列有关呼吸防护用品使用的说法中，正确的有（　　）。

A. 使用便携式呼吸器应进行专门的培训

B. 不能单独使用逃生型呼吸器进入有害环境作业

C. 进入爆炸性环境应佩戴正压式空气呼吸器

D. 进入爆炸性环境应佩戴负压式空气呼吸器

2.按照《劳动防护用品监督管理规定》，下列劳动防护用品中，具有预防职业病功能的有（　　）。

A. 防尘口罩　　　　　B. 耳塞　　　　　　C. 安全带　　　　　　D. 绝缘手套

3. 化水系统存在的主要职业危害因素可引起《职业病分类和目录》中的（　　）职业病。

A. 氨中毒　　　　　B. H_2S 中毒　　　　C. 苯中毒　　　　　　D. 甲苯中毒

4. 发电厂化水系统存在的主要职业危害因素是（　　）。

A. 氨和联氨　　　　B. 噪声　　　　　　C. 粉尘　　　　　　　D. 硫化氢

5. 属于防治振动危害的控制措施的是（　　）。

A. 控制振动源

B. 改革工艺，采用减振和隔振等措施

C. 限制作业时间和振动强度

D. 进行隔音或屏护

E. 改善作业环境，加强个人防护及健康监护

6. 作业环境有害因素包括物理性有害因素、化学性有害因素和生物性有害因素等，下列属于物理性有害因素的是（　　）。

A. 噪声　　　　　　B. 振动　　　　　　C. 一氧化碳　　　　　D. 异常气象条件

三、判断题

1.《严防企业粉尘爆炸五条规定》必须按标准规范设计、安装、使用和维护通风除尘系统，每班按规定检测和规范清理粉尘，在除尘系统停运期间和粉尘超标时严禁作业，并停产撤人。（　　）

2. 粉尘爆炸比可燃混合气体爆炸危害小。（　　）

3.《严防企业粉尘爆炸五条规定》必须确保作业场所符合标准规范要求，严禁设置在违规多层房、安全间距不达标厂房和居民区内。（　　）

4. 除尘系统或有可燃粉尘区域检修时，应系统停机并等待粉尘沉降后再检修，需使用铜制或其他不易产生火花的工器具。（　　）

5. 清理可燃性粉尘时，为清理彻底，可使用压缩空气进行吹扫。（　　）

6. 液体燃烧前必须先蒸发而后燃烧。（　　）

7. 存在可燃性粉尘岗位的员工，上岗时禁止穿化纤工作服和带铁钉鞋和携带容易起静电的物品，禁止携带火种进入工作现场。（　　）

8. 泡沫灭火器除了用于扑救一般固体物质火灾外，还能扑救油类可燃液体火灾，但不能扑救带电设备和醇、醚等有机溶剂的火灾。（　　）

9. 在有粉尘场所工作不超过 30min 时，可不佩戴防尘口罩。（　　）

10. 爆炸反应的实质就是瞬间的剧烈燃烧反应，因而爆炸需要外界供给助燃剂。（　　）

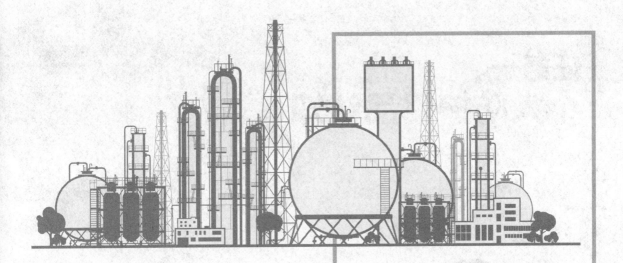

模块四

正确使用个人防护用品

在生产过程中由于作业环境异常，容易造成由尘、毒、噪声、辐射等引起的职业病、职业中毒或工伤事故，严重的甚至会危及生命。为了预防上述伤害，保证生产的顺利进行，国家颁布了一系列劳动保护法规，采取各种职业卫生和安全技术措施，改善劳动条件和劳动环境，防止伤亡事故，预防职业病和职业中毒。尽管如此，正确使用个体防护用品（Personal Protective Equipment, PPE）仍是保护劳动者安全健康必不可少的措施之一。

任务一
个人防护用品认知

学习
目标

👁 **能力目标**

能准确区分个人防护用品的类型。

👁 **素质目标**

(1) 能够对资料进行整理、分析、归纳，并进行自主学习。
(2) 具有安全意识、团队意识、强烈的责任感及集体荣誉感。
(3) 促进理论联系实际，提高分析问题、解决问题的能力以及动手能力。

👁 **知识目标**

(1) 了解个人防护用品的定义。
(2) 熟悉个人防护用品类别。

在化工企业生产过程中，安全防护用品是保障人身安全的最后一道防线。根据《中华人民共和国安全生产法》规定：生产经营单位必须为从业人员提供符合国家标准和行业标准的劳动防护用品，并监督、教育从业人员按照规则佩戴、使用。

个人防护用品是指从业人员为防御物理、化学、生物等外界因素伤害所穿戴、配备和使用的护品的总称。其能在劳动生产过程中使劳动者免遭或减轻事故和职业危害因素的伤害，直接对人体起到保护作用。

根据《用人单位劳动防护用品管理规范》，按照人体防护部位分类可以分为以下十大类：

① 头部防护用品包括普通安全帽、阻燃安全帽、防静电安全帽、电绝缘安全帽、抗压安全帽、绝缘安全帽和防寒安全帽等。

② 呼吸防护用品包括防尘口罩、过滤式防毒面具、自吸式长管呼吸器、送风式长管呼吸器、正压力空气呼吸器等。

③ 眼面部防护用品包括化学安全防护镜、防尘眼镜、焊接眼护具、防冲击眼护具、炉窑护目镜等。

④ 耳部防护用品包括用各种材料制作的防噪声护具，主要有耳塞、耳罩和防噪声头盔。

⑤ 手部防护用品包括耐酸碱手套、防静电手套、防振手套、焊工手套、带电作业绝缘手套等。

⑥ 足部防护用品包括保护足趾安全鞋、胶面防砸安全鞋、防静电鞋、电绝缘鞋、导电鞋、防刺穿鞋等。

⑦ 躯干防护用品包括防静电工作服、化学防护服、隔热服、阻燃防护服等。

⑧ 护肤用品用于防水型、防油型、遮光型、洁肤型、趋避型护肤剂。

⑨ 坠落防护用品包括安全带（含速差式自控器与缓冲器）、安全网、安全绳。

⑩ 其他劳动防护用品。

观看模型假人身上的防护用品（如图 4-1 所示），说明有哪些防护用品。

图 4-1　个人防护用品

任务二
个人防护用品的正确选择、使用与维护

学习目标

👁 **能力目标**

(1) 能正确穿戴、使用个人防护用品。
(2) 正确维护个人防护用品。

👁 **素质目标**

(1) 能够对资料进行整理、分析、归纳，并进行自主学习。
(2) 具有安全意识、团队意识、强烈的责任感及集体荣誉感。
(3) 促进理论联系实际，提高分析问题、解决问题的能力以及动手能力。

👁 **知识目标**

(1) 熟悉个人防护用品的使用场合。
(2) 掌握个人防护用品的使用方法。

　　生产过程中存在的各种危险和有害因素，会对劳动者的身体健康造成危害，甚至危及生命。了解工作中潜在的危险和有害因素后，不但需要选择正确的 PPE，我们还必须理解并遵守 PPE 的正确使用和维护方法，从而实现个人防护。

子任务一　头部防护用品使用

一、安全帽的结构认知

　　安全帽的帽壳是安全帽的主要构件，一般采用椭圆形或半球形薄壳结构。材质主要有ABS、PE、玻璃钢等等。帽衬是帽壳内直接与佩带者头顶部接触部件的总称。帽衬的材料可用棉织带、合成纤维带和塑料衬带制成。下颌带是系在下颌上的带子，起到固定安全帽的作用。

　　安全帽的结构如图4-2所示。

图4-2　安全帽

二、安全帽的作用分析

1.标志作用

　　在现场可以看到不同颜色的安全帽，在化工行业，一般操作人员佩戴红色安全帽，安全监督人员或中层管理人员佩戴黄色安全帽，技术人员佩戴蓝色安全帽，高层管理人员或监理佩戴白色安全帽。

2. 安全防护作用

① 主要保护头部，防止物体打击伤害。

② 防止高处坠落伤害头部。

③ 防止机械性损伤。

④ 防止污染毛发。

三、安全帽的使用与维护

1. 安全帽的使用

安全帽的使用应按照产品使用说明进行。

① 在使用前应检查安全帽上是否有外观缺陷，各部件是否完好无异常。

② 不应随意在安全帽上拆卸或添加附件，以免影响其原有的防护性能。

③ 帽衬调整后的内部尺寸、垂直间距、佩戴高度、水平间距应符合 GB 2811—2019 的要求。

④ 安全帽在使用时应戴正、戴牢，锁紧帽箍，配有下颏带的安全帽应系紧下颏带，确保在使用中不发生意外脱落。

⑤ 使用者不应擅自在安全帽上打孔，不应用刀具等锋利、尖锐物体刻划、钻钉安全帽。

⑥ 使用者不应擅自在帽壳上涂敷油漆、涂料、汽油、溶剂等。

⑦ 不应随意碰撞挤压或将安全帽用作除佩戴以外的其他用途。例如：坐压、砸坚硬物体等。

⑧ 在安全帽内，使用方应确保永久标识齐全、清晰。

2. 安全帽的维护

① 安全帽上的可更换部件损坏时应按照产品说明及时更换。

② 安全帽的存放应远离酸、碱、有机溶剂、高温、低温、日晒、潮湿或其他腐蚀环境，以免其老化或变质。

③ 对热塑材料制的安全帽，不应用热水浸泡及放在暖气片、火炉上烘烤，以防止帽体变形。

④ 安全帽应保持清洁，并按照产品说明定期进行清洗。

任务训练

学生观察安全帽并佩戴，说明安全帽的结构、作用、佩戴方法。

① 检查安全帽各配件有无损坏，装配是否牢固，帽衬调节部分是否卡紧、插口是否牢固、系带是否收紧等。

② 佩戴安全帽之前，应根据个人头围或需要把大小松紧调整好，不能太紧也不能太松。太紧的话工作者在过程中容易感觉不适，影响正常工作；太松则容易滑脱，发生不必要的危

险。适当的程度为佩戴完好的安全帽不能在头部活动自如，而佩戴者的头部也不会感觉紧绷。

③ 从安全帽的组成部分看，为了起到突发事件时能缓解冲击力的作用，帽衬和帽壳是不能太紧贴的，必须有良好的连接，同时需要留有一定的间隙，标准一般要按材质设计调整至 2～4cm 之间。帽衬和帽壳对冲击的缓冲，能保护颈椎不受伤害。

④ 下颏带必须拴紧，那么突发事件发生时使用者坠落或遭到接连击打时不至于因此松脱。

⑤ 需角度戴正、系紧帽带，帽箍则根据佩戴者的头围或头型进行调整并箍紧；如果佩戴者为女性的话，则要把头发塞进帽衬里面，并正规佩戴，以免发生意外。

子任务二　呼吸防护用品使用

案例

2019 年 2 月 15 日 23 时许，东莞市某纸业有限公司工作人员在进行污水调节池（事故应急池）清理作业时，发生一起气体中毒事故，造成 7 人死亡、2 人受伤，直接经济损失约为人民币 1200 万元。

该起事故的直接原因是该纸业有限公司一车间污水处理班人员邹某等 3 人违章进入含有硫化氢气体的污水调节池内进行清淤作业。

经现场调查发现，该纸业污水调节池属于有限空间，相关人员违章进行有限空间作业表现在以下几点：一是作业前未采取通风措施，未对氧气、有毒有害气体（硫化氢）浓度等进行检测；二是在作业过程中未采取有效通风措施，且未对有限空间作业面气体浓度进行连续监测；三是作业人员未佩戴隔绝式正压呼吸器和便携式毒物报警仪。其他从业人员盲目施救导致事故伤亡的扩大，参与应急救援的人员不具备有限空间事故应急处置知识和能力，在对污水调节池内中毒人员施救时未做好自身防护，未配备必要的救援器材和器具（气体检测仪，通风装备、吊升装备等）。

通过这个事故案例我们了解到佩戴呼吸类防护用品的必要性。

一、呼吸防护用品类别分析

呼吸防护用品是为防御有害气体、蒸气、粉尘、烟、雾从呼吸道吸入，直接向使用者供氧或清洁空气，保证尘、毒污染或缺氧环境中作业人员正常呼吸的防护用品。呼吸防护用品的分类如表 4-1 所示，具体类型如图 4-3 所示。

表 4-1　呼吸防护用品分类

过滤式			隔绝式			
自吸过滤式		送风过滤式	供气式		携气式	
半面罩	全面罩		正压式	负压式	正压式	负压式

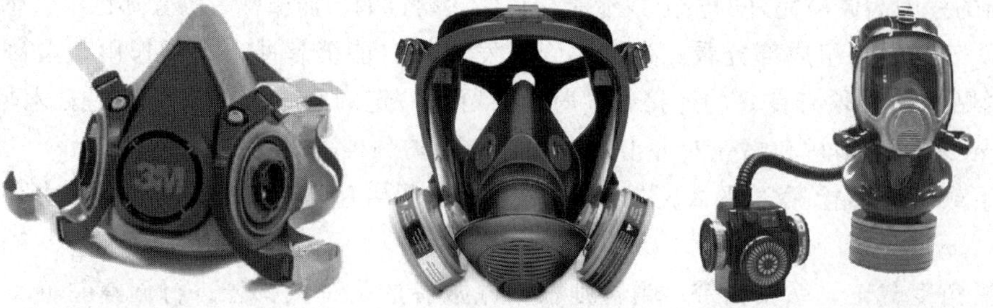

(a) 半面罩过滤式面罩　　(b) 全面罩过滤式面罩　　(c) 送风过滤式面罩

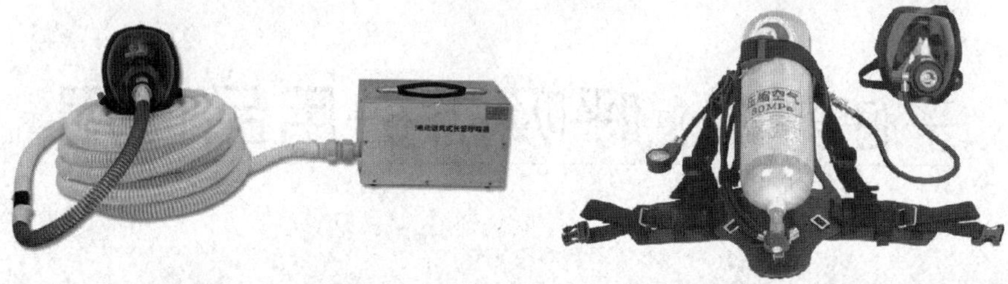

(d) 供气式空气呼吸器　　(e) 正压式(携气式)空气呼吸器

图 4-3　呼吸类防护用品

呼吸防护用品按照呼吸防护方法可以分为两大类。

（1）过滤式　过滤式是使吸入的气体经过滤去除污染物质获得较清洁的空气供佩带者使用。这类产品依靠面罩和人脸呼吸区域的密合提供防护，让使用者只吸入经过过滤的洁净空气，面罩与使用者脸型密合，减少泄漏；保证呼气阀能够正常工作，是这类呼吸器取得有效防护的重要因素。过滤式面罩没有供气功能，不能在缺氧环境中使用。

（2）隔绝式　隔绝式是提供一个独立于作业环境的呼吸气源，通过空气导管、软管或佩戴者自身携带的供气（空气或氧气）装置向佩戴者输送呼吸的气体。隔绝式将使用者呼吸器官与有害空气环境隔绝，从本身携带的气源或导气管引入作业环境以外的洁净空气供呼吸。适用于存在各类空气污染物及缺氧的环境。隔绝式主要使用气瓶、压缩气管道、移动式空压机、送风机进行供气。供气源的新鲜、充足供应以及呼吸面罩的正确使用是保证这类防护用品防护效果的关键因素。

二、呼吸防护用品选择

1. 一般原则

① 在没有防护的情况下，任何人都不应暴露在能够或可能危害健康的空气环境中。

② 应根据国家有关的职业卫生标准，对作业中的空气环境进行评价，识别有害环境性质，判定危害程度。

③ 应首先考虑采取工程措施控制有害环境的可能性。若工程控制措施因各种原因无法实施，或无法完全消除有害环境，在工程控制措施未生效期间，应根据相应标准规定选择适合的呼吸防护用品。

④ 应选择国家认可的、符合标准要求的呼吸防护用品。

⑤ 选择呼吸防护用品时也应参照使用说明书的技术规定，符合其适用条件。

⑥ 若需要使用呼吸防护用品预防有害环境的危害，用人单位应建立并实施规范的呼吸

保护计划。

2. 呼吸防护用品选择步骤

APF（指定防护因数）：一种或一类适宜功能的呼吸防护用品，在适合使用者佩戴且正确使用的前提下，预期能将空气污染物浓度降低的倍数。

IDLH（立即威胁生命和健康）：有害环境中空气污染物浓度达到某种危险水平，如可致命，或可永久损害健康，或可使人立即丧失逃生能力。

危害因数：空气污染物浓度与国家职业规定的浓度限值的比值，取整数。

（1）识别有害环境性质，判定危害程度

① 如果有害环境性质未知，应作为 IDLH 环境。

② 如果缺氧（氧含量＜18％）或无法判定是否缺氧，应作为 IDLH 环境。

③ 如果空气污染物浓度未知，达到或超过 IDLH 浓度，应作为 IDLH 环境。

④ 若空气污染物浓度未超过 IDLH 浓度，应计算危害因数；若同时存在一种以上的空气污染物，应分别计算每种空气污染物的危害因数，取数值最大的作为危害因数。

（2）根据危害程度选择呼吸防护用品　对于 IDLH 环境适用的呼吸防护用品：①配全面罩的正压式携气式呼吸防护用品；②在配备适合的辅助逃生型呼吸防护用品前提下，配全面罩或送气头罩的正压供气式呼吸防护用品。

注：辅助逃生型呼吸防护用品应适合 IDLH 环境性质。例如在有害环境性质未知、是否缺氧未知及缺氧环境下，选择的辅助逃生型呼吸防护用品应为携气式，不允许使用过滤式；在不缺氧、但空气污染物浓度超过 IDLH 浓度的环境下，选择的辅助逃生型呼吸防护用品可以是携气式，也可以是过滤式，但应适合该空气污染物种类及其浓度水平。

对于非 IDLH 环境的防护应选择 APF 大于危害因数的呼吸防护用品。

各类呼吸防护用品的 APF 见表 4-2。

表 4-2　各类呼吸防护用品的 APF

呼吸防护用品类别	面罩类型	正压式	负压式
自吸过滤式	半面罩	不适用	10
	全面罩		100
送风过滤式	半面罩	50	不适用
	全面罩	＞200～＜1000	
	开放型面罩	25	
	送气头罩	＞200～＜1000	
供气式	半面罩	50	10
	全面罩	1000	100
	开放型面罩	25	不适用
	送气头罩	1000	
携气式	半面罩	＞1000	10
	全面罩		100

3. 呼吸防护用品选择案例

（1）作业描述　一油漆工在一储存罐中从事喷涂作业，罐直径 4m，高 2m，无强制通风，作业时间约 1h，使用二甲苯溶剂，罐内温度 20℃。

（2）识别有害环境性质　作业场所不缺氧。国家职业卫生标准规定的二甲苯最高允许浓度为 $100mg/m^3$，IDLH 浓度为 $4400mg/m^3$；在 $880mg/m^3$ 浓度下二甲苯对眼、鼻有刺激性。由于空间小，通风差，作业空间空气中二甲苯浓度会快速升高。20℃下二甲苯蒸气压为 1200Pa，饱和蒸气浓度会达到 $53000mg/m^3$，会超过 IDLH 浓度。

（3）判定危容程度　作业场所不缺氧，二甲苯浓度超过 IDLH 浓度，属于 IDLH 环境。

（4）根据危害程度和空气污染物种类选择呼吸防护用品　可选择使用时间保证在 1h 以上的全面罩正压携气式呼吸防护用品。因在狭小空间中供气管不会妨碍作业，也可选择全面罩正压供气式呼吸防护用品配辅助逃生型呼吸防护用品，该辅助逃生呼吸防护用品可以是短时逃生型携气式呼吸防护用品，也可以是能够防高浓度（$53000mg/m^3$）有机蒸气的过滤式逃生呼吸防护用品。

$$预计暴露浓度 = \frac{甲苯浓度}{选择的呼吸防护用品的 APF} = \frac{53000}{1000} = 53(mg/m^3)$$

若面罩与工人脸部密合，作业人员的预期暴露浓度为 $53mg/m^3$，低于国家职业卫生标准。

任务训练

现场有半面罩式防毒面具、全面罩式防毒面具、正压式空气呼吸器。老师演示使用方法，演示完后学生练习。

1. 过滤式防毒面具

过滤式防毒面具的使用步骤如表 4-3 所示。

表 4-3　全面罩式防毒面具考核细则

序号	考核项目	步骤	考核内容
1	使用前检查	1.1	检查面具是否有裂痕、破口
		1.2	检查呼气阀片有无变形、破裂及裂痕
		1.3	检查头带是否有弹性
		1.4	检查滤毒盒座密封圈是否完好
		1.5	检查滤毒盒是否在使用期内
2	佩戴操作	2.1	防毒面具佩戴密合性测试。左手托住面具下端，从下巴套上面具，双手将调节带拉紧，将手指并拢轻微弯曲成凹面，手掌盖住呼气阀并缓缓呼气，如面部感觉到一定压力，但没感觉到有空气从面部和面罩之间泄漏，表示佩戴密合性良好
		2.2	去掉滤毒盒密封盖，将滤毒盒接口垂直对准面具上的螺旋接口
		2.3	左手托住面具下端，从下巴套上面具，将面具盖住口鼻，然后将头部调节带拉至头顶，用双手将下面的头戴拉向颈后，揭开滤毒盒底端密封塞

续表

序号	考核项目	步骤	考核内容
3	使用后处理	3.1	摘下面罩
		3.2	卸下滤毒盒
4	现场恢复	4.1	恢复呼吸器初始状态

2. 正压式空气呼吸器

正压式空气呼吸器是一种人体呼吸器官的防护装具，用于在有浓烟、毒气、刺激性气体或严重缺氧的现场进行侦察、灭火、救人和抢险时佩戴。

当环境中氧气含量低于18％或有毒有害物质浓度较高（＞1％）时，应用隔绝式呼吸防护用品，如正压式空气呼吸器。

正压式呼吸器的使用步骤如表4-4所示。

表4-4 正压式呼吸器考核细则

序号	考核项目	步骤	考核内容
1	使用前检查	1.1	检查高、低压管路连接情况
		1.2	检查面罩视窗是否完好及其密封周边密封性是否良好
		1.3	检查减压阀手轮与气瓶连接是否紧密
		1.4	检查气瓶固定是否牢靠
		1.5	调整肩带、腰带、面罩束带的松紧程度，将正压式呼吸器连接好待用
		1.6	检查气瓶充气压力是否符合标准
		1.7	检查气路管线及附件的密封情况
		1.8	检查报警器灵敏程度
2	佩戴操作	2.1	按正确方法背好气瓶：解开腰带扣，展开腰垫；手抓背架两侧，将装具举过头顶；身体稍前顺，两肘内收，使装具自然滑落于背部
		2.2	调整位置：手拉下肩带，调整装具的上下位置，使臀部承力
		2.3	收紧腰带：扣上腰带扣，将腰带两伸出端向侧后拉，收紧腰带
		2.4	外翻头罩：松开头罩带子，将头罩翻至面窗外部
		2.5	佩戴面罩：一只手抓住面罩突出部位将面罩置于面部，同时，另一只手将头罩后拉罩住头部
		2.6	收紧颈带：两手抓住颈带两端向后拉，收紧颈带
		2.7	收紧头带：两手抓住头带两端向后拉，收紧头戴
		2.8	检查面罩的密封性：手掌心捂住面罩接口，深吸一口气，应感到面窗向面部贴紧
		2.9	打开气瓶：逆时针转动瓶阀手轮，完全打开瓶阀
		2.10	安装供气阀：使红色旋钮朝上，将供气阀与面窗对接并逆时针转动90°，正确安装好时可听到"咔哒"声

化工 HSE

序号	考核项目	步骤	考核内容
3	使用后处理	3.1	摘下面罩：捏住下面左右两侧的颈带扣环向前拉，即可松开颈带；然后同样再松开头带，将面罩从面部由下向上脱下。然后按下供气阀上部的保护罩节气开关，关闭供气阀。面罩内应没有空气流出
		3.2	卸下装具
		3.3	关闭瓶阀：顺时针关闭瓶阀手轮，关闭瓶阀
		3.4	系统放气：打开冲泄阀放掉空气呼吸器系统管路中压缩空气。等到不再有气流后，关闭冲泄阀
4	现场恢复	4.1	恢复呼吸器初始状态

子任务三　眼面部防护用品使用

眼面部防护用品是用于防护一些高速颗粒物冲击、重物撞击以及预防烟雾、粉尘、金属火花和飞屑、热、电磁辐射、激光、化学飞溅等因素，伤害眼睛、面部的个人防护用品。

一、常见的眼面部防护用品类别分析

图 4-4 为眼面部防护用品分类。

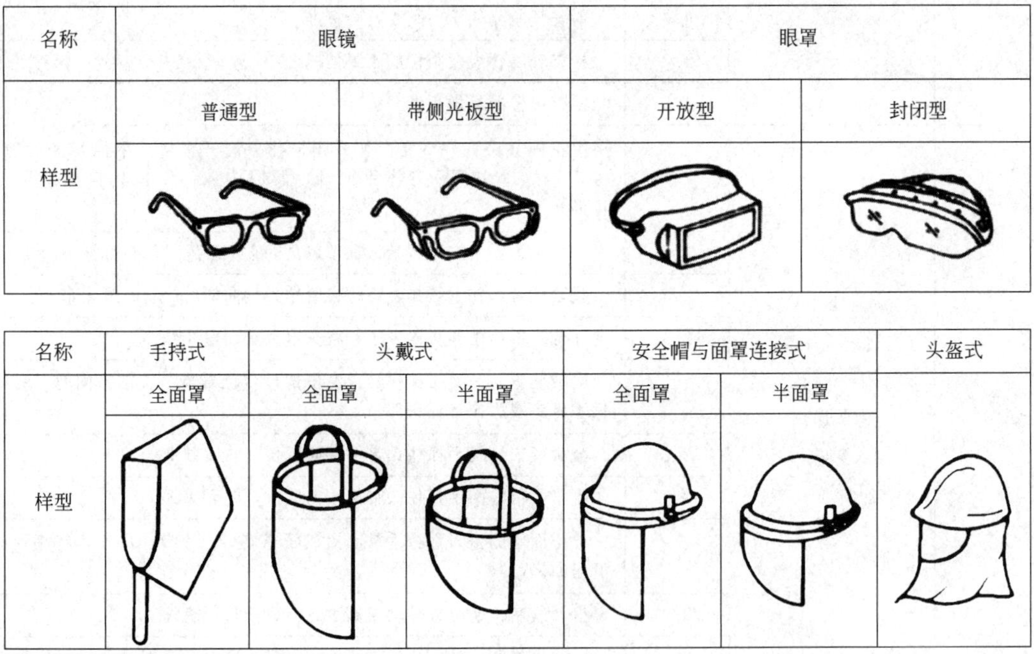

名称	眼镜		眼罩	
	普通型	带侧光板型	开放型	封闭型
样型				

名称	手持式	头戴式		安全帽与面罩连接式		头盔式
	全面罩	全面罩	半面罩	全面罩	半面罩	
样型						

图 4-4　眼面部防护用品分类

二、常见的眼面部防护用品认知

图 4-5 为常见眼面部防护用品。

(a) 防护面罩   (b) 焊接防护面罩   (c) 防尘面具

(d) 防风护目镜   (e) 防雾护目镜   (f) 防紫外线护目镜

(g) 防冲击护目镜   (h) 防化学护目镜   (i) 防电磁护目镜

图 4-5 常见眼面部防护用品

三、防护眼镜和面罩的作用分析

防止异物进入眼睛；防止化学性物品的伤害；防止强光、紫外线和红外线的伤害；防止微波、激光和电离辐射的伤害；防止物质的颗粒和碎屑、火花和热流、耀眼的光线和烟雾等对眼睛造成伤害。这样，在工作时就必须根据防护对象的不同选择和使用防护眼镜和面罩。

四、防护眼镜和面罩的维护

护目镜要选用经产品检验机构检验合格的产品；护目镜的宽窄和大小要适合使用者的脸型；当镜片磨损粗糙、镜架损坏时，会影响操作人员的视力，应及时调换；护目镜要专人使用，防止传染眼病；焊接护目镜的滤光片和保护片要按规定及作业需要选用和更换；护目镜和面罩应防止重摔重压，防止坚硬的物体摩擦镜片和面罩。

任务
训练

思考在做化学实验时，有什么防护用品可以保护眼睛？练习防护眼镜的佩戴。

子任务四　听觉防护用品使用

噪声是指对人体有害的、不需要的声音。按照来源可分为生产噪声、交通噪声、生活噪声。其中生产噪声，按照产生的原因及方式不同，可分为机械性噪声、空气动力性噪声、电磁性噪声。作业环境在采取噪声防护措施后，工作场所的噪声仍不能达到标准要求时，劳动者应佩戴适宜的个人防护用品，如耳塞、耳罩、防声棉等，否则可能会导致噪声性耳聋。

一、常见耳部防护用品认知

1. 耳塞

可插入外耳道内或插在外耳道的入口，适用于 115dB 以下的噪声环境。它有可塑式和非可塑式两种。可塑式耳塞用浸蜡棉纱、防声玻璃棉、橡皮泥等材料制成。使用者可随意使之成形，每件使用一次或几次。非可塑性耳塞又称"通用型耳塞"，用塑料、橡胶等材料制成，有大小不等的多种规格。缺点是会导致耳内空气不流通，容易在耳内产生相对的温度提升，对耳朵健康不利。

2. 耳罩

形如耳机，是装在弓架上把耳部罩住使噪声衰减的装置。耳罩的噪声衰减量可达 10～40dB，适用于噪声较高的环境，如造船厂、金属结构厂的加工车间、发动机试车台等。近年来，有的国家还将耳罩固定在焊接面罩上或与通信头戴受话器、耳机结合使用。耳塞和耳罩可单独使用，也可结合使用。结合使用可使噪声衰减量比单独使用提高 5～15dB。

3. 防噪声头盔

可把头部大部分保护起来，如再加上耳罩，防噪效果就会更好。这种头盔具有防噪声、防碰撞、防寒、防暴风、防冲击波等功能，适用于强噪声环境，如靶场、坦克舱内部等高噪声、高冲击波的环境。

耳塞、耳罩及防噪声头盔如图 4-6 所示。

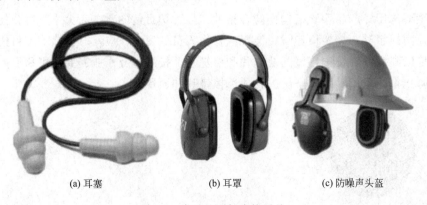

(a) 耳塞　　　　　　　　(b) 耳罩　　　　　　　　(c) 防噪声头盔

图 4-6　常见的耳部防护用品

二、耳部防护用品的选用

1. 耳部防护用品选择

① 高温、高湿环境中，耳塞的舒适度优于耳罩。

② 一般狭窄有限空间里，宜选择体积小、无突出结构的护听器。

③ 短周期重复的噪声暴露环境中，宜选择佩戴摘取方便的耳罩或半插入式耳塞。

④ 工作中需要进行语言交流或接收外界声音信号时，宜选择各频率声衰减性能比较均衡的护听器

⑤ 强噪声环境下，当单一护听器不能提供足够的声衰减时，宜同时佩戴耳塞和耳罩，以获得更高的声衰减值。

⑥ 耳塞和耳罩组合使用时的声衰减值，可按二者中较高的声衰减值增加 5dB 估算。

⑦ 如果佩戴者留有长发或耳廓特别大，或头部尺寸过大或过小不宜佩戴耳罩时，宜使用耳塞。

⑧ 佩戴者如需同时使用防护手套、防护眼镜、安全帽等防护装备，宜选择便于佩戴和摘取、不与其他防护装备相互干扰的护听器。

⑨ 选择护听器时要注意卫生问题，如无法保证佩戴时手部清洁，应使用耳罩等不易将手部脏物带入耳道的护听器。

⑩ 耳道疾病患者不宜使用插入或半插入式耳塞类护听器。

⑪ 皮肤过敏者选择护听器时须谨慎，应做短时佩戴测试。

2. 耳罩的正确使用

① 使用耳罩时，应先检查罩壳有无裂纹和漏气现象，应注意佩戴罩壳的方法，顺着耳廓的形状戴好。

② 将耳罩调至适当位置。

③ 调校头带张力至适当松紧度。

④ 定期或按需要清洁软垫，以保持卫生。

⑤ 用完后存放在干爽位置。

⑥ 耳罩软垫也会老化，影响减声功效，因此需定期检查并更换。

任务训练

练习使用耳塞，耳塞的使用步骤如图 4-7 所示。

① 首先，洗干净双手。

② 佩戴右耳时，右手持耳塞并将耳塞搓细。

③ 左手绕过头后捏住耳朵上方，将右耳向上向外拉起，以打开耳道，耳道打开后，迅速将搓细的耳塞塞入耳道内。

④ 用同样方法佩戴左耳。

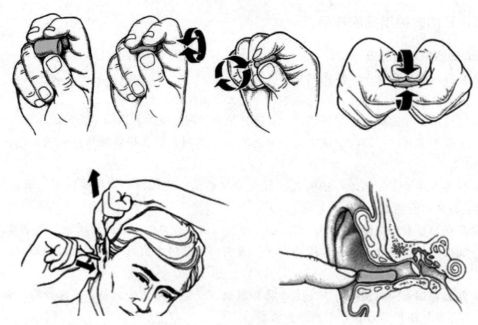

图 4-7　耳塞使用步骤

⑤ 耳塞佩戴好后，倾听稳态噪声，用双手捂住双耳，然后放开，如果前后声音变化不明显，说明佩戴良好，如果前后声音变化明显，说明耳塞还没有佩戴好，请重新佩戴。

⑥ 摘除：用完后取出耳塞时，将耳塞轻轻地旋转拉出。

子任务五　手部防护用品使用

手在人类的生产、生活中占据着极其重要的地位，几乎没有工作不用到手。手就像是一个精巧的工具，有着令人吃惊的力量和灵活性，能够进行抓握、旋转、捏取和操纵。事实上，手和大脑的联系是人类能够胜任各种高技能工作的关键。手功能的丧失会给人的生产、生活带来极大的不便。然而，在生产中我们却常常忽视了对手的保护，在各类丧失劳动力的工伤事故中，手部伤害事故占总量的 1/4 左右。由此可见，正确的选择和使用手部防护用具十分必要。

具有保护手和手臂的功能，供作业者劳动时戴用的手套称为手部防护用品，通常人们称为劳动防护手套。

一、常见的手部伤害分析

1. 机械性伤害

指由于机械原因对手部骨骼、肌肉或组织产生的创伤性伤害，从轻微的划伤、割伤至严重的断指、骨裂等。如使用带尖锐部件的工具，操纵某些带刀、尖等的大型机械或仪器，会造成手的割伤；处理或使用锭子、钉子、起子、凿子、钢丝等会刺伤手；受到某些机械的撞击会引起撞击伤害；手被卷进机械中会扭伤、压伤甚至扎掉手指等。

2. 化学、生物性伤害

当接触到有毒、有害的化学物质或生物物质，或是有刺激性的药剂，如酸、碱溶液，长期接触刺激性强的消毒剂、洗涤剂等时，会造成对手部皮肤的伤害。轻者造成皮肤干燥、起皮、刺痒，重者出现红肿、水疱、疱疹、结疤等。有毒物质渗入体内，或是有害生物物质引起的感染，还可能对人的健康乃至生命造成严重威胁。

3. 电击、辐射伤害

在工作中，手部受到电击伤害，或是电磁辐射、电离辐射等各种类型辐射的伤害。电击伤害可以引起皮肤烧伤以及肌肉神经损伤，甚至危及生命。辐射伤害会损伤人体组织，甚至诱发癌症。

4. 振动伤害

在工作中，手部长期受到振动影响，就可能受到振动伤害，造成手臂抖动综合征、白指症等病症。长期操纵手持振动工具，如油锯、凿岩机、电锤、风镐等，会造成此类伤害。

手随工具长时间振动，还会造成对血液循环系统的伤害，发生白指症。特别是在湿、冷的环境下，这种情况会容易发生。由于血液循环不好，手变得苍白、麻木等。如果伤害到感觉神经，手对温度的敏感度会降低，会触觉失灵甚至会造成永久性的麻木。

此外，由于工作场合、工作条件的因素，手部还可能受到低温冻伤、高温烫伤、火焰烧伤等。

二、不同作业类型防护手套的选择

表 4-5 为不同作业类型防护手套的选择。

表 4-5　不同作业类型防护手套的选择

编号	有害因素	举例	可选用的防护手套
1	摩擦、切割、撕裂、穿刺	破碎、锤击、铸件切割、砂轮打磨、金属加工的打毛清边、玻璃装配与加工	机械危害防护手套
2	手持振动机	手持风钻、风铲、油锯	防振手套
3	电击	高/低压线路或设备带电维修	绝缘手套
4	易燃易爆	接触火工材料、易挥发易燃的液体及化学品、可燃性气体作业，如汽油、甲烷等；接触可燃性化学粉尘的作业，如镁铝粉；井下作业	防静电手套
5	化学品	接触氯气、汞、有机磷农药、苯、苯的二硝基及三硝基化合物等的作业；酸洗作业；染色、油漆有关的卫生工程、设备维护、注油作业	化学品防护手套
6	小颗粒熔融金属	电弧焊、气焊	焊工防护手套
7	X 线	X 射线检测，医用 X 光机使用	防 X 线手套
8	低温	冰库、低温车间、寒冷室外作业	防寒手套
9	高温	冶炼、烧铸、热轧、锻造、炉窑	耐高温手套

三、防护手套使用

1. 一般原则

① 任何防护手套的防护功能都是有限的，使用者应了解所使用防护手套功能的局限性。

② 严格按照产品说明书进行使用，不应使用超过使用期限的手套。

③ 正确佩戴防护手套，避免同一双手套在不同作业环境中使用。

④ 操作转动机械作业时，禁止使用编织类防护手套。

⑤ 佩戴手套时应将衣袖口套入手套内，以防发生意外。

⑥ 手套使用前后应清洁双手。

⑦ 不应与他人共用手套。

2. 使用前后检查

① 使用前佩戴者应检查防护手套有无明显缺陷，损坏的防护手套不允许继续使用。防护手套出现下列情形应更换新的防护手套：a. 产品说明书要求更换的情形；b. 渗透；c. 裂痕；d. 缝合处开裂；e. 严重磨损；f. 变形、烧焦、融化或发泡；g. 僵硬、洞眼；h. 发黏或发脆。

② 有液密性和气密性要求的手套表面出现不明显的针眼，可以采用充气法将手套膨胀至原来的 1.2~1.5 倍，浸入水中，检查是否漏气。

③ 使用后佩戴者应清洁并检查防护手套，出现上述①的情形应进行报废处理。

④ 性能检测防护手套应根据相关标准或产品说明书要求定期进行性能检测，如绝缘手套每 6 个月进行一次绝缘性能检测。

3. 清洁和储存

① 应按照产品说明书要求对防护手套进行适当的清洗和保养。

② 防护手套应储存在清洁、干燥通风、无油污、无热源、无阳光直射、无腐蚀性气体的地方。

4. 脱掉沾染危险化学品手套的关键技术点

图 4-8 所示为正确脱掉手套的步骤。

图 4-8　正确脱掉手套方法

① 将其中一只手套从指尖处拉下。

② 边脱下手套边将脱下部分揉成球状。

③ 用已脱下的手套袖口捏紧另一只手套袖口。

④ 将第二只手套内外翻转拉出并覆盖包裹第一只手套。

现场有化学防护手套、防静电手套、防酸碱手套、线手套，请辨别并说明使用场合。

子任务六 足部防护用品使用

统计显示，足与腿事故中：66％腿足受伤的工人没有穿安全鞋、防护鞋，33％是穿一般的休闲鞋，受伤工人中85％是因为物品击中未保护的鞋靴部分。所以必须选用适当的足部防护用品。

一、常见的足部伤害分析

1. 物体砸伤或刺伤

在机械、冶金等行业及建筑或其他施工中，常有物体坠落、抛出或铁钉等尖锐物体散落于地面，可砸伤足趾或刺伤足底。

2. 高低温伤害

在冶炼、铸造、金属加工、焦化等行业的作业场所，强辐射热会灼伤足部，灼热的物料可落到脚上引起烧伤或烫伤。在高寒地区，特别是冬季户外施工时，足部可能因低温发生冻伤。

3. 化学性伤害

化工、造纸、纺织印染等接触化学品（特别是酸碱）的行业，有可能发生足部被化学品烧伤的事故。

4. 触电伤害与静电伤害

作业人员未穿电绝缘鞋，可能导致触电事故。由于作业人员鞋底材质不适，在行走时可能与地面摩擦而产生静电伤害。

5. 强迫体位

在低矮的港道作业或膝盖着地爬行时，会造成膝关节滑囊炎。

二、安全鞋的类别认知

1. 保护足趾鞋（靴）

足趾部分装有保护包头，保护足趾免受冲击或挤压伤害的防护鞋（靴），又称防砸鞋（靴）。

2. 防刺穿鞋（靴）

内底装有防刺穿垫，防御尖锐物刺穿鞋底的足部防护鞋（靴）。

3. 导电鞋（靴）

具有良好的导电性能，0＜电阻值≤100kΩ，能在最短时间内消散人体聚积的静电荷，用于易燃易爆且没有电击危险场所的足部防护鞋（靴）。

4. 防静电鞋（靴）

100kΩ＜电阻值≤1000MΩ，能及时消散人体聚积的静电荷，用于易燃、易爆场所和电压250V以下作业中提供防电击功能的足部防护鞋（靴）。

5. 电绝缘鞋（靴）

能使人的脚部与带电物体绝缘，阻止电流通过身体，防止电击的足部防护鞋（靴）。

6. 耐化学品鞋（靴）

接触酸碱及相关化学品作业中穿用的足部防护鞋（靴）。

7. 低温作业保护鞋（靴）

鞋体结构与材料都具有防寒保暖作用，用于温度 5℃ 及以下的低温环境作业中的足部防护鞋（靴），又称防寒鞋（靴）。

8. 高温防护鞋（靴）

供高温作业场所人员穿用，以保护双脚在遇到热辐射、熔融金属火花或溅沫时以及在热物面上（一般指不高于 300℃）作业时免受伤害的足部防护鞋（靴）。

9. 防滑鞋（靴）

作业中防止滑倒的足部防护鞋（靴）。

10. 防振鞋（靴）

具有衰减振动性能，防御振动伤害的足部防护鞋（靴）。

11. 防油鞋（靴）

具有防油性能，适合脚部接触油类的作业人员穿用的足部防护鞋（靴）。

12. 防水鞋（靴）

在积水或浅水作业区域作业中，防止水进入鞋（靴）内部的足部防护鞋（靴）。

13. 多功能防护鞋（靴）

（1）安全鞋　具有保护特征的鞋，装有保护包头，能提供至少 200J 能量测试时的抗冲击保护和至少 15kN 压力测试时的耐压力保护。安全鞋的基本要求和附加要求均应符合 GB 21148—2020。安全鞋还可具有 1 中所需功能。

（2）防护鞋　具有保护特征的鞋，装有保护包头，能提供至少 100J 能量测试时的抗冲击保护和至少 10kN 压力测试时的耐压力保护。安全鞋的基本要求和附加要求均应符合 GB 21147—2007。防护鞋还可具有 1 中所需功能。

（3）职业鞋　具有保护特征、未装有保护包头的鞋，用于保护穿着者免受意外事故引起的伤害。职业鞋的基本要求和附加要求均应符合 GB 21146—2007。除防砸功能外，职业鞋还可具有 1 中所需功能。

（4）矿工安全靴　矿工穿用的、保护矿工足腿部免遭作业区域危害的全橡胶和全聚合材料靴。矿工安全靴的基本要求和附加要求均应符合 AQ 6105—2008。矿工安全靴具有足趾保护、抗刺穿、防静电、耐化学品、防油等功能。

（5）焊接防护鞋　气割、气焊、电焊及其他焊接作业中防御火花、熔融金属、高温金属和高温辐射等伤害的足部防护鞋。焊接防护鞋具有高温防护、电绝缘、足趾保护等功能。

三、足部防护用品使用与维护

1. 足部防护用品选用

当选择足部防护鞋（靴）时，可参照下面流程进行选择：

① 对作业环境进行评价，识别造成足部伤害的主要因素。

② 根据足部伤害因素中最大危害程度、危害范围、持续时间等，选择适合人体工效特

征的足部防护鞋（靴）。

③ 评估足部防护鞋（靴）在工作中是否会带来其他伤害，如果妨碍工作或带来伤害将重新进行选择。

2. 足部防护用品保养与维护

① 按照使用说明书的有关内容和要求实施检查、维护和储存。

② 不应储存在潮湿环境中。

③ 在使用完后应进行清洁和定期保养，在恶劣环境中使用时，其使用有效期将会缩短。

④ 作业完成之后，潮湿的足部防护鞋（靴）和配件应放置在干燥通风处，但不应靠近热源，避免鞋（靴）因过于干燥而导致龟裂。

⑤ 生产经营单位应确保必要的维修费用，对足部防护鞋（靴）产品说明书中提示可修复的缺陷，应予以修复后提供使用者使用。

⑥ 使用者应接受培训，理解和掌握维护方法和判废方法，并正确维护。

根据作业类别，分析其工作环境存在的风险因素，选择具有相应功能的足部防护鞋（靴），如表 4-6 所示。

表 4-6　足部防护用品选择

作业类别	可能造成的事故类型及工作环境的风险因素（被预知风险）	对应的防护特性	可选择或使用具有相应功能的足部防护鞋（靴）
手持振动机械作业或人需承受全身振动的作业	机械伤害，震动或振动	后跟能量吸收	防振鞋（靴）
在电气设备上及低压带电作业	电流伤害，带电作业（触电）	电绝缘	电绝缘鞋（靴）
高温作业	热烧灼，热表面、热环境	外底耐热，隔热	高温防护鞋（靴）
易燃易爆场所作业	火灾，静电荷积累	抗静电	防静电鞋（靴）
高处作业	坠落，滑	抗滑	具有防滑功能的鞋（靴）

子任务七　躯干防护用品使用

腐蚀性化学危险品如果喷溅到人体皮肤上，会引起皮肤的腐蚀性灼伤，如强酸。有些化学品虽然不具有腐蚀性，但若接触人体会迅速汽化而急剧吸热，使人体皮肤产生冻伤，如石油液化气的液体。有机溶剂通过皮肤被人体吸收后会引起全身中毒，如四氯化碳、苯胺、硝基苯、三氯乙烯、含铅汽油、有机磷等。

所以，了解躯干防护用品的种类和防护原理，掌握躯干防护用品主要功能，会根据实际情况选择和正确使用躯干防护用品非常重要。一旦由于操作失误或发生泄漏，就可以最大限度地保护操作人员的人身安全，将工伤事故危害降到最低。

一、躯干防护用品认知

1. 躯干防护用品类别分析

（1）防电弧服　用于可能暴露于电弧和相关高温危害中人员的防护服。

（2）防静电服　以防静电织物为面料，按规定的款式和结构制成的、以减少服装上静电积聚为目的的防护服，可与防静电工作帽、防静电鞋、防静电手套等配套使用。

（3）职业用防雨服　用于防护作业过程中的降水（雨、雪、雾等）对人体的影响。

（4）高可视性警示服　利用荧光材料和反光材料进行特殊设计制作，增强穿着者在可见性较差的高风险环境中的可视性，并具有警示作用的服装。

（5）隔热服　按规定的款式和结构缝制的、以避免或减轻工作过程中的接触热、对流热和热辐射对人体伤害的防护服。

（6）焊接服　用于防护焊接过程中的熔融金属飞溅及其热伤害。

（7）化学防护服　用于防护化学物质对人体伤害的服装。

（8）抗油、易去污防静电服　有抗油和去污功能的防静电服。

（9）冷环境防护服　用于避免低温环境对人体的伤害。

（10）熔融金属飞溅防护服　用于防护工作过程中的熔融金属等对人体的伤害。

（11）微波辐射防护服　在微波波段具有屏蔽作用的防护服，可衰减或消除作用于人体的电磁能量。

（12）阻燃服　接触火焰及炽热物体后，在一定时间内能阻止本体被点燃、有焰燃烧和无焰燃烧。

2. 常见的躯体防护服认知

图 4-9 为常见的几种防护服类型。

化学防护服　　隔热服　　防静电服　　阻燃服

图 4-9　常见的防护服装

二、化学防护服选择及使用

化学防护服是用于防护化学物质对人体伤害的服装。该服装可以覆盖整个或绝大部分人体，至少可以提供对躯干、手臂和腿部的防护。化学防护服可以是多件具有防护功能服装的组合，也可以和不同类型其他的防护装备相连接。

1. 分类

（1）气密型化学防护服-ET　应急救援工作中作业人员所需的带有头罩、视窗和手足部防护的，为穿着者提供对气态、液态和固态有毒有害化学物质防护的单件化学防护服类型。

（2）非气密型化学防护服-ET　应急救援工作中作业人员所需要的，带有头罩、视窗、手足部防护的，为穿着者提供对液态和固态有毒有害化学物质防护的单件化学防护服类型。

（3）液密型化学防护服　防护液态化学物质的防护服，分为喷射和泼溅液密型两种。

（4）颗粒物防护服　防护散布在作业环境中细小颗粒的防护服。

2. 化学防护服选择原则

① 暴露在能够或可能危害健康的作业环境中的人员，均应选用适合的化学防护服；

② 应首先考虑运用工程控制和管理措施避免有害因素的产生，若无法实施或经危害评估确认不能消除时，应在充分评估危害和化学防护服防护性能的基础上选择适合的化学防护服；

③ 应选用符合标准要求的化学防护服；

④ 化学防护服的防护性能满足要求时，应选择物理机械性能和舒适性更好的防护服；

⑤ 选择的呼吸防护用品、手套、靴套等配套个体防护装备，应与化学防护服相兼容。

3. 根据化学物质状态选择

（1）气体及蒸气防护

① 选择气密型和非气密型化学防护服。

② 对未知气体及蒸气的防护，宜选择气密型化学防护服-ET。

③ 作业环境空气中的化学物质浓度高于 IDLH 浓度时，宜选择气密型化学防护服-ET；作业环境空气中的化学物质浓度低于 IDLH 浓度时，宜选择非气密型化学防护服-ET。

（2）液体防护

① 选择气密型、非气密型和液密型化学防护服。

② 对易挥发的液体化学物质，应按照气体及蒸气防护的原则选择化学防护服。

③ 对无法判别压力高低的液体化学物质，宜选择喷射液密型化学防护服-ET。

④ 对较高压力的液体化学物质，宜选择喷射液密型化学防护服。

⑤ 对无压力或较低压力的液体化学物质，宜选择泼溅液密型化学防护服。

（3）固体防护

① 选择气密型、非气密型、液密型和颗粒物防护服。

② 对易升华的固体化学物质，应按照气体及蒸气防护的原则选择化学防护服。

③ 对其他固体化学物质，宜选择液密型化学防护服。

④ 对有摄入性危害的固体化学物质，宜选择颗粒物防护服。

（4）颗粒物防护

① 选择颗粒物防护服、气密型、非气密型和液密型化学防护服。

② 对易挥发和易升华颗粒物，应按照气体及蒸气防护的原则选择化学防护服。

③ 对未知颗粒物的防护，宜选择气密型化学防护服。

④ 对不易挥发的高毒性颗粒物，宜选择气密型或非气密型防护服。

⑤ 对不易挥发的雾状液体，宜选择液密型化学防护服。

⑥ 对固体粉尘（包括非毒性漆雾），宜选择颗粒物防护服。

（5）不同状态的有害化学物质的同时防护　若作业环境中同时存在不同状态的有害化学物质，应按照最优防护的原则选择化学防护服，即所选择的化学防护服应尽可能对作业环境中所有有害因素均提供防护。

4. 根据作业环境选择

① 在不允许有静电的作业环境中，所选择的化学防护服应附加有防静电功能。

② 在可燃、易燃或有火源的作业环境中，所选择的化学防护服应附加有相应的功能。

③ 在高温或低温作业环境中，所选择的化学防护服应具有相应的环境适应性。在可能存在物理危害（如切割、刺穿、高磨损等）的作业环境中，所选择的化学防护服宜附加有相应的防护功能。

④ 结合作业环境的特点，宜选择具有警示性的化学防护服。

三、防静电服与隔热服使用

1. 防静电服使用

① 穿用防静电服时，还应与防静电鞋配套，同时地面也应是防静电地板，并有接地系统。

② 严禁在易燃易爆场合穿、脱防静电服。

③ 严禁在防静电服上附加或佩戴任何金属物件。

④ 防静电服应保持干净，保护好防静电性能，使用后用软毛刷、软布蘸中性洗涤剂擦洗，不可破坏防护服材料纤维。

⑤ 防静电服洗涤时不要与其他衣物混洗，采用手洗或洗衣机柔洗程序，防止导电纤维断裂。

⑥ 穿用一段时间后，应对防静电服进行检验，若静电性能不符合规范要求，则不能再以防静电服使用。

⑦ 外层服装应完全遮盖住内层服装。分体式上衣应足以盖住裤腰，弯腰时不应露出。

2. 隔热服使用

① 在使用前要认真检查消防隔热服有无破损、离层，如有破损、离层，严禁用于火场作业。

② 进入作业现场必须配备完整，穿戴齐全。要扣紧所有封闭部位，保证服装密封良好。

③ 在有化学气体和放射性伤害的条件下使用时，均须配备相应的配件和正压式呼吸器。

④ 消防隔热服虽然具有优良的阻燃隔热性能，但不可能在所有条件下都能起到保护人的作用。在靠近火焰区作业时，不能与火焰和熔化的金属直接接触。

⑤ 消防隔热服在使用时应尽量避免与尖硬的物体接触，以免损坏。

⑥ 使用后，要用软刷蘸中性洗涤剂刷洗表面残留污物，严禁用水浸泡和捶击。洗净后宜挂在通风处自然干燥。

⑦ 保存要放在干燥通风处，防止受潮霉变和污染。

⑧ 尽量挂装，避免多次折叠后损坏衣服，影响整体防护性能。

练习穿戴防化服（表 4-7）、隔热服（表 4-8）和防静电服，并思考三种防护服的适用场合。

表 4-7　防化服考核细则

序号	考核项目	分项	考核内容
1	使用前检查	1.1	全面检查防化服有无破损及漏气
		1.2	检查拉链（或者其他连接方式）是否正常
		1.3	将携带的可能造成防化服损坏的物品去除
2	防化服穿戴	2.1	将防化服展开，将所有关闭口打开，头罩朝向自己，开口向上
		2.2	撑开防化服的颈口、胸襟，两腿先后伸进裤内，处理好裤腿与鞋子
		2.3	将防化服从臀部以上拉起，穿好上衣，腿部尽量伸展
		2.4	将腰带系好，要求舒适自然
		2.5	戴防毒面具，要求舒适无漏气
		2.6	戴防毒头罩
		2.7	扎好胸襟，系好颈扣，要求舒适自然
		2.8	将袖子外翻，戴上手套放下外袖
3	防化服的脱卸	3.1	清洗与消毒（避免人体及环境受到危害及污染）
		3.2	松开颈扣，松开胸襟
		3.3	摘下防毒头罩
		3.4	松开腰带
		3.5	按上衣、袖子、手套、裤腿、鞋子的顺序先后脱下
		3.6	将防护服内表面朝外，安置防护服，脱卸过程中，身体其他部位不能接触防化服外表面
		3.7	脱下防毒面具
4	现场恢复	4.1	恢复防化服初始状态

表 4-8　隔热服考核细则

序号	考核项目	分项	考核内容
1	使用前检查	1.1	检查隔热服各部件表层是否完好
		1.2	检查内隔热层是否完好
		1.3	检查舒适层是否完好
		1.4	将携带的可能造成隔热服损坏的物品去除

续表

序号	考核项目	分项	考核内容
2	隔热服穿戴	2.1	耐高温裤子穿戴，穿上以后整理到合适位置
		2.2	交叉扣好耐高温裤子背带扣
		2.3	耐高温鞋罩穿戴，将两只鞋罩套在鞋上固定后面的系带或粘扣
		2.4	调整鞋罩的位置使其完整的覆盖脚面
		2.5	将高温鞋罩的筒塞到裤腿内侧
		2.6	耐高温上衣穿戴，穿上后整理一下两只袖子到合适位置
		2.7	耐高温上衣扣好扣子或粘扣
		2.8	耐高温头罩穿戴，调整面屏至合适位置，扣上固定卡扣
		2.9	调整前后突出位置，使其完全遮盖住上衣的衣领部位
		2.10	耐高温手套穿戴，防止高温飞溅物进到手套筒内
		2.11	隔热服穿着顺序：耐高温裤子、耐高温鞋罩、耐高温上衣、耐高温头罩、耐高温手套
3	隔热服的脱卸及现场恢复	3.1	隔热服的脱卸顺序：耐高温手套、耐高温头罩、耐高温上衣、耐高温鞋罩、耐高温裤子
		3.2	隔热服易损坏，操作过程中应小心操作，避免隔热服损坏
		3.3	恢复隔热服初始状态

子任务八 坠落防护用品使用

案例

　　某年 6 月 12 日上午，某厂脱硝改造工作中，作业人员王某和周某站在空气预热器上部钢结构上进行起重挂钩作业，2 人在挂钩时因失去平衡同时跌落。周某安全带挂在安全绳上，坠落后被悬挂在半空；王某未将安全带挂在安全绳上，从标高 24 米坠落至 5 米的吹灰管道上，抢救无效死亡。

　　原因及暴露问题：

　　① 高处作业未将安全带挂在安全绳上；

　　② 工作负责人不在现场，没有监护。

　　本案例说明不正确使用坠落防护用品的严重后果，那如何正确使用坠落防护用品呢？

一、安全带作业解析

安全带是防止高处作业人员发生坠落或发生坠落后将作业人员安全悬挂的个体防护装备。

1. 安全带的分类

安全带按照使用条件的不同，可分为以下 3 类（如图 4-10 所示）。

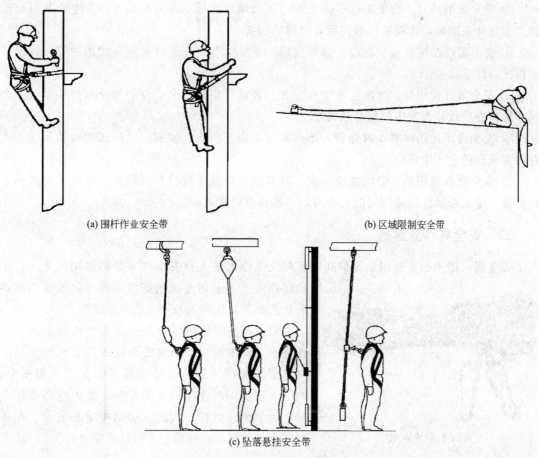

(a) 围杆作业安全带　　　　　　　　　　(b) 区域限制安全带

(c) 坠落悬挂安全带

图 4-10　不同类型安全带

（1）围杆作业安全带　通过围绕在固定构造物上的绳或带将人体绑定在固定的构造物附近，使作业人员的双手可以进行其他操作的安全带。

（2）区域限制安全带　用以限制作业人员的活动范围，避免其到达可能发生坠落区域的安全带。

（3）坠落悬挂安全带　高处作业或登高人员发生坠落时，将作业人员悬挂的安全带。

2. 安全带的使用

① 使用前要检查各部位是否完好无损。

a. 组件完整、无短缺、无伤残破损。

b. 绳索、编带无脆裂、断股或扭结。

c. 金属配件无裂纹、焊接无缺陷、无严重锈蚀。

d. 挂钩的钩舌咬口平整不错位，保险装置完整可靠。

e. 铆钉无明显偏位，表面平整。

② 安全带应拴挂于牢固的构件或物体上，防止挂点摆动或碰撞，同时挂点强度应满足安全带的负荷要求。

在高处作业时，如果安全带无固定挂点，应将其挂在刚性轨道或具有足够强度的柔性轨道上，禁止将安全带挂在移动、带有尖锐棱角或不牢固的物件上。

③ 安全带的挂点应位于工作平面上方，即采用高挂低用的方法，这样发生坠落时可以减少实际冲击距离，进而减轻对使用者腰部的伤害。

④ 安全带严禁擅自接长使用。如果使用 3m 及以上的长绳时必须要加缓冲器，各部件不得任意拆除。

⑤ 安全带在使用后，要注意维护和保管。要经常检查安全带缝制部分和挂钩部分，必须详细检查捻线是否发生断裂和残损等。

⑥ 安全带不使用时要妥善保管，不可接触高温、明火、强酸、强碱或尖锐物体，不要存放在潮湿的仓库中保管。

⑦ 安全带在使用两年后应抽验一次，频繁使用应经常进行外观检查，发现异常必须立即更换。定期或抽样试验用过的安全带，不准再继续使用。

二、安全绳作业解析

安全绳（图 4-11）是用来保护高空及高处作业人员人身安全的重要防护用品之一，正确使用安全绳是防止现场高空工作人员发生高空跌落伤亡事故，保证人身安全的重要措施之一。

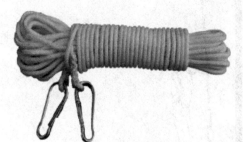

图 4-11　安全绳

安全绳在使用过程中需要注意严格禁止把麻绳作为安全绳来使用；如果安全绳的长度超过了 3m，一定要加装缓冲器，以保证高空作业人员的安全；两个人不能同时使用一条安全绳；在进行高空作业时，为了使高空作业人员在移动中更加安全，在系好安全带的同时，要将安全带挂在安全绳上。

三、安全网作业解析

安全网（图 4-12）是用来防止人、物坠落，或用来避免、减轻坠落及物击伤害的网具。安全网按功能分为安全平网、安全立网及密目式安全立网。

图 4-12　安全网

安全网使用时需要注意：①使用前应检查安全网是否有腐蚀及损坏情况。施工中要保证安全网完整有效、支撑合理，受力均匀。②在安全网的上方实施焊接作业时，应采取防止焊接火花掉落网上的有效措施；安全网的周围不要有长时间严重的酸碱烟雾侵蚀。③安全网在使用时必须经常检查，并有跟踪使用记录，不符合要求的安全网应及时处理。④安全网在不使用时，必须妥善地存放、保管，防止受潮发霉。⑤立网和平网必须严格地区分开，立网绝不允许当平网使用。

老师演示全身式安全带（图 4-13）的使用，学生练习穿戴。

① 握住安全带的背部 D 型环，抖动安全带，使所有的编织带回到原位。检查安全带各部分是否完好无破损。阅读标签，确认尺寸是否合适。

② 如果胸带、腰带或腿带带扣没有打开，请解开编织带或解开带扣。

③ 把肩带套到肩膀上，让 D 型环处于后背两肩中间的位置。

④ 从两腿之间拉出腿带，一只手从后部拿着后面的腿带从裆下向前送给另一只手，接住并同前端扣口扣好。用同样的方法扣好第二根腿带。如果有腰带的话，请先扣好腿带再扣腰带。

⑤ 扣好胸带并将其固定在胸部中间位置，拉紧肩带，将多余的肩带穿过带夹来防止松脱。

⑥ 当所有的织带和带扣都扣好后，收紧所有的带扣，让安全带尽量贴近身体，但又不会影响活动。将多余的带子穿到带夹中防止松脱。

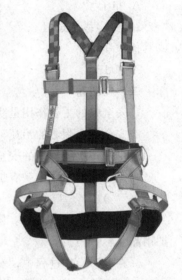

图 4-13　全身式安全带

模块考核题库

一、单选题

1.正确佩戴安全帽有两个要点：一是安全帽的帽衬与帽壳之间应有一定间隙，二是（　　）。

A.必须系紧下颚带　　　　B.必须时刻佩戴　　　　C.必须涂成黄色

2.安全带的正确使用方法是（　　）。

A.高挂低用　　　　B.低挂高用　　　　C.平挂平用

3.安全帽应保证人的头部和帽体内顶部的空间至少有（　　）mm 才能使用。

A.10　　　　B.15　　　　C.32

4.从事噪声作业应佩戴的防护用品是（　　）。

A.工作服　　　　B.安全帽　　　　C.耳塞或耳罩

5.安全眼镜：用于预防低能量的飞溅物，（　　）抵制尘埃，（　　）抵制高能量的冲击。

    A.不可以、可以　　　　　　B.可以、不可以　　　　　　C.不可以、不可以

6.进行腐蚀品的装卸作业时应佩戴（　　）手套。

    A.帆布　　　　　　　　　　B.橡胶　　　　　　　　　　C.棉布

7.在电气和酸碱作业中，有破损和有裂纹的防护鞋（　　）使用。

    A.可以　　　　　　　　　　B.不可以　　　　　　　　　C.无明确规定

8.下列（　　）适用于防硫酸。

    A.棉手套　　　　　　　　　B.橡胶手套　　　　　　　　C.毛手套

9.操作机械时，工人要穿"三紧"式工作服，"三紧"是指袖紧、领紧和（　　）。

    A.扣子紧　　　　　　　　　B.腰身紧　　　　　　　　　C.下摆紧

10.噪声级超过（　　）的工作场所，在改造之前，工厂应为操作者配备耳塞（耳罩）或其他护耳用品。

    A.90dB　　　　　　　　　　B.80dB　　　　　　　　　　C.70dB

二、判断题

1.安全帽的主要作用是防止因物料下落击中头部及行进中碰撞突出物而受伤。（　　）

2.安全帽上附着的污渍可以用有机溶剂清洗。（　　）

3.受过一次强冲击的安全帽应及时报废，不能继续使用。（　　）

4.避免手部皮肤接触有机溶剂，应采取佩戴胶皮手套及用防腐蚀金属容器盛装溶剂的措施。（　　）

5.对于在易燃、易爆、易灼烧及有静电发生的场所作业的工人，可以发放和使用化纤防护用品。（　　）

6.在生产操作过程中，女工可以将头发披在肩上。（　　）

7.为了防止高处坠落事故，凡是操作人员进行操作、维护、调节的工作位置在坠落基准面2m以上时，必须在生产设备上配置供站立的平台和防坠落的栏杆、安全网及防护板等。（　　）

8.防护用品必须严格保证质量，安全可靠，但可以不用舒适和方便。（　　）

9.一般纱布口罩不能起到防尘口罩的作用。（　　）

10.劳动保护用品能折合成现金发给个人。（　　）

模块五

危险化学品管理

现代社会中，化学品与我们的生活、生产的关系越来越密切，部分化学品由于具有易燃、易爆、有毒、有害及腐蚀性、放射性等性质，可能会对人员、设备、环境造成伤害，属于危险化学品。危险化学品在生产、经营、储存和运输过程中，必须加强其安全管理，以免产生危险，造成生命、财产、健康和环境的损失。

任务一
危险化学品的特性解析

学习
目标

能力目标

(1) 能辨识危险化学品的特性与分类。
(2) 会识读危险化学品标识。

素质目标

(1) 能够对资料进行整理、分析、归纳，并进行自主学习。
(2) 养成安全意识、团队意识。

知识目标

(1) 了解危险化学品的特性与分类。
(2) 理解影响危险化学品危险性的主要因素。

子任务一　危险化学品类别分析

《危险化学品目录》所纳入的危化品共有 2828 个条目。对于石化、医药、日化等行业来说，各类危化品是生产中不可或缺的原料。化工业的高速发展也使危化品的产量不断增加。根据国家统计局数据显示，2019 年我国硫酸、烧碱、纯碱的产量分别为 8935.7 万吨、3464.4 万吨和 2887.7 万吨，分别同比增长 1.2%、0.5% 和 7.6%。危化品种类多、数量大，其性质各不相同，每一种危险化学品往往具有多种危险性，近些年来，危化品事故时有发生，危化品的生产、经营、存储已引起人民的重视。掌握危化品的种类及性质、安全储存及运输的知识，对于从事化工相关工作至关重要。

案例

2019 年 3 月 21 日 14 时 48 分许，江苏省某化工园区某公司发生特别重大爆炸事故，造成 78 人死亡、76 人重伤，640 人住院治疗，直接经济损失 19.86 亿元。5 月 25 日，某公司货轮在山东某船坞维修期间，因船用二氧化碳灭火系统瞬间释放大量二氧化碳气体进入机舱内，造成 10 人中毒窒息死亡、19 人受伤，直接经济损失 1903 万元。

统计结果显示，2019 年全国发生 1653 起危险化学品事故，其中死亡 1 人以上的事故有 181 起，共造成 500 人死亡；火灾爆炸事故 718 起，造成 239 人死亡；中毒窒息事故 303 起，造成 233 人死亡。

我们应当从危化品事故中吸取教训，掌握危化品的种类及特性，安全使用、管理，杜绝悲剧再次发生。

一、危险化学品的标准和规范解读

危险化学品是指具有毒害、腐蚀、爆炸、燃烧、助燃等性质，对人体、设施、环境具有危害的剧毒化学品和其他化学品。危险化学品通常根据其物化特性和危险性进行分类，其分类依据主要是我国目前已经公布的法规和标准。

《危化品分类和危险性公示　通则》（GB 13690—2009）

《危险货物分类和品名编号》（GB 6944—2012）

《危险化学品目录》（2020 版）

《危险货物品名表》（GB 12268—2012）

《化学品安全技术说明书　内容和项目顺序》（GB/T 16483—2008）

《基于 GHS 的化学品标签规范》（GB/T 22234—2008）

《化学品分类和标签规范》系列国家标准（GB 30000.2—2013～30000.29—2013）

《危险化学品重大危险源辨识》（GB 18218—2018）

《危险化学品生产装置和储存设施风险基准》（GB 36894—2018）

二、危化品类别解析

根据《危险货物分类和品名编号》（GB 6944—2012），按危险货物具有的危险性或最主要的危险性分为 9 个类别。危险货物品名编号采用联合国编号，每一危险货物对应一个编号，但对其性质基本相同，运输、储存条件和灭火、急救、处置方法相同的危险货物，也可使用同一编号。具体分类如下：

第 1 类　爆炸品

爆炸品指在外界作用下（如受热、摩擦、撞击等）能发生剧烈的化学反应，瞬间产生大量的气体和热量，使周围的压力急剧上升，发生爆炸，对周围环境、设备、人员造成破坏和伤害的物品。

该类包括：①爆炸性物质；②爆炸性物品；③为产生爆炸或烟火实际效果而制造的，①和②未提及的物质或物品。爆炸品划分为 6 项。

1.1 项：有整体爆炸危险的物质和物品，整体爆炸是指瞬间能影响到几乎全部载荷的爆炸。

1.2 项：有进射危险，但无整体爆炸危险的物质和物品。

1.3 项：有燃烧危险并有局部爆炸危险或局部进射危险或这两种危险都有，但无整体爆炸危险的物质和物品。

1.4 项：不呈现重大危险的物质和物品。

1.5 项：有整体爆炸危险的非常不敏感物质。

1.6 项：无整体爆炸危险的极端不敏感物品。

第 2 类　气体

本类气体是指：①在 50℃时，蒸气压力大于 300kPa 的物质；②20℃时在 101.3kPa 标准压力下完全是气态的物质。

本类包括压缩气体、液化气体、溶解气体和冷冻液化气体、一种或多种气体与一种或多种其他类别物质的蒸气混合物、充有气体的物品和气雾剂。第 2 类气体根据在运输中的主要危险性分为 3 项。

2.1 项：易燃气体。

本项包括在 20℃和 101.3kPa 条件下满足下列条件之一的气体：

a. 爆炸下限小于或等于 13% 的气体；

b. 不论其爆燃性下限如何，其爆炸极限（燃烧范围）大于或等于 12% 的气体。

2.2 项：非易燃无毒气体。

本项包括窒息性气体、氧化性气体以及不属于其他项别的气体，不包括在温度 20℃时的压力低于 200kPa、并且未经液化或冷冻液化的气体。

2.3 项：毒性气体。

本项包括满足下列条件之一的气体：

a. 其毒性或腐蚀性对人类健康造成危害的气体；

b. 急性半数致死浓度 LC_{50} 值小于或等于 $5000mL/m^3$ 的毒性或腐蚀性气体。

常见气体危险标志如图 5-1 所示。

图 5-1 气体危险标志

第 3 类　易燃液体

本类包括易燃液体和液态退敏爆炸品。易燃液体是指易燃的液体或液体混合物，或是在溶液或悬浮液中有固体的液体，其闭杯试验闪点不高于 60℃，或开杯试验闪点不高于 65.6℃。

本类还包括满足下列条件之一的液体：

a. 在温度等于或高于其闪点的条件下提交运输的液体；

b. 以液态在高温条件下运输或提交运输并在温度等于或低于最高运输温度下放出易燃蒸气的物质；

c. 液态退敏爆炸品。液态退敏爆炸品是为抑制爆炸性物质的爆炸性能，将爆炸性物质溶解或悬浮在水中或其他液态物质后，而形成的均匀液态混合物。

易燃液体危险标志如图 5-2 所示。

第 4 类　易燃固体、易于自燃的物质、遇水放出易燃气体的物质

图 5-2　易燃液体危险标志

本类分为 3 项。

4.1 项：易燃固体、自反应物质和固态退敏爆炸品。

a. 易燃固体：易于燃烧的固体和摩擦可能起火的固体；

b. 自反应物质：即使没有氧气（空气）存在，也容易发生激烈放热分解的热不稳定物质；

c. 固态退敏爆炸品：为抑制爆炸性物质的爆炸性能，用水或酒精湿润爆炸性物质、或用其他物质稀释爆炸性物质后，而形成的均匀固态混合物。

4.2 项：易于自燃的物质，包括发火物质和自热物质。

a. 发火物质：即使只有少量与空气接触，不到 5min 时间便燃烧的物质，包括混合物和溶液（液体或固体）；

b. 自热物质：发火物质以外的与空气接触便能自己发热的物质。

4.3 项：遇水放出易燃气体的物质，本项物质是指遇水放出易燃气体，且该气体与空气混合能够形成爆炸性混合物的物质。

易燃固体、自燃物品和遇湿易燃物品危险标志如图 5-3 所示。

第 5 类　氧化性物质和有机过氧化物

本类分为 2 项。

5.1 项：氧化性物质，是指本身未必燃烧，但通常因放出氧可能引起或促使其他物质燃烧的物质。

图 5-3　易燃固体、自燃物品和遇湿易燃物品危险标志

5.2 项：有机过氧化物，是指含有两价过氧基（—O—O—）结构的有机物质。当有机过氧化物配制品满足下列条件之一时，视为非有机过氧化物：

a. 其有机过氧化物的有效氧质量分数［按式（5-1）计算］不超过 1.0%，而且过氧化氢质量分数不超过 1.0%；

$$X = 16 \times \sum \left(\frac{n_i \times C_i}{m_i} \right) \tag{5-1}$$

式中　X——有效氧含量，以质量分数表示，%；

　　　n_i——有机过氧化物 i 每个分子的过氧基数目；

　　　C_i——有机过氧化物 i 的浓度，以质量分数表示，%；

　　　m_i——有机过氧化物 i 的相对分子质量。

b. 其有机过氧化物的有效氧质量分数不超过 0.5%，而且过氧化氢质量分数超过 1.0% 但不超过 7.0%。

氧化剂和有机过氧化物危险标志如图 5-4 所示。

第 6 类　毒性物质和感染性物质

本类分为 2 项。

6.1 项：毒性物质，是指经吞食、吸入或与皮肤接触后可能造成死亡或严重受伤或损害人类健康的物质。

图 5-4　氧化剂和有机过氧化物危险标志

本项包括满足下列条件之一的毒性物质（固体或液体）：

a. 急性口服毒性：$LD_{50} \leqslant 300mg/kg$；

b. 急性皮肤接触毒性：$LD_{50} \leqslant 1000mg/kg$；

c. 急性吸入粉尘和烟雾毒性：$LC_{50} \leqslant 4mg/L$；

d. 急性吸入蒸气毒性：$LC_{50} \leqslant 5000mL/m^3$，且在 20℃ 和标准大气压力下的饱和蒸气浓度大于或等于 $1/5\ LC_{50}$。

6.2 项：感染性物质，是指已知或有理由认为含有病原体的物质，分为 A 类和 B 类。

a. A 类：以某种形式运输的感染性物质，在与之发生接触（发生接触，是在感染性物质泄漏到保护性包装之外，造成与人或动物的实际接触）时，可造成健康的人或动物永久性失残、生命危险或致命疾病。

b. B 类：A 类以外的感染性物质。

毒害品危险标志如图 5-5 所示。

第 7 类　放射性物质

图 5-5　毒害品危险标志

本类物质是指任何含有放射性核素并且其活度浓度和放射性总活度都超过《放射性物品安全运输规程》（GB 11806—2019）规定限值的物质。

放射性物品危险标志如图 5-6 所示。

图 5-6　放射性物品危险标志

第 8 类　腐蚀性物质

腐蚀性物质是指通过化学作用使生物组织接触时造成严重损伤或在渗漏时会严重损害甚至毁坏其他货物或运载工具的物质。包括满足下列条件之一的物质：

a. 使完好皮肤组织在暴露超过 60min 但不超过 4h 之后开始的最多 14d 观察期内全厚度毁损的物质；

b. 被判定不引起完好皮肤组织全厚度毁损，但在 55℃ 试验温度下，对钢或铝的表面腐蚀率超过 6.25mm/a 的物质。

腐蚀品危险标志如图 5-7 所示。

第 9 类　杂项危险物质和物品，包括危害环境物质

本类是指存在危险但不能满足其他类别定义的物质和物品，包括：

a. 以微细粉尘吸入可危害健康的物质，如 UN 2212、UN 2590；

b. 会放出易燃气体的物质，如 UN 2211、UN 3314；

c. 锂电池组，如 UN 3090、UN 3091、UN 3480、UN 3481；

d. 救生设备，如 UN 2990、UN 3072、UN 3268；

图 5-7　腐蚀品危险标志

e. 一旦发生火灾可形成二噁英的物质和物品，如 UN 2315、UN 3432、UN 3151、UN 3152；

f. 在高温下运输或提交运输的物质，是指在液态温度达到或超过 100℃，或固态温度达到或超过 240℃ 条件下运输的物质，如 UN 3257、UN 3258；

g. 危害环境物质，包括污染水生环境的液体或固体物质，以及这类物质的混合物（如制剂和废物），如 UN 3077、UN 3082；

h. 不符合 6.1 项毒性物质或 6.2 项感染性物质定义的经基因修改的微生物和生物体，如 UN 3245。

杂项危险物质和物品危险标志如图 5-8 所示。

图 5-8　杂项危险物质和物品危险标志

查阅危险化学品的标准和规范，找出实验室内存在的危化品并进行正确分类。

子任务二　辨识危险化学品危险特性

危险化学品之所以有危险性，能引起事故甚至灾难，与其本身的特性有关。危险化学品的危险特性主要表现在易燃易爆性、扩散性、突发性、毒害性等。

案例

　　2019 年 4 月 15 日 15 时 37 分左右，山东省某公司在对冻干粉针剂生产车间地下室冷媒水（乙二醇溶液）系统管道的改造过程中发生重大事故，造成 10 人死亡、12 人轻伤。经调查认定，发生事故的直接原因是：该公司四车间地下室管道改造作业过程中，违规进行动火作业，电焊或切割产生的焊渣或火花引燃现场堆放的冷媒增效剂，瞬间产生爆燃，放出大量氮氧化物等有毒气体，造成现场施工和监护人员中毒窒息死亡及救援人员中毒呛伤。

　　事故暴露出事发企业安全意识淡薄，没有认真吸取同类事故教训，动火和进入受限空间作业管理失控，承包商管理不到位，应急能力严重不足，对使用的化学品危险特性不了解等突出问题。因此，作为从业者，我们必须了解危险化学品的危险特性，才能在生产、储存和管理过程中避免危险的发生。

一、危险化学品的危险特性解析

1. 易燃性、易爆性和氧化性

物质本身能否燃烧或燃烧的难易程度和氧化能力的强弱，是决定火灾危险性大小最基本的条件。化学物质越易燃,其氧化性越强,火灾的危险性越大。

物质所处的状态不同,其燃烧、爆炸的难易程度不同。气体的分子间力小,化学键容易断裂,无需溶解、溶化和分解,所以气体比液体、固体易燃易爆,燃速更快,由简单成分组成的气体比复杂成分组成的气体易燃、易爆。

物质的组分不同,其燃烧、爆炸的难易程度不同。分子越小、分子量越低的物质化学性质越活泼,越容易引起燃烧爆炸。含有不饱和键的化合物比含有饱和键的化合物易燃、易爆。

物质的特性不同,其燃烧、爆炸的难易程度不同。燃点较低的危险品易燃性强,如黄磷在常温下遇空气即发生燃烧。有些遇湿易燃的化学物质在受潮或遇水后会放出氧气引燃,如电石、五氧化二磷等。有些化学物质相互间不能接触,否则将发生爆炸,如硝酸与甘油等。有些易燃易爆气体或液体含有较多的杂质,当它们从破损的容器或管道口处高速喷出时,由于摩擦产生静电,变成了极危险的点火源。

2. 毒害性、腐蚀性和放射性

许多危险化学品进入肌体内,累积到一定量时,能与体液和器官发生生物化学变化或生物物理变化,扰乱或破坏肌体的正常生理功能,引起暂时性或持久性的病理改变,甚至危及生命。这是危险化学品的毒害性。

腐蚀性指化学品与其他物质接触时会破坏其他物质的特性。不同的化学品可以腐蚀不同的物质。但是,从安全角度来说,人们更加关注危险化学品对生物组织的腐蚀伤害。

一些化学品具有自然地向外界放出射线、辐射能量的特性。人体在无保护情况下暴露在大剂量辐射环境中,会受到伤害直至死亡。放射性损害具有滞后性,一些身体受损症状往往需要 20 年以上才会表现出来。放射性也能损伤遗传物质,主要是引起基因突变,使一代甚至几代受害。

3. 突发性、扩散性和多样性

化学事故大多不受地形、季节、气候等条件的影响而突然爆发,事故的时间和地点难以预测。比如,一般的火灾要经过起火、蔓延扩大到猛烈燃烧几个阶段,需经历几分钟到几十分钟。而化学危险物品一旦起火,往往是突然爆发,迅速蔓延,燃烧、爆炸交替发生,迅速产生巨大的危害。

化学事故中化学物质溢出,可以向周围扩散,比空气轻的可燃气体可在空气中迅速扩散,与空气形成混合物,随风飘荡。比空气重的物质飘落在地表各处,引发火灾和环境污染。

大多数危险化学品具有危险的多样性,如硝酸既有强烈的腐蚀性,又有很强的氧化性。硝酸铀既有放射性,又有易燃性。当化学物质具有可燃性的同时,还具有毒害性、放射性、腐蚀性等特性时,一旦发生火灾,其危害性更大。

二、影响危险化学品危险性的主要因素分析

化学物质的物理性质、中毒危害性和其他性质是影响危险化学品危险性的主要因素。

1. 物理性质

危险化学品的物理性质主要有沸点、熔点、液体相对密度、饱和蒸气压、蒸气相对密度、闪点、自燃温度、爆炸极限、临界温度和临界压力等因素。

(1)沸点 沸腾是在一定温度下液体内部和表面同时发生的剧烈汽化现象。液体沸腾时候的温度被称为沸点。沸点越低的物质汽化越快,可以让事故现场的危险气体浓度快速升

高，产生爆炸的危险。

（2）熔点　熔点是物质由固态转变为液态的温度。熔点的高低不仅关系到危险化学品的生产、储存、运输安全，还涉及事故现场处理的方式、方法等许多问题。

（3）液体相对密度　液体的相对密度是指在 20℃时，液体与 4℃的水的密度的比值。如果液体相对密度小于 1 的物质发生火灾，采用水灭火，会使燃烧的物质漂浮在水面，随着消防用水到处流动而加重火势。

（4）饱和蒸气压　蒸气压指的是在液体（或者固体）的表面存在着该物质的蒸气，这些蒸气对液体表面产生的压强就是该液体的蒸气压。饱和蒸气压指密闭条件下物质的气相与液相达到平衡即饱和状态下的蒸气压力。

饱和蒸气压是物质的一个重要性质，它的大小取决于物质本身的性质和温度。饱和蒸气压越大，表示该物质越容易挥发，而挥发出可燃气体是火灾发生的重要条件。

（5）蒸气相对密度　化学物质的蒸气密度与比较物质（空气）密度的比值是蒸气相对密度。当蒸气相对密度值小于 1 时，表示该蒸气比空气轻，其值大于 1 时，表示该蒸气重于空气。

2. 中毒危害性

危险化学品的毒性是引发人体损害的主要原因。在化学品事故或保护不当的生产、运输作业中，有毒物质引起人体的伤害可能是立即的，也可能是长期的，甚至可能是终身不可逆的伤害。

3. 其他性质

物质的溶解度、挥发性、固体颗粒度、潮湿程度、含杂质量、聚合等特性也是影响化学品危害的特性。

毒害品在水中的溶解度越大，挥发速度越快，越容易引起中毒。固体毒物的颗粒越细，越易中毒。某些杂质可起到催化剂的作用，加大物质的危害。聚合通常是放热反应，发生聚合反应会使物质温度急剧升高，着火、爆炸的危险性大大提高。

辨识实验室危化品的危险特性。

任务二
危险化学品的储存与运输

在危险化学品的生产周期中，储存和运输是其中非常重要的环节。针对危险化学品的危险特性，在储存和运输过程中需要采取各种措施预防危险的发生，这些措施包括技术、管理和场地设施等各个方面。

学习目标

👁 **能力目标**

(1) 能根据危化品的特性与分类对危化品进行正确的储存。
(2) 能根据危化品的特性与分类对危化品的运输提出建议。

👁 **素质目标**

(1) 能够对资料进行整理、分析、归纳，并进行自主学习。
(2) 通过学习中互联网搜寻、小组讨论等活动，锻炼信息检索和处理能力。

👁 **知识目标**

(1) 熟悉危化品的储存方式。
(2) 了解危化品储存的安全要求。
(3) 了解危化品运输的安全要求。

子任务一　安全储存危险化学品

　　2015 年 8 月 12 日，位于天津市滨海新区天津港的某有限公司危险品仓库发生火灾爆炸事故，造成 165 人遇难（其中参与救援处置的公安消防人员 110 人，事故企业、周边企业员工和周边居民 55 人），8 人失踪（其中天津港消防人员 5 人，周边企业员工、天津港消防人员家属 3 人），798 人受伤（伤情重及较重的伤员 58 人、轻伤员 740 人）。

　　调查组查明，事故直接原因是某公司危险品仓库运抵区南侧集装箱内硝化棉由于湿润剂散失出现局部干燥，在高温（天气）等因素的作用下加速分解放热，积热自燃；引起相邻集装箱内的硝化棉和其他危险化学品长时间大面积燃烧，导致堆放于运抵区的硝酸铵等危险化学品发生爆炸。调查组认定，该公司严重违法违规经营，是造成事故发生的主体责任单位。该公司严重违反天津市城市总体规划和滨海新区控制性详细规划，无视安全生产主体责任，非法建设危险货物堆场，在现代物流和普通仓储区域违法违规从 2012 年 11 月至 2015 年 6 月多次变更资质经营和储存危险货物，安全管理极其混乱，致使大量安全隐患长期存在。

　　从事故案例中我们看到，了解危化品的危险特性，并根据其危险特性按规定进行危险化学品储存是非常必要的。

　　危险化学品储存是指对爆炸品、压缩气体和液化气体、易燃液体、易燃固体、自燃物品和遇湿易燃物品、氧化剂和有机过氧化物、有毒品和腐蚀品等危险化学品的储存行为。

一、危险化学品的储存方式分析

　　危险化学品的储存方式，分为隔离储存、隔开储存和分离储存三种。

　　（1）隔离储存　是指在同一房间或同一区域内，不同的物料之间分开一定距离，非禁忌物料间用通道保持空间的储存方式。

　　（2）隔开储存　是指在同一建筑或同一区域内，用隔板或墙，将其与禁忌物料分离开的储存方式。

　　（3）分离储存　是指在不同的建筑物或远离所有建筑的外部区域内的储存方式。

二、根据危险特性进行危化品储存

　　根据危险化学品的特性，分区、分类、分库储存，化学性质相抵触或灭火方法不同的各类危险化学品，不得混合储存。

　　① 爆炸物品不准和其他类物品同储，必须单独隔离限量储存。

② 压缩气体和液化气体必须与爆炸物品、氧化剂、易燃物品、自燃物品、腐蚀性物品隔离储存。

③ 易燃气体不得与助燃气体、剧毒气体同贮，氧气不得与油脂混合储存。

④ 易燃液体、遇湿易燃物品、易燃固体不得与氧化剂混合储存，具有还原性的氧化剂应单独存放。

⑤ 腐蚀性物品，包装必须严密，不允许泄漏，严禁与液化气体和其他物品共存。

⑥ 有毒物品应储存在阴凉、通风干燥的场所，不能接近酸类物质。

三、按照防火防爆要求进行危化品储存

危险化学品的存放应符合防火、防爆的安全要求。

① 爆炸物品、一级易燃物品、有毒物品以及遇火、遇热、遇潮能引起燃烧、爆炸或发生化学反应、产生有毒气体的危险化学品不得在露天或在潮湿、积水的建筑物中储存。

② 受日光照射能发生化学反应能引起燃烧、爆炸、分解、化合或产生有毒气体的化学危险品应储存在一级建筑物中，其包装应采取避光措施。

③ 危险化学品的储存量及储存安排，应符合表 5-1 的要求。

表 5-1　危险化学品的储存量及储存安排

项目	露天储存	隔离储存	隔开储存	分离储存
平均单位面积储存量/（t/m²）	1.0～1.5	0.5	0.7	0.7
单一储存区最大贮量/t	2000～2400	200～300	200～300	400～600
垛距限制/m	2	0.3～0.5	0.3～0.5	0.3～0.5
通道宽度/m	4～6	1～2	1～2	5
墙距宽度/m	2	0.3～0.5	0.3～0.5	0.3～0.5
与禁忌品距离/m	10	不得同库储存	不得同库储存	7～10

④ 凡是经雨淋、日晒而受影响及损坏的，但对气温、湿度的作用不受显著影响的可存放在料棚内，如氢氧化钾、硫化钠等；封口密闭的铁桶包装或一般箱装、袋装化学品，地下必须垫 15～30cm 的高度。凡是对雨淋、日晒和温度、湿度的作用不发生或较少发生影响及损坏的化学品，可存放于露天料场，但必须根据其不同性质，配备苫垫、遮盖设备以及其他确保安全的措施，包括消防设施的布局、日常检查制度等。

⑤ 堆垛不得过高、过密，堆垛之间以及堆垛与墙壁之间要留出一定的空间距离，以利人员通过和良好通风。货物的堆码高度，应符合表 5-2 的要求。

表 5-2　货物堆码的高度　　　　　　　　　　　单位：m

包装形式	最高	最低	一般
铁桶	4.2	2	3.5
玻璃瓶	1.8	0.74	1.65
麻袋	4.5	2.5	3

包装形式	最高	最低	一般
木箱	4.2	1.8	3.6
瓷坛	1.8	—	1.2

⑥ 对特别危险或剧毒化学品的保管，如爆炸物品、氰化钾、氰化钠等，必须选派思想素质和技术素质过硬的人员负责，并实行双人双锁保管制度，加强检查。

任务训练 C

分析实验室危化品储存要求。

一、危化品储存安全要求

① 所有化学品和配制试剂都应贴有明显标签，杜绝标签缺失、新旧标签共存、标签信息不全或不清等混乱现象。配制的试剂、反应产物等应有名称、浓度或纯度、责任人、日期等信息。

② 存放化学品的场所必须整洁、通风、隔热、远离热源和火源。

③ 实验室不得存放大桶试剂和大量试剂，严禁存放大量的易燃易爆品及强氧化剂；化学品应密封、分类、合理存放，切勿将不相容的、相互作用会发生剧烈反应的化学品混放。

④ 实验室需建立并及时更新化学品台账，及时清理无名、废旧化学品。

二、危化品分类储存要求

① 剧毒化学品、麻醉类和精神类药品需存放在不易移动的保险柜或带双锁的冰箱内，实行"双人领取、双人运输、双人使用、双人双锁保管"的五双制度，并切实做好相关记录。

② 易爆品应与易燃品、氧化剂隔离存放，宜存于 20℃ 以下，最好保存在防爆试剂柜、防爆冰箱或经过防爆改造的冰箱内。

③ 腐蚀品应放在防腐蚀试剂柜的下层；或下垫防腐蚀托盘，置于普通试剂柜的下层。

④ 还原剂、有机物等不能与氧化剂、硫酸、硝酸混放。

⑤ 强酸（尤其是硫酸），不能与强氧化剂的盐类（如：高锰酸钾、氯酸钾等）混放；遇酸可产生有害气体的盐类（如：氰化钾、硫化钠、亚硝酸钠、氯化钠、亚硫酸钠等）不能与酸混放。

⑥ 易产生有毒气体（烟雾）或有刺激性气味的化学品应存放在配有通风吸收装置的试剂柜内。

⑦ 金属钠、钾等碱金属应储存于煤油中；黄磷、汞应储存于水中。

⑧ 易水解的药品（如：乙酸酐、乙酰氯、二氯亚砜等）不能与水溶液、酸、碱等混放。

⑨ 卤素（氟、氯、溴、碘）不能与氨、酸及有机物混放。

⑩ 氨不能与卤素、汞、次氯酸、酸等接触。

子任务二　安全运输危险化学品

由于危险化学品的特殊性质，危险化学品运输过程中存在一定的危险性，属于特种运输，为避免发生危险，其组织管理要做到"三定三落实"，"三定"即定人、定车、定点，"三落实"即发货、装卸和提货要提前落实。

一、危险化学品运输解析

危险化学品运输是特种运输的一种，是指专门组织对非常规物品使用特殊方式进行的运输。危险化学品运输需要经过相关职能部门的严格审核，并具备能保证安全运输危险货物的设施设备，才能进行危化品的运输。

二、危险化学品运输方式分析

危险化学品的运输方式主要有陆路运输和水路运输两种。陆路运输包括公路运输和铁路运输。

（1）公路运输　汽车装运不仅可以运输固体物料，还可以运输液体和气体物质。运输过程不仅运动中容易发生事故，而且装卸也非常危险。公路运输是化学品运输中出现事故最多的一种运输方式。

（2）铁路运输　铁路是运输化工原料和产物的主要工具，通常对易燃、可燃液体采用槽车运输，装运其他危险货物使用专用危险品货车。

（3）水路运输　水路运输是化学品运输的一种重要途径。目前，已知的经过水路运输的危险化学品达 3000 余种。水路危险化学品的运输形式包括危险化学品运输、固体散装危险化学品运输和使用散装液态化学品船、散装液化气体船及油轮等专用船舶运输。因为水路运输的特殊性，所以对安全的要求更高。

三、危险化学品运输的危险、危害因素分析

危险化学品运输设施、设备条件差，缺乏消防设施。有些城市对从事危险化学品的码头、车站和库房缺乏通盘考虑，布局凌乱。在危险化学品消防方面，公共消防力量薄弱，特

别是水上消防能力差，不能有效应付特大恶性事故的发生。

由于超载装运、运输车辆未采取安全防护措施、车辆及其零部件发生故障、司机违章驾车、路况或气象条件不良等原因，可能导致运输车辆发生撞车、倾翻等，致使发生危险化学品泄漏、火灾、爆炸事故。

有些运输企业和管理部门不重视员工培训工作。从业人员素质低，对危险化学品性质特点不了解，一旦发生危险，不能采取正确措施应对，导致各种危险货物泄漏、污染、燃烧、爆炸等事故发生。

四、危险化学品安全运输

1. 从事危险化学品运输的基本要求

（1）危险化学品运输必须具备资质　根据《危险化学品安全管理条例》规定，国家对危险化学品的运输实行资质认定制度，没有经过资质认定的单位不得运输危险化学品。对于从事危险化学品运输的人员如驾驶人员、装卸管理人员、押运人员等，必须经交通管理部门考核合格，取得上岗资格证后，才能上岗作业。

（2）做好运输准备工作，安全驾驶　运输危险化学品由于货物自身的危害性，应配置明显的符合标准的"危险品"标志。佩戴防火罩、配备相应的灭火器材和防雨淋的器具。车辆的底板必须保持完好，车厢的底板若是铁质的，应铺垫木板或橡胶板。载运危险化学品的车辆必须处于良好的技术状态，做好行车前车辆状况检查。行驶过程中，司机要选择平坦的道路，控制车速、车距，遇有情况，应提前减速，避免紧急制动。路途不能随意停车，装载剧毒、易燃易爆物品的车辆不得在居民区、学校、集市等人口稠密处停放。运输途中驾驶员要精力充沛、思想集中，杜绝酒后开车、疲劳驾驶和盲目开快车，保证安全行驶。

（3）运输系统危害辨识　危险化学品的运输中，危害不仅存在，而且形式多样，很多危险源不是很容易就能被发现。所以运输人员应采取一些特定的方法对其潜在的危险源进行识别，危害辨识是控制事故发生的第一步，只有识别出危险源的存在，找出导致事故的根源，才能有效控制事故的发生。

（4）事故应急处置　运输危险化学品因为交通事故或其他原因，发生泄漏，驾驶员、押运员或周围的人要尽快设法报警，报告当地公安消防部门或地方公安机关，可能的情况下尽可能采取应急措施，或将危险情况告知周围群众，尽量减少损失。

运输的危险化学品若具有腐蚀性、毒害性，在处理事故过程中，采取危险化学品"一书一签"（安全技术说明书、安全标签）中相应的应急处理措施，尽可能降低腐蚀性、毒害性物品对人的伤害。现场施救人员还应根据有毒物品的特性，穿戴防毒衣、防毒面具、防毒手套、防毒靴，防止有毒物质通过呼吸道、皮肤接触进入人体，穿戴好防护用品，可减少身体暴露部分与有毒物质的接触，减少伤害。

（5）加强对现场外泄化学品的监测　危险化学品泄漏处置过程中，还应特别注意对现场物品泄漏情况进行监测。特别是剧毒或易燃易爆化学品的泄漏更应该加强监测，向有关部门报告检测结果，为安全处置决策提供可靠的数据依据。

2. 危险化学品运输安全技术与要求解析

化学品在运输中发生事故的情况比较常见，全面了解并掌握有关化学品的安全运输规定，对减少运输事故具有重要意义。

① 国家对危险化学品的运输实行资质认定制度，未经资质认定，不得运输危险化学品。

② 托运危险物品必须出示有关证明，在指定的铁路、公路交通、航运等部门办理手续。托运物品必须与托运单上所列的品名相符。

③ 危险物品的装卸人员，应按装运危险物品的性质，佩戴相应的劳动防护用品，装卸时必须轻装轻卸，严禁摔拖、重压和摩擦，不得损毁包装容器，并注意标志，堆放稳妥。

④ 危险物品装卸前，应对车（船）搬运工具进行必要的通风和清扫，不得留有残渣，对装有剧毒物品的车（船），卸车（船）后必须洗刷干净。

⑤ 装运爆炸、剧毒、放射性、易燃液体、可燃气体等物品，必须使用符合安全要求的运输工具；禁忌物料不得混运；禁止用电瓶车、翻斗车、铲车、自行车等运输爆炸物品。

⑥ 运输爆炸、剧毒和放射性物品，应指派专人押运，押运人员不得少于 2 人。

⑦ 运输危险物品的车辆，必须保持安全车速，保持车距，严禁超车、超速和强行会车。运输危险物品的行车路线，必须事先经当地公安交通部门批准，按指定的路线和时间运输，不可在繁华街道行驶和停留。

⑧ 运输易燃、易爆物品的机动车，其排气管应装阻火器，并悬挂"危险品"标志。

⑨ 运输散装固体危险物品，应根据性质，采取防火、防爆、防水、防粉尘飞扬和遮阳等措施。

⑩ 禁止利用内河以及其他封闭水域运输剧毒化学品。通过公路运输剧毒化学品的，托运人应当向目的地的县级人民政府公安部门申请办理剧毒化学品公路运输通行证。

⑪ 运输危险化学品需要添加抑制剂或稳定剂的，托运人交付托运时应当添加抑制剂或者稳定剂，并告知承运人。

⑫ 危险化学品运输企业，应当对其驾驶员、船员、装卸管理人员、押运人员进行有关安全知识培训。驾驶员、装卸管理人员、押运人员必须掌握危险化学品运输的安全知识，并经所在地区的市级人民政府交通部门考核合格，船员经海事管理机构考核合格取得上岗资格证，方可上岗作业。

任务三
重大危险源认知

学习
目标

👁 **能力目标**

(1) 能辨识和判断重大危险源。
(2) 能按照模板编写危化品安全技术说明书。

👁 **素质目标**

(1) 通过资料搜集、整理、分析，培养信息检索和处理能力。
(2) 培养分析问题、解决问题的能力。

👁 **知识目标**

(1) 掌握重大危险源的辨识指标。
(2) 熟悉安全技术说明书的主要内容。

子任务一 重大危险源分析

一、危险源解析

化工生产具有易燃、易爆、易中毒、高温、高压、易腐蚀等特点，事故致因因素种类繁多，在事故发生发展过程中起的作用也不相同。根据能量意外释放理论，伤亡事故发生的物理本质是能量或危险物质的意外释放。因此，根据危险源在事故发生中的作用，可以把危险源划分为两大类：

1. 第一类危险源

生产过程中存在的，可能发生意外释放的能量（能源或能量载体）或危险物质称第一类危险源。正常情况下，生产过程中的能量或危险物质受到约束或限制，不会发生意外释放，即不会发生事故。当这些约束或限制措施受到破坏或失效，则将发生事故。

2. 第二类危险源

导致能量或危险物质约束或限制措施失效的各种因素称为第二类危险源。

两类危险源理论从系统安全的观点来考察能量或危险物质的约束或限制措施破坏的原因，认为第二类危险源包括人、物、环境三个方面的问题，主要包括人的失误、物的故障和环境因素。

人的失误、物的故障等第二类危险源是第一类危险源失控的原因。第二类危险源出现得越频繁，发生事故的可能性则越高，故第二类危险源的出现情况决定事故发生的可能性。

二、重大危险源解析

《中华人民共和国安全生产法》第九十六条规定，重大危险源是指长期地或者临时地生产、搬运、使用或者储存危险物品，且危险物品的数量等于或者超过临界量的单元（包括场所和设施）。

《危险化学品重大危险源辨识》（GB 18218—2018）中对重大危险源定义为长期地或临时地生产、加工、搬运、使用或储存危险物质，且危险物质的数量等于或超过了临界量的单元。

其中，单元指的是一个（套）生产装置、设施或场所，或同属一个工厂的且边缘距离小于500m的几个生产装置、设施或场所。

1. 重大危险源申报登记的范围及其临界量规定

根据《中华人民共和国安全生产法》和国家标准《危险化学品重大危险源辨识》（GB 18218—2018）的规定以及实际工作的需要，重大危险源申报登记的类型如下：储罐区（储罐）、库区（库）、生产场所、压力管道、锅炉、压力容器、煤矿（井下开采）、金属非金属地下矿山、尾矿库九类。其中，前三类重大危险源是化工常见危险源。

临界量是指国家法律规定和条例中有关于特定条件下，某种危险物质所规定的数量，若超过该数量，则容易引发重大工业事故。所以，控制危险源（设备、设施或场所）的临界量，对防止重大工业灾害事故的发生至关重要。

2. 重大危险源的辨识

① 生产单元、储存单元内存在危险化学品的数量等于或超过危险化学品名称及其临界值表规定的临界量，即被定为重大危险源。单元内存在的危险化学品的数量根据危险化学品种类的多少区分为以下两种情况：

a. 生产单元、储存单元内存在的危险化学品为单一品种时，该危险化学品的数量即为单元内危险化学品的数量。若等于或超过相应的临界值则定为重大危险源。

b. 生产单元、储存单元内存在的危险化学品为多品种时，按式（5-2）计算，若满足式（5-2），则定为重大危险源：

$$S = \frac{q_1}{Q_1} + \frac{q_2}{Q_2} + \cdots\cdots + \frac{q_n}{Q_n} \geqslant 1 \tag{5-2}$$

式中 S——辨识标识；

 q_1，q_2，…，q_n——每种危险化学品的实际存在量，t；

 Q_1，Q_2，…，Q_n——每种危险化学品相对应的临界量，t。

② 危险化学品储罐以及其他容器、设备或仓储区的危险化学品的实际存在量按设计最大量确定。

③ 对于危险化学品混合物，如果混合物与其纯物质属于相同危险类别，则视混合物为纯物质，按混合物整体进行计算。如果混合物与其纯物质不属于相同危险类别，则应按新危险类别考虑其临界量。

3. 具体的申报登记范围分析

（1）储罐区（储罐） 储罐区（储罐）重大危险源是指相关类别的危险物品，且储存量达到或超过其临界量的储罐区或单个储罐。

（2）库区（库） 库区（库）重大危险源是相关类别的危险物品，且储存量达到或超过其临界量的库区或单个库房。

（3）生产场所 生产场所重大危险源是指生产、使用相关类别的危险物质量达到或超过临界量的设施或场所。

判断某化工企业罐区是否属于重大危险源。

某化工企业罐区储存有：液氯 3t，苯 32t，丙酮 270t，甲醇 330t，过氧化钠 8t。请判断该罐区是否属于重大危险源。

子任务二　安全技术说明书编写

一、安全技术说明书解析

化学品安全技术说明书，英文缩写 MSDS（Material Safety Data Sheet），是化学品生产商和进口商用来阐明化学品的理化特性（如 pH 值、闪点、易燃度、反应活性等）以及对使用者的健康（如致癌、致畸等）可能产生的危害的一份文件。

MSDS 是化学品生产或销售企业按法律要求向客户提供的有关化学品特征的一份综合性法律文件。它提供化学品的理化参数、燃爆性能、对健康的危害、安全使用储存、泄漏处置、急救措施以及有关的法律法规等十六项内容。MSDS 可由生产厂家按照相关规则自行编写。但为了保证报告的准确规范性，可向专业机构申请编制。

化学品安全技术说明书的获取途径如下：

① 向供应商索取相关化学品的 SDS；

② 企业自行建立的 SDS 数据库；

③ 委托第三方机构建立的 SDS 数据库；

④ 查询在线 SDS 数据库等。

二、安全技术说明书内容解析

根据《化学品安全技术说明书内容和项目顺序》（GB/T 16483—2008）的相关要求，化学品安全技术说明书分为 16 部分。

（1）化学品及企业标识　　主要标明化学品的名称，该名称应与安全标签上的名称一致，同时标注供应商的产品代码，标明供应商的名称、地址、电话号码、应急电话、传真和电子邮件地址。该部分还应说明化学品的推荐用途和限制用途。

（2）危险性概述　　标明化学品主要的物理和化学信息，以及对人体健康和环境影响的信息，如果该化学品存在某些特殊性质，也应在此处说明。如果已经根据《全球化学品统一分类与标签制度》（GHS）对化学品进行危险性分类，应标明 GHS 危险性类别，同时应注明 GHS 的标签要素，如象形图或符号、防范说明、危险信息和警示词等。象形图或符号如火焰、骷髅和交叉骨可以用黑白颜色表示。应注明人员接触后的主要症状及应急综述。

（3）成分/组成信息　　注明化学品是纯净物还是混合物。如果是纯净物，应提供化学名或通用名、美国化学文摘登记号（CAS 号）及其他标识符。如果某种物质按 GHS 分类标准分类为危险化学品，则应列明包括对该物质的危险性分类产生影响的杂质和稳定剂在内的所有危险组分的化学名或通用名、浓度或浓度范围。如果是混合物，不必列明所有组分。如果按 GHS 标准被分类为危险的组分，并且其含量超过了浓度限值，应列明该组分的名称信息、浓度或浓度范围。对已经识别出的危险组分，也应该提供这些危险组分的化学名或通用名、浓度或浓度范围。

（4）急救措施　　说明必要时应采取的急救措施及应避免的行动，此处填写的文字应该易于被受害人和（或）施救者理解。根据不同的接触方式将信息细分为：吸入、皮肤接触、眼睛接触和食入。该部分应简要描述接触化学品后的急性和迟发效应、主要症状与对健康的主要影响等，详细资料可在第 11 部分列明。如有必要，本项应包括对施救者的忠告和对医生的特别提示。特殊情况下，应给出医疗护理和特殊治疗措施或建议。

（5）消防措施　说明合适的灭火方法和灭火剂，如有禁忌灭火剂也应在此处标明。应标明化学品的特殊危险性（如产品是危险的易燃品）。标明特殊灭火方法及保护消防人员的特殊防护装备。

（6）泄漏应急处理　提供作业人员防护措施、防护装备和应急处置程序；提供环境保护措施；提供泄漏化学品的收容、清除方法及所使用的处置材料；提供防止发生此类危险的预防措施。

（7）操作处置与储存　描述安全处置时的注意事项，包括防止化学品接触人员、防止发生火灾和爆炸的技术措施；提供局部或全面通风、防止形成可燃或可爆炸性气溶胶、粉尘的技术措施；防止直接接触不相容物质或混合物的特殊注意事项。描述安全储存的条件、安全技术措施、禁配物的隔离措施、包装材料信息等。

（8）接触控制和个体防护　列明容许浓度，如职业接触限值或生物限值。列明减少接触的工程控制方法，该信息是对"操作处置与储存"部分的进一步补充。如果可能，列明容许浓度的发布日期、数据出处、试验方法及方法来源。列明推荐使用的个体防护设备，例如：呼吸系统防护、手防护、眼睛防护、皮肤和身体防护等。标明防护设备的类型和材质。化学品若只在某些特殊条件下才具有危险性，如量大、高浓度、高温、高压等，应标明这些情况下的特殊防护措施。

（9）理化性质　化学品的外观与性状；气味；pH 值；半致死浓度（LD_{50} 或 LC_{50}）；熔点/凝固点；沸点、初沸点和沸程；闪点；爆炸极限；蒸气压；蒸气密度；密度/相对密度；n-辛醇/水分配系数；自燃温度；分解温度。如有必要，应提供以下信息：气味阈值；蒸发速率；易燃性（固体、气体）以及放射性或体积密度等化学品安全使用的其他资料。收集化学品理化性质时，建议使用国际单位制（SI）。必要时，应提供数据的测定方法。

（10）稳定性和反应性　描述化学品的稳定性和在特定条件下可能发生的分解、聚合和异构化等危险反应。主要包括应避免的条件（例如：光照、静电、撞击或震动等）；禁忌物料；危险的分解产物（一氧化碳、二氧化碳和水除外）。

（11）毒理学信息　应全面、简洁地描述使用者接触化学品后产生的各种毒性作用（健康影响），包括急性毒性、皮肤刺激或腐蚀、眼睛刺激或腐蚀、呼吸或皮肤过敏、生殖细胞突变性、致癌性、生殖毒性、特异性靶器官系统毒性（一次性接触）和特异性靶器官系统毒性（反复接触）以及吸入危害。如果具备条件，还可提供毒代动力学、代谢和分布信息。描述一次性接触、反复接触与连续接触所产生的毒副作用；迟发效应和即时效应应分别说明。潜在的有害效应，包括与毒性（例如急性毒性）测试观察到的有关症状、理化和毒理学特性。可按照不同的接触途径（如：吸入、皮肤接触、眼睛接触和食入等）提供相关信息。

（12）生态学信息　提供化学品的环境影响、环境行为和归宿方面的信息，如：化学品在环境中的预期行为，可能对环境造成的影响/生态毒性、持久性和降解性、潜在的生物累积性、土壤中的迁移性。如果可能，提供更多的科学实验产生的数据或结果，并标明引用文献资料来源。如果可能，可提供生态学限值。

（13）废弃处置　提供为安全和有利于环境保护而推荐的废弃处置方法及信息。这些处置方法适用于化学品（残余废弃物），也适用于任何受污染的容器和包装。

（14）运输信息　货物运输法规、标准规定的分类与编号信息，这些信息应根据不同的运输方式，如公路、铁路、海运和空运进行区分。应包含以下信息：联合国危险货物编号（UN号）、联合国运输名称、联合国危险性分类、包装组、海洋污染物等，提供使用者需要了解或遵守的其他运输或运输工具有关的特殊防范措施。

（15）法规信息　标明该化学品的安全生产、环境保护及职业健康等法规名称。提供与法律相关的法规信息和化学品标签信息。

（16）其他信息　进一步提供上述各项未包括的其他重要信息。例如：表明需要进行的专业技术培训和限制用途等。

查阅资料，参照盐酸的安全技术说明书编写氢氧化钠的安全技术说明书。

模块考核题库

一、单选题

1.化学品事故的特点是发生突然、持续时间长、（　　）、涉及面广。

A. 扩散迅速　　　　　B. 经济损失大　　　　　C. 人员伤亡多　　　　　D. 社会影响大

2.生产危险化学品的装置，应当（　　），并设有必要的防爆、卸压设施。

A. 隔离　　　　　　　B. 分类　　　　　　　　C. 防震　　　　　　　　D. 密闭

3.每种化学品最多可选用（　　）个标志。

A. 2　　　　　　　　B. 3　　　　　　　　　　C. 4　　　　　　　　　D. 5

4.大中型危险化学品仓库应与周围公共建筑物、交通干线、工矿企业等距离至少保持（　　）m。

A. 500　　　　　　　B. 1000　　　　　　　　C. 1500　　　　　　　　D. 2000

5.化学品安全标签内容由（　　）部分组成。

A. 8　　　　　　　　B. 9　　　　　　　　　　C. 10　　　　　　　　　D. 11

二、多选题

1.危险化学品受到（　　）作用会导致燃烧、爆炸、中毒、灼伤及环境污染事故的发生。

A. 摩擦、撞击和振动　　　　　　　　B. 接触热源或火源、日光曝晒

C. 遇水受潮　　　　　　　　　　　　D. 遇性能相近物品

2.化学品安全标签内容中警示词有（　　）。

A. 危险　　　　　　　B. 警告　　　　　　　　C. 注意　　　　　　　　D. 中毒

3.危险化学品贮存方式分为（　　　）。

A. 隔离贮存　　　　　B. 分开贮存　　　　　C. 隔开贮存　　　　　D. 分离贮存

三、判断题

1.各类危险品不得与禁忌物料混合储存，灭火方法不同的危险化学品不能同库储存。（　　　）

2.危险化学品的生产、储存、使用单位，应当在生产、储存和使用场所设置通信、报警装置，并保证在任何情况下处于正常使用状态。（　　　）

3.化学品安全技术说明书是化学品生产供应企业向用户提供基本危害信息的工具。（　　　）

4.危险化学品主标志由表示危险化学品危险特性的图案、文字说明、底色和危险类别号四个部分组成的菱形标志。（　　　）

5.储存危险化学品的建筑必须安装通风设备，并注意设备的防护措施。（　　　）

6.安全技术说明书规定的标题、编号和前后顺序在编写时可以进行随意变更。（　　　）

7.运输危险化学品的槽罐以及其他容器必须封口严密，能够承受正常运输条件下产生的内部压力和外部压力。（　　　）

8.储存危险化学品的采暖管道和设备的保温材料，必须采用非燃烧材料。（　　　）

9.危险化学品必须储存在专用仓库、专用场地或者专用储存室内，储存方式、方法、数量必须符合国家标准。危险化学品专用仓库，应当符合国家标准对安全、消防的要求，设置明显标志。（　　　）

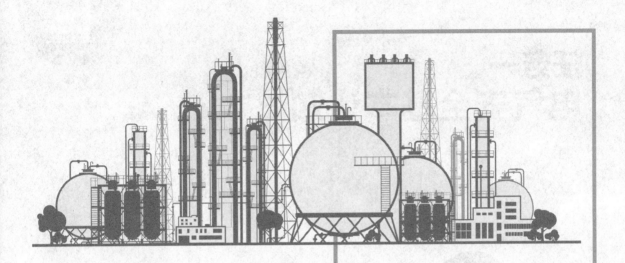

模块六

电气安全管理

电能已经成为人们生产生活中最基本和不可代替的能源。"电"日益影响着工业的自动化和社会的现代化。然而，当电能失去控制时，就会引发各类电气事故。电气事故是指由电流、电磁场、雷电、静电和某些电路故障等直接或间接造成的建筑设施、电气设备毁坏，人、动物死亡以及引起火灾和爆炸等后果的事件。其中对人体的伤害即触电事故是各类事故中最常见的事故，只有了解了触电事故的种类，我们才能有效地采取预防措施。

任务一
电气安全基本认知

学习目标

👁 能力目标

(1) 能辨识触电事故的种类。
(2) 会分析触电事故伤害程度的影响因素。

👁 素质目标

(1) 能够对资料进行整理、分析、归纳，并进行自主学习。
(2) 树立安全用电意识、团队意识、强烈的责任感及集体荣誉感。
(3) 促进理论联系实际，提高分析问题、解决问题的能力以及动手能力。

👁 知识目标

(1) 了解触电事故的种类。
(2) 知道触电事故的一般规律。

子任务一 触电事故种类认知

2000 年 11 月 4 日上午，安徽省某化肥厂合成氨车间碳化工段的氨水泵房 1# 碳化泵电机烧坏。工段维修工按照工段长安排，通知值班电工到工段切断电源，拆除电线，并把电机抬下基础运到电机维修班抢修。16 时 30 分左右，电机修好运回泵房。维修组组长林某找来铁锤、扳手、垫铁，准备磨平基础，安放电机。当他正要在基础前蹲下作业时，一道弧光将他击倒。同伴见状，急忙将他拖出现场，送往医院治疗。这次事故使林某左手臂、左大腿部皮肤被电弧烧伤。

以上案例中触电事故属于哪种类型，又是什么形式的触电？

电流通过人体时破坏人体内细胞的正常工作，主要表现为生物学效应。电流通过人体还有热作用。电流所经过的血管、神经、心脏、大脑等器官因为热量增加而导致功能障碍。电流通过人体，还会引起机体内液体物质发生离解、分解而导致破坏。电流通过人体，还会使机体各种组织产生蒸汽，乃至发生剥离、断裂等严重破坏。

一、触电事故分析

按照触电事故的构成方式，触电事故可分为电击和电伤。

1. 电击

电击是电流对人体内部组织的伤害，是最危险的一种触电伤害，绝大多数（85％以上）的触电死亡事故都是由电击造成的。

电击的主要特征有：①伤害人体内部；②在人体的外表没有显著的痕迹；③致命电流较小。

按照发生电击时电气设备的状态，电击可分为直接接触电击和间接接触电击。

（1）直接接触电击 直接接触电击是触及设备和线路正常运行时的带电体发生的电击（如误触接线端子发生的电击），也称为正常状态下的电击。

（2）间接接触电击 间接接触电击是触及正常状态下不带电，而当设备或线路故障时意外带电的导体发生的电击（如触及漏电设备的外壳发生的电击），也称为故障状态下的电击。

2. 电伤

电伤是由电流的热效应、化学效应、机械效应等效应对人造成的伤害。触电伤亡事故中，纯电伤性质的及带有电伤性质的约占 75％（电烧伤约占 40％）。尽管 85％以上的触电死亡事故是电击造成的，但其中大约 70％的含有电伤成分。对专业电工自身的安全而言，预防电伤具有更加重要的意义。电伤的常见类型如下。

（1）电烧伤 是电流的热效应造成的伤害，分为电流灼伤和电弧烧伤。

电流灼伤是人体与带电体接触，电流通过人体由电能转换成热能造成的伤害。电流灼伤一般发生在低压设备或低压线路上。

电弧烧伤是由弧光放电造成的伤害，分为直接电弧烧伤和间接电弧烧伤。前者是带电体与人体之间发生电弧，有电流流过人体的烧伤；后者是电弧发生在人体附近对人体的烧伤，包含熔化了的炽热金属溅出造成的烫伤。直接电弧烧伤是与电击同时发生的。

（2）皮肤金属化　是在电弧高温的作用下，金属熔化、汽化，金属微粒渗入皮肤，使皮肤粗糙而张紧的伤害。皮肤金属化多与电弧烧伤同时发生。

（3）电烙印　是在人体与带电体接触的部位留下的永久性斑痕。斑痕处皮肤失去原有弹性、色泽，表皮坏死，失去知觉。

（4）机械性损伤　是电流作用于人体时，由于中枢神经反射和肌肉强烈收缩等作用导致的机体组织断裂、骨折等伤害。

（5）电光眼　是发生弧光放电时，红外线、可见光、紫外线对眼睛的伤害。电光眼表现为角膜炎或结膜炎。

【想一想】引导案例中的触电事故分别属于哪一类？

二、触电伤害

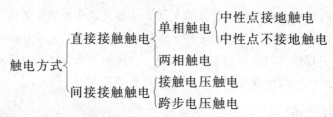

1. 直接接触触电

人体直接触及正常运行的带电体所发生的触电。

（1）单相触电　当人体直接碰触到带电设备的某一相，电流通过人体流入大地的触电现象。

① 中性点接地系统的单相触电。电流流向为相线→人体→大地→接地体→电源中性点。流经人体的电流强度取决于相电压和回路电阻。图 6-1 为中性点接地系统的单相触电示意图。

② 中性点不接地系统的单相触电。电流流向为相线→人体→大地→其他两相对地阻抗→电源中性点。流经人体的电流强度取决于线电压、人体电阻和线路的对地阻抗。图 6-2 为中性点不接地系统的单相触电示意图。

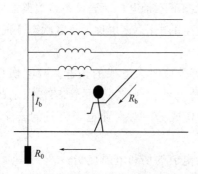

图 6-1　中性点接地系统的单相触电示意图

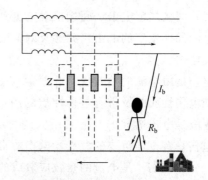

图 6-2　中性点不接地系统的单相触电示意图

（2）两相触电　人体同时与两相导线接触时，电流由触电一相导线经人体至另一相导线，这种触电方式叫两相触电。图 6-3 为两相触电示意图。

2. 间接接触触电

电气设备发生故障后，人体触及意外带电部位所发生的触电。

（1）接触电压触电　接触电压指人体两个部位同时接触漏电设备的外壳和地面时，人体所承受的电位差。因接触电压作用而导致的触电现象称为接触电压触电。

（2）跨步电压触电　当带电体落地时，在带电体落地点周围形成一定的电场。如果人的双脚分开站立，就会承受地面上不同点之间的电位差。此电位差就是跨步电压。由此引起的触电事故叫跨步电压触电。图 6-4 为跨步电压触电示意图。

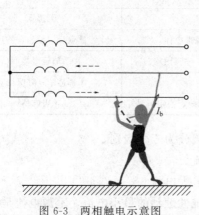

图 6-3　两相触电示意图

图 6-4　跨步电压触电示意图

子任务二　触电伤害程度的影响因素分析

不同的人于不同的时间、不同的地点与同一根导线接触，后果会是千差万别的，这是因为电流对人体的作用受很多因素的影响。

案例

某厂铸造车间地面有造型砂，能踏出水来。甲某是普通工人，脚上穿的皮鞋已湿透，双手抱砂轮，欲打磨生锈的螺丝。合闸送电后，甲某大叫一声，双臂收回倒地，送进医院后，经抢救无效死亡，其胸部有电击穿伤痕。现场检查发现，手砂轮接线错误，一条相线当作保护线直接接向电动机的外壳，而将保护线当作相线接在了砂轮上。调查发现，手砂轮外壳直接带电达半月之久。其间，三人先后使用过。第一个使用者穿着干燥的胶鞋，站在干燥的水泥地面上打磨了一个小毛刺，没有触电感觉。第二个使用者在不太干燥的泥土地面上操作，有"麻电"感觉，冒险打磨完了 4 个砂型。第三个使用者已经知道砂轮带电，坐在木箱上完成了操作，没有触电的感觉。

案例中的几人操作相同的带电机器，为什么会产生不同的感觉？

电对人体的伤害程度与通过人体的电流大小、电流通过人体的持续时间、电流的频率、电流通过人体的途径、作用于人体的电压以及人体的状况等多种因素有关，而且各因素之间，特别的电流大小与作用时间之间有着密切的关系。

一、电流的大小对触电伤害程度的影响分析

通过人体的电流越大，人体的生理反应越明显、感觉越强烈，引起心室颤动所需的时间越短，致命的危害就越大。表 6-1 为不同电流对人体的影响。

表 6-1　不同电流对人体的影响

电流/mA	交流电（50Hz）	直流电
0.6～1.5	开始有感觉，手指有麻感	无感觉
2～3	手指有强烈针刺感，颤抖	无感觉
5～10	手指痉挛，手部剧痛，勉强可以摆脱带电体	感觉痒、刺痛、灼热
20～25	手迅速麻痹，不能摆脱带电体，剧痛，呼吸困难	手部轻微痉挛
50～80	呼吸麻痹，心室开始颤动	手部痉挛，呼吸困难
90～100	呼吸麻痹。持续 3s 或更长时间则会心脏麻痹，心室颤动	呼吸麻痹

按照人体呈现的状态，可将预期通过人体的电流分为三个级别。

（1）感知电流　是指能引起人体感觉的最小电流。

（2）摆脱电流　是指人还能自主摆脱带电体的最大电流。

（3）室颤电流　是指通过人体引起心室发生纤维性颤动的最小电流。室颤电流是短时间作用的最小致命电流。

二、电流持续时间对触电伤害程度的影响分析

电击持续时间越长，则电击危险性越大。其原因表现在以下几方面：

① 电流持续时间越长，则体内积累局外电能越多，伤害越严重，表现为室颤电流减小。

② 心电图上心脏收缩与舒张之间约 0.2s 的 T 波（特别是 T 波的前半部），是对电流最为敏感的心脏易损期（易激期）。电击持续时间延长，必然重合心脏易损期，电击危险性增大。

③ 随着电击持续时间的延长，人体电阻由于出汗、击穿、电解而下降，如接触电压不变，流经人体的电流必然增加，电击危险性随之增大。

④ 电击持续时间越长，中枢神经反射越强烈，电击危险性越大。

三、电流通过人体的途径对触电伤害程度的影响分析

电流通过人体基本不存在不危险的途径，以途径短而且经过心脏的途径危险性最大，电流流经心脏会引起心室颤动而致死，较大电流还会使心脏立刻停止跳动。在通电途径中，从左手至胸部的通路最为危险。表 6-2 为不同途径下流经心脏电流的比例。

四、电流种类对触电伤害程度的影响分析

直流电频率为零，工频交流电为 50Hz。由实验得知，频率为 30～300Hz 的交流电最易引起心室颤动。表 6-3 为各种交流电频率的死亡率。

表 6-2　不同途径下流经心脏电流的比例

电流流过人体的途径	通过心脏的电流占通过人体总电流的比例/%
从一只手到另一只手	3.3
从左手到脚	6.7
从右手到脚	3.7
从一只脚到另一只脚	0.04

表 6-3　各种交流电频率的死亡率

频率/Hz	10	25	50	60	80	100	120	200	500	1000
死亡率/%	21	70	96	91	43	34	31	22	14	11

五、人体状况对触电伤害程度的影响分析

（1）性别　对于电流，女性比男性敏感。

（2）体重　体重越重，肌肉越发达者摆脱电流能力越强；心室颤动电流与体重成正比。

（3）健康状况　患有心脏病、结核病、精神病或酒醉的人触电受到的伤害程度更加严重。

（4）人体电阻　当电压一定时，人体电阻越小，通过人体的电流就越大，伤害就越大。

六、人体电阻对触电伤害程度的影响分析

人体电阻包括内部组织电阻和皮肤电阻两部分，一般为 1500～2000Ω。表 6-4 为不同条件下的人体电阻。

表 6-4　不同条件下的人体电阻

接触电压/kV	人体电阻/Ω			
	皮肤干燥	皮肤潮湿	皮肤湿润	皮肤浸入水中
10	7000	3500	1200	600
25	5000	2500	1000	500
50	4000	2000	875	440
100	3000	1500	770	375
250	1500	1000	650	325

【想一想】警用电棍可以产生上万伏的高压，为什么不会致人死亡呢？查阅资料并小组交流。

子任务三　触电事故一般规律分析

电流对人体作用的规律，可用来定量地分析触电事故，也可以运用这些规律，科学地评价一些防触电措施和设施是否完善，科学地评定一些电气产品是否合格。

案例

案例 1：2008 年 11 月 14 日，4 名女生从上海商学院徐汇校区 6 楼宿舍阳台跳下逃生，经 120 急救中心确认身亡。经消防部门扑救，6 时 30 分将火全部扑灭。这起火灾是近年来最为惨烈的校园事故。

案例 2：2014 年 8 月 27 日，三亚供电局农网基建工程长岭队台区改造项目施工时（工作任务：新建 1.94km、0.4kV 线路，拆装一台 100kVA 变压器），外包单位工作负责人阳某均违章指挥张某在计划拆除的副杆抱箍上临时挂接展放的导线，张某冒险登上副杆挂接导线时右手摆动过大误碰变压器台架带电的高压 C 相引下线，触电死亡。图 6-5 所示为作业现场及触电后示意图。

图 6-5 作业现场及触电后示意图

上述两起案例发生触电事故的原因是什么？结合你所查找的案例，分析触电事故的规律有哪些？

针对某一起事故来说，触电事故是偶发事件，但是根据对触电事故的分析，从触电事故的发生率上看，触电事故是有规律的，了解掌握这些规律，可以更好地加强防范，采取有效的措施预防触电事故。触电事故规律如下：

1. 触电事故季节性明显

统计资料表明，每年二三季度事故多。特别是 6～9 月，事故最为集中。主要原因为，一是这段时间天气炎热、人体衣单而多汗，触电危险性较大；二是这段时间多雨、潮湿，地面导电性增强，容易构成电击电流的回路，而且电气设备的绝缘电阻降低，容易漏电。其次，这段时间在大部分农村都是农忙季节，农村用电量增加，触电事故因而增多。

2. 低压设备触电事故多

国内外统计资料表明，低压触电事故远远多于高压触电事故。其主要原因是低压设备远远多于高压设备，与之接触的人比与高压设备接触的人多得多，而且都比较缺乏电气安全知识。应当指出，在专业电工中，情况是相反的，即高压触电事故比低压触电事故多。

3. 携带式设备和移动式设备触电事故多

携带式设备和移动式设备触电事故多的主要原因是这些设备是在人的紧握之下运行，不但接触电阻小，而且一旦触电就难以摆脱电源；另一方面，这些设备需要经常移动，工作条件差，设备和电源线都容易发生故障或损坏。此外，单相携带式设备的保护零线与工作零线容易接错，也会造成触电事故。

4. 电气连接部位触电事故多

大量触电事故的统计资料表明，很多触电事故发生在接线端子、缠接接头、压接接头、焊接接头、电缆头、灯座、插销、插座、控制开关、接触器、熔断器等分支线、接户线处。主要是由于这些连接部位机械牢固性较差、接触电阻较大、绝缘强度较低以及可能发生化学反应。

5. 错误操作和违章作业造成的触电事故多

大量触电事故的统计资料表明，有85％以上的事故是由于错误操作和违章作业造成的。其主要原因是安全教育不够、安全制度不严和安全措施不完善、操作者素质不高等。

6. 不同行业触电事故不同

冶金、矿业、建筑、机械行业触电事故多。由于这些行业的生产现场经常伴有潮湿、高温、现场混乱、移动式设备和携带式设备多以及金属设备多等不安全因素，以致触电事故多。

7. 不同年龄段的人员触电事故不同

中青年工人、非专业电工、合同工和临时工触电事故多。其主要原因是这些人是主要操作者，经常接触电气设备；而且，这些人经验不足，又比较缺乏电气安全知识，其中有的责任心还不够强，以致触电事故多。

8. 不同地域触电事故不同

部分省市统计资料表明，农村触电事故明显多于城市，发生在农村的事故约为城市的3倍。

从造成事故的原因上看，电气设备或电气线路安装不符合要求，会直接造成触电事故；电气设备运行管理不当，使绝缘损坏而漏电，又没有切实有效的安全措施，也会造成触电事故；制度不完善或违章作业，特别是非电工擅自处理电气事务，很容易造成触电事故；接线错误，特别是插头、插座接线错误造成过很多触电事故；高压线断落地面可能造成跨步电压触电事故等等。应当注意，很多触电事故都不是由单一原因，而是由两个以上的原因造成的。

【想一想】人触电时为什么不能摆脱带电体？

任务二
触电伤害预防与急救

学习目标

能力目标

(1) 能正确辨别电击防护措施。

(2) 能针对紧急情况，正确进行触电急救。

素质目标

(1) 能够对资料进行整理、分析、归纳，并进行自主学习。

(2) 具有安全意识、团队意识、强烈的责任感。

(3) 促进理论联系实际，提高学生分析问题、解决问题的能力以及动手能力。

知识目标

(1) 了解不同类型的电击防护措施。

(2) 掌握触电急救的方法。

子任务一 电气安全措施解读

触电事故在生产生活中时有发生，会造成巨大的人身及财产损失。因此，我们可以采取一些安全技术措施来预防触电事故的发生，或者在事故发生后，我们应该掌握基本的急救方法减少损失。

一、直接接触电击防护

绝缘、屏护和间距是直接接触电击的基本防护，其主要作用是隔离带电物体。

1. 绝缘

绝缘是用绝缘物把带电体封闭起来的技术措施。比如电线绝缘部分，将带电金属部分封闭起来。

电气设备的绝缘要符合其相应的电压等级、环境条件和使用条件。

常用的绝缘材料：瓷、玻璃、云母、橡胶、木材、胶木、塑料、布、纸和矿物油等。

在一些情况下，操作者还要戴绝缘手套、穿绝缘鞋（靴）或站在绝缘垫（台）上工作。图 6-6 为常见的绝缘措施。

2. 屏护

采用遮拦、围栏、护罩、护盖或隔离板等把带电体同外界隔绝开来。一般规定：不便加包绝缘或绝缘强度不足的带电部分，可采用屏护措施；高压设备不论是否有绝缘，均应采取屏护。图 6-7 为常见的屏护措施。

要求：为防止伤亡事故的发生，屏护安全措施应与其他安全措施配合使用。

① 凡用金属材料制成的屏护装置，为了防止其意外带电，必须接地或接零。

② 屏护装置本身应有足够的尺寸，其与带电体之间应保持必要的距离。

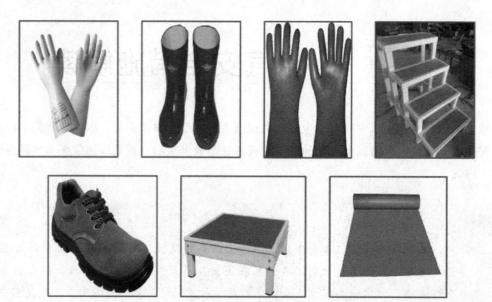

图 6-6   常见的绝缘措施

图 6-7   常见的屏护措施

③ 被屏护的带电部分应有明显的标志，使用通用的符号或涂上规定的具有代表意义的专门颜色。

④ 在遮栏、栅栏等屏护装置上，应根据被屏护对象挂上"止步，高压危险"或"当心有电"等警告牌。

⑤ 采用信号装置和联锁装置，即用光电指示"此处有电"，或当人越过屏护装置时，被屏护的带电体自动断电。

3. 间距

间距是指与可能触及的带电体保持一定的安全距离。间距除防止触及或过分接近带电体外，还能起到防止火灾、防止混线、方便操作的作用。要求如下。

(1) 线路间距　架空线路应避免跨越建筑物，必须跨越时，应取得有关部门的同意。

(2) 临时线路间距　临时线路应用电杆或沿墙用合格瓷瓶固定架设。

(3) 设备间距　变压器与四壁的间距应大于 $0.6\sim1.0m$。

(4) 检修间距　人体或工具与带电体的间距，在高压无遮栏操作中，10kV 以下间距大于等于 $0.7m$，20~35kV 间距大于等于 $1.0m$；在线路上工作时 10kV 以下间距大于等于 $1.0m$，35kV 间距大于等于 $2.5m$。

【想一想】家用电器插头很多是三孔的，三孔插头的孔分别代表什么？保护原理是什么？

二、间接接触电击防护

1. 保护接地

电气设备的金属外壳与设置的接地装置实行良好的金属性连接。图 6-8 为保护接地示意图。

保护原理：利用电阻数值较小的接地装置与人体并联，将漏电设备的对地电压大幅度地降低至安全范围内。

适用范围：适用于中性点不接地的低压电网。

实例：洗衣机外壳为金属外壳，在使用洗衣机时需要将设备外壳接地，这样如果外壳意外带电，可以迅速导入大地，避免对人体造成伤害。

2. 保护接零

将电气设备在正常情况下不带电的金属外壳与变压器中性点引出的工作零线或保护零线相连接。图 6-9 为保护接零示意图。

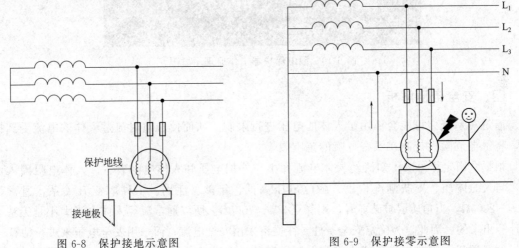

图 6-8　保护接地示意图　　　　　　图 6-9　保护接零示意图

不采用保护接零，设备漏电时，人体触及外壳便能造成单相触电事故；如果采用保护接零，当设备漏电时，将变成单相短路，会造成熔断器熔断或者开关跳闸。

保护原理：当某相带电部分碰连设备外壳时，通过形成单相短路，促使线路上过电流保护装置迅速动作，使故障部分断开电流。

适用范围：用于中性点接地，电压为 380/220V 的三相四线制配电系统。

注意事项：

① 工作零线不允许断线，为防止触电可将工作零线重复接地。

② 接零线一定要真正独立地接到零线上去。

③ 防止单相设备电源端火零接反，否则设备外壳将带上火线电压。

④ 同一电网中不宜同时用保护接地和接零。

【想一想】生活中，我们在很多时候用电时会发生"跳闸"，你知道跳闸的原理是什么吗？

三、漏电保护装置解析

为了保证在故障情况下人身和设备的安全，应尽量装设漏电保护器。它可以在设备及线路漏电时通过保护装置的检测机构取得异常信号，经中间机构转换和传递，然后促使执行机构动作，自动切断电源来起保护作用。图 6-10 为漏电保护器工作原理示意图。

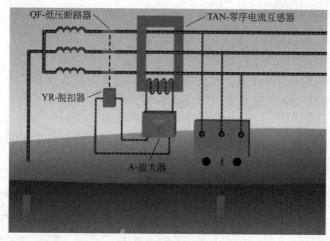

图 6-10　漏电保护器工作原理示意图

四、安全电压解析

通过对系统中可能会作用于人体的电压进行限制，从而使触电时流过人体的电流受到抑制，将触电危险性控制在没有危险的范围内。

根据欧姆定律可以得知流经人体电流大小与外加电压和人体电阻有关。人体电阻因人而异，与人的体质、皮肤潮湿程度、触电电压高低、年龄、性别、工种职业有关系，通常为 $1000\sim2000\Omega$，当角质层被破坏时，则降至 $800\sim1000\Omega$。所以通常流经人体电流大小是无法事先计算出来的。因此，为确定安全条件，往往不采用安全电流，而采用安全电压来进行估算。

这是用于小型电气设备或小容量电气线路的安全措施。根据欧姆定律，电压越大，电流也就越大。因此，可以把可能加在人身上的电压限制在某一范围内，使得在这种电压下，通过人体的电流不超过允许范围，这一电压就叫作安全电压。

安全电压的工频有效值不超过 50V，直流不超过 120V。我国规定工频有效值的等级为 42V，36V，24V，12V 和 6V。特别危险环境下的携带式电动工具应采用 42V；有电击危险环境中使用的手持照明灯和局部照明灯应采用 36V 或 24V 安全电压。凡金属容器内、隧道内、矿井内、特别潮湿处等工作地点狭窄、行动不便以及周围有大面积接地导体的环境，使用手提照明灯时应采用 12V 安全电压。水下作业应采用 6V 安全电压。

子任务二　触电急救操作

触电急救必须分秒必争，在触电事故发生后，要立即就地用心肺复苏法进行抢救，并坚持不断地进行，同时及早与医疗部门取得联系，争取医务人员尽快接替救治。

案例

1993 年 8 月 4 日 11 时 40 分，某轧钠厂维修工段的同志到除尘泵房防洪抢险。泵房内积水已有膝盖深。为了排水，用铲车铲来两车热渣子把门口堵住，而后往外抽水。安装好潜水泵刚一送电，就将在水中拖草袋的同志电倒了，水中另外几名同志也都触电，挣扎着从水中逃出来。在场人员已意识到潜水泵出了问题，马上拉闸，把其中触电较重已昏迷的岳某抬到值班室的桌子上，马上进行人工体外心脏挤压抢救。经人工体外心脏挤压抢救，岳某终于喘过气来。

人工体外心脏挤压的挽救及时有效。这个案例说明，危急时刻及时、正确、恰当的抢救是十分重要的。

触电事故会带来严重的伤害，甚至危及生命。因此，触电的现场急救方法是大家必须熟练掌握的急救技术。

【想一想】 如果身边发生触电事故，如何进行急救？

触电急救的第一步是使触电者迅速脱离电源，第二步是现场救护。

一、脱离电源

触电急救，首先要使触电者迅速脱离电源，越快越好。因为电流作用的时间越长，伤害越重。

1. 低压触电时脱离电源的方法

① 立即拉开开关或拔出插头，切断电源。

② 用干木板等绝缘物插入触电者身下，隔断电源。

③ 拉开触电者或挑开电线，使触电者脱离电源。

④ 可用手抓住触电者的衣服，拉离电源。

2. 高压触电时脱离电源的方法

① 通知有关部门拉闸停电。

② 拉开高压断路器或用绝缘杆拉开高压熔断器。

③ 抛挂裸金属软导线，人为造成短路，迫使开关跳闸。

二、现场救护

1. 伤员的应急处置

触电伤员如神志清醒，应使其就地躺平，严密观察，暂时不要站立或走动。

触电伤员如神志不清，应就地仰面躺平且确保气道通畅，并用 5s 时间，呼叫伤员或轻拍其肩部，以判定伤员是否意识丧失。禁止摇动伤员头部呼叫伤员。

需要抢救的伤员，应立即就地坚持正确抢救，并设法联系医疗部门接替救治。

2. 呼吸、心跳情况

触电伤员如意识丧失，应在 10s 内，用看、听、试的方法（见图 6-11），判定伤员呼吸心跳情况。

看——看伤员的胸部、腹部有无起伏动作。

听——用耳贴近伤员的口鼻处，听有无呼气声音。

试——试测口鼻有无呼气的气流。再用两手指轻试一侧（左或右）喉结旁凹陷处的颈动脉有无搏动。

若看、听、试结果，既无呼吸又无颈动脉搏动，可判定呼吸心跳停止。

3. 心肺复苏

触电伤员呼吸和心跳均停止时，应立即按心肺复苏法支持生命的三项基本措施，即通畅气道，口对口（鼻）人工呼吸，胸外按压（人工循环）。正确进行就地抢救。

（1）通畅气道

① 触电伤员呼吸停止，重要的是始终确保气道通畅。如发现伤员口内有异物，可将其身体及头部同时侧转，迅速用一个手指或用两手指交叉从口角处插入，取出异物；操作中要注意防止将异物推到咽喉深部。

② 通畅气道可采用仰头抬颏法（见图 6-12）。用一只手放在触电者前额，另一只手的手指将其下颌骨向上抬起，两手协同将头部推向后仰，舌根随之抬起，气道即可通畅（判断气道是否通畅可见图 6-13）。严禁用枕头或其他物品垫在伤员头下，头部抬高前倾，会更加重气道阻塞，且会使胸外按压时流向脑部的血流减少，甚至消失。

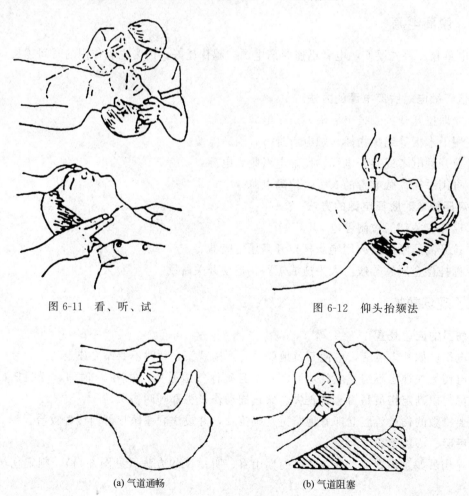

图 6-11　看、听、试　　　　　　　　图 6-12　仰头抬颏法

(a) 气道通畅　　　　　　　　　(b) 气道阻塞

图 6-13　气道状况

（2）口对口（鼻）人工呼吸（见图6-14）

① 在保持伤员气道通畅的同时，救护人员用放在伤员额上的手指捏住伤员鼻翼，救护人员深吸气后，与伤员口对口紧合，在不漏气的情况下，先连续大口吹气两次，每次1~1.5s。如两次吹气后试测颈动脉仍无搏动，可判定心跳已经停止，要立即同时进行胸外按压。

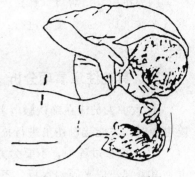

图6-14　口对口人工呼吸

② 除开始时大口吹气两次外，正常口对口（鼻）呼吸的吹气量不需过大，以免引起胃膨胀。吹气和放松时要注意伤员胸部应有起伏的呼吸动作。吹气时如有较大阻力，可能是头部后仰不够，应及时纠正。

③ 触电伤员如牙关紧闭，可口对鼻人工呼吸。口对鼻人工呼吸吹气时，要将伤员嘴唇紧闭，防止漏气。

（3）胸外按压

① 正确的按压位置是保证胸外按压效果的重要前提。确定正确按压位置的步骤如下：

a.右手的食指和中指沿触电伤员的右侧肋弓下缘向上，找到肋骨和胸骨接合处的中点；

b.两手指并齐，中指放在切迹中点（剑突底部），食指平放在胸骨下部；

c.另一只手的掌根紧挨食指上缘，置于胸骨上，即为正确按压位置（见图6-15）。

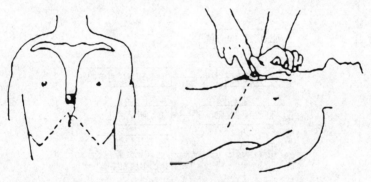

图6-15　正确的按压位置

② 正确的按压姿势是达到胸外按压效果的基本保证。

正确的按压姿势：使触电伤员仰面躺在平硬的地方，救护人员立或跪在伤员一侧肩旁，救护人员的两肩位于伤员胸骨正上方，两臂伸直，肘关节固定不屈，两手掌根相叠，手指翘起，不接触伤员胸壁；以髋关节为支点，利用上身的重力，垂直将正常成人胸骨压陷3~5cm（儿童和瘦弱者酌减）；压至要求程度后，立即全部放松，但放松时救护人员的掌根不得离开胸壁（见图6-16）。

按压必须有效，有效的标志是按压过程中可以触及颈动脉搏动。

③ 操作频率：胸外按压要以均匀速度进行，每分钟80次左右，每次按压和放松的时间相等。

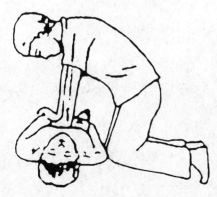

图6-16　按压姿势与用力方法

胸外按压与口对口（鼻）人工呼吸同时进行，其节奏为：单人抢救时，每按压 15 次后吹气 2 次（15：2），反复进行；双人抢救时，每按压 5 次后由另一人吹气 1 次（5：1），反复进行。

三、其他注意事项分析

① 救护人员应在确认触电者已与电源隔离，且救护人员本身所涉环境安全距离内无危险电源时，方能接触伤员进行抢救。

② 在抢救过程中，不要为方便而随意移动伤员，如确需移动，应使伤员平躺在担架上并在其背部垫以平硬阔木板，不可让伤员身体蜷曲着进行搬运。移动过程中应继续抢救。

③ 任何药物都不能代替人工呼吸和胸外心脏按压，对触电者用药或注射针剂，应由有经验的医生诊断确定，慎重使用。

④ 在抢救过程中，要每隔数分钟再判定一次，每次判定时间均不得超过 5～7s。做人工呼吸要有耐心，尽可能坚持抢救 4h 以上，直到把人救活，或者一直抢救到确诊死亡时为止；如需送医院抢救，在途中也不能中断急救措施。

⑤ 在医务人员未接替抢救前，现场救护人员不得放弃现场抢救，只有医生有权做出伤员死亡的诊断。

【做一做】请正确描述心肺复苏术的步骤及操作要点。学生三人一组，按照操作规范，依次完成测试。

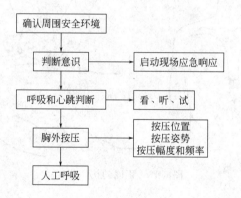

任务三
雷电危害分析与防护

学习
目标

能力目标

(1) 会分析雷电种类的危害。

(2) 能分析潜在的雷电危害并提出防护措施。

素质目标

(1) 能够对资料进行整理、分析、归纳，并进行自主学习。

(2) 具有安全意识、团队意识、强烈的责任感。

(3) 促进理论联系实际，提高学生分析问题、解决问题的能力以及动手能力。

知识目标

(1) 了解雷电种类。

(2) 知道雷电危害的防护措施。

子任务一　雷电种类认知

在雷雨季节里，常会出现强烈的光和声，这就是人们常见的雷电。

雷电是一种大气中的放电现象，虽然放电作用时间短，但放电时产生数万伏至数十万伏冲击电压，放电电流可达几十到几十万安培，会造成人畜伤亡、建筑物炸毁或燃烧、线路停电、电气设备损坏及电子系统中断等严重事故。

案例

2007 年 5 月 23 日下午，一场大范围的雷暴天气袭击了重庆开县。16 时 30 分左右，开县义和镇兴业村小学突遭雷击，正在上课的两个班级的 51 名学生被雷电击中，其中 7 人当场身亡，44 人不同程度受伤。兴业村小学是远离城镇的一所山区小学，校舍是由三座平房构成的"四合院"，房子属于砖瓦结构。雷击发生时，正在上课的很多师生，看见了一个大火球闪进教室，瞬间很多学生就失去了知觉。

雷电是一种正常的自然现象，但一旦防护不当，会产生可怕的后果。

一、雷暴云是如何"起电"的

雷暴云中正负不同极性电荷区的形成过程，称为雷暴云的起电过程。雷暴云中存在着强烈的上升气流和各种尺度及不同相态的水成物粒子，通过扩散、离子捕获、粒子间的碰撞分离等过程，使不同尺度的粒子携带上不同极性的电荷。在气流和重力作用下，不同极性电荷发生分离，形成正负不同极性的电荷区。当雷暴云中局部电场强度超过 400kV/m 时，就可以产生闪电。

二、雷电的分类分析

1. 云闪

通常情况下，一半以上的闪电放电过程发生在雷暴云内的主正、负电荷区之间，称作云内放电过程，云内闪电与发生概率相对较低的云间闪电和云-空气放电一起被称作云闪。

2. 地闪

另一类闪电则是发生于云体与地面之间的对地放电，称为地闪。一次完整的地闪过程定义为一次"闪电"，其持续时间为几百毫秒到 1 秒钟不等。一次闪电包括一次或几次大电流脉冲过程，称为"闪击"，其中最强的快变化部分叫"回击"。闪击之间的时间间隔一般为几十毫秒。闪电放电可以辐射频带很宽的电磁波，从几赫兹到上百个吉赫。

三、雷击形式解析

1. 直接雷击

闪电直接击在建筑物、其他物体、大地或防雷装置上，产生电效应、热效应和机械力。

图 6-17 为直击雷图片。

2. 感应雷击

闪电放电时，在附近导体上产生静电感应和电磁感应，它可能使金属部件之间产生火花。

3. 雷电波侵入

由于雷电对架空线路或金属管道的作用，雷电波可能沿着这些管线侵入屋内，危及人身安全或损坏设备。图 6-18 为雷电波侵入示意图。

图 6-17　直击雷

图 6-18　雷电波侵入

4. 球雷

球雷是雷电形成的发红光、橙光、白光或其他颜色的火球，火球直径约20cm，球雷存在时间为数秒钟到数分钟，是一团处于特殊状态下的气体。在雷雨季节，球雷可能从门、窗、烟囱等通道侵入室内。球雷横向移动可能使避雷针失去防范作用。图 6-19 为球雷示意图。

图 6-19　球雷

四、雷击伤害规律分析

① 雷击经常发生在有金属矿床的地区、江河湖海岸、地下水出口处，山坡与稻田接壤的地上和具有不同电阻率土壤的交界地段也易遭雷击。

② 在湖沼、低洼地区和地下水位高的地方也容易遭受雷击。此外地面上的设施状况，也是影响雷击选择性的重要因素。

③ 高耸建筑物、构筑物容易发生雷击。金属结构的建筑物、内部有大量金属体的厂房或者内部经常潮湿的房间，因导电性好，易发生雷击。

④ 在旷野，即使建筑物不高，但是由于它比较孤立、突出，因而也比较容易遭雷击。如田间的休息凉亭、草棚、水车棚、工具棚等。

⑤ 烟囱冒出的热气和烟囱排出的大量含有导电微粒和游离分子气团，它比空气易于导电，等于加高了烟囱，易引发雷击。

【想一想】通过本次课的学习总结归纳你对雷电的认识。

子任务二　雷电危害分析

雷电对人类的生活和生产活动产生巨大的影响，雷电威胁着人类的生命安全。近年来，我国石油化工企业数量增加、规模不断扩大，石化企业装置密集复杂，石化企业 DCS 控制室、仪器仪表和配电系统等现代化设备装置，普遍存在绝缘强度低、过电压耐受能力差和抗电磁干扰能力差等弱点。一旦受到直接雷击，石化企业就会损失惨重，甚至企业附近发生雷击，其造成的雷击过电压和脉冲磁场，通过辐射耦合等途径到达电子设备，也经常影响该企业的电子设备和电气控制系统的正常运行，甚至损坏生产装置。

案例

案例 1：中石油大连港油罐被雷击起火

2011 年 11 月 22 日 18 时 35 分，位于大连市金州新区的大连港中石油油品码头两个 10 万吨级油罐被雷击起火，经过 700 多名消防员 1 个多小时扑救，火情得到基本控制，事故无人员伤亡。

案例 2：黄岛油库遭雷击起火爆炸

1989 年 8 月 12 日，中国石油总公司管道局胜利输油公司位于山东省青岛市的黄岛油库发生特大火灾爆炸事故。该起事故造成 19 人死亡，100 多人受伤，直接经济损失 3540 万元人民币。事故后，调查认为事故直接原因是黄岛油库的非金属油罐本身存在不足，遭到雷电击中引发爆炸。

【想一想】雷电会对我们的生产和生活造成怎样的伤害？

一、雷电的破坏作用分析

1.雷电流电效应的破坏作用

雷击放电电流可高达几万安到几十万安，电压可高达几十万伏到几百万伏，瞬间释放功率可达 $10^9 \sim 10^{12}$ W 以上。雷击脉冲电流可产生高达 $1 \sim 10^3$ Gs（1Gs＝10^{-4} T）强大磁场。因此，雷电对人类和一切电气设备具有极强的破坏力。

2.雷电流热电效应的破坏作用

强大的雷电流通过被雷击的物体时会发热。由于雷电流很大，通过时间极短，如果雷电击在树木或建筑物、构筑物上，被雷击的物体瞬间将产生大量的热，这些热来不及散发，以致物体内部的水分大量变成蒸汽并迅速膨胀，产生巨大的爆炸力，造成破坏。雷电通道的温度高达 6000～10000℃，甚至更高，极易造成火灾和爆炸。

3. 雷电流冲击波的破坏作用

雷电通道的温度高达几千到几万摄氏度,空气受热急剧膨胀,并以超声波的速度向四周扩散,产生强大的冲击波,使其附近的建筑物受到破坏,人、畜受到伤害。

4. 雷电流电动力效应的破坏作用

雷电流通过导体时,其周围空间将产生强大的电磁场,在磁场里的载流导体受到电场的作用而产生强大的电动力,这种电动力会造成各类导线或管道折断。

二、雷电的危害方式分析

1. 直击雷危害

雷电直接击在地面某一物体上,造成的危害。它能产生电效应、热效应、电动力效应,其能量大,具有巨大的破坏性。其发生占整个雷击事故的10%~15%。

2. 感应雷危害

雷击放电时,在附近物体上会产生静电感应和电磁感应,它可能使金属部件之间产生火花放电。

(1)雷电的静电感应 当有雷雨云出现时,雷雨云下的地面及建筑物等,受雷雨云的电场作用而带上与雷雨云下端等量的异性电荷。当雷雨云放电时,雷雨云上的电荷与地面上的异性电荷迅速中和,雷雨云电场消失,而地面局部地区一些物体,如架空线路、金属管道、建筑物、构筑物等,由于与大地间的电阻较大,静电感应产生的异性电荷来不及泄放,对地面就可产生很高的静电感应电压并可能产生放电。

(2)雷电的电磁感应 由于雷电流为脉冲电流,在其冲击下,周围空间产生瞬变的强大电磁场,使附近导体上感应出很高电压,雷电的电磁感应对弱电设备危害极大(当 $B > 0.03$Gs 时可造成微电子设备误动作,$B > 0.75$Gs 时可造成假性损坏,$B > 2.4$Gs 时可造成永久性损坏,B 为磁通量密度)。

3. 雷电波侵入危害

由于雷电对架空线路或金属管道发生的作用,雷电波沿着这些管线侵入室内,危及人身安全或损坏设备。

4. 雷电高电压反击的危害

遭受直接雷击的物体(金属体、树木、建筑物等)或防雷装置(接闪器、引下线、接地体、电涌保护器)等,在接闪雷电瞬间与大地间存在很高的电位差(电压),这电压对与大地相连接的金属物体发生闪击的现象称为反击(微电子设备遭雷击损坏,60%是来自地电位反击),必须防止 SPG(金属外壳保护接地)对 DOG(直流地)地电位的反击。

5. 球形雷

雷击放电火球或静电高压火球。

6. 雷击引发电气火灾和设备损坏主要原因

① 雷击各高压供电线路引入信息系统电源的雷电流和过电压。

② 雷电感应使供电和信息系统线路产生感应过电压,损坏系统。

③ 雷击建筑物或临近地区雷击放电,沿各种金属管线引入过电压或过电流;同时雷击放电所产生的雷电电磁脉冲导致建筑物内信息系统由于空间电磁感应产生瞬态过电压或强磁场辐射而损坏。

④ 各类电气和信息设备接地系统技术处理不当，引起各设备接地系统出现电位差而产生高压反击。

⑤ 导致电气设备和线路的绝缘层损坏，造成短路故障或漏电跳闸。

雷击对信息系统造成破坏，轻则出现系统死机或误动作，重则出现系统硬件永久性损坏或造成人身伤亡。

三、雷电的事故后果分析

1. 火灾和爆炸

强大雷电流通过导体时，在极短的时间内将转换为大量热能，产生的高温会造成易燃物燃烧或金属熔化飞溅，从而引起火灾、爆炸。直击雷放电的高温电弧、二次放电、巨大的雷电流、雷球侵入可直接引起火灾和爆炸；直击电压击穿电气设备的绝缘等破坏可间接引起火灾和爆炸。

2. 触电

积云直接对人体放电、二次放电、球雷打击、雷电流产生的接触电压和跨步电压可直接使人触电；电气设备绝缘层因雷击而损坏也可使人遭到雷击。雷击时产生的火花、电弧，还可使人遭到不同程度的烧伤。

3. 设备和设施损坏

雷击产生的高电压、大电流伴随的汽化力、静电力、电磁力可毁坏重要电气装置和建筑物及其他设施。

4. 大规模停电

雷电放电产生极高的冲击电压，可击穿电气设备的绝缘层，损坏电气设备和线路，可能导致大规模停电。

子任务三　雷电危害的防护

雷电对我们的生产生活会造成严重的危害，因此掌握防雷措施，做好石油化工企业的雷电防护，对保证人民生命和国家财产不受损失有着重要的意义。

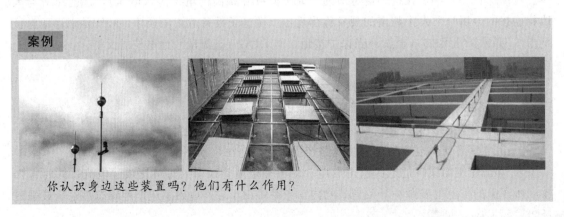

案例

你认识身边这些装置吗？他们有什么作用？

一、雷害预防

防雷是一个很复杂的问题，必须针对雷害入侵途径，对各类可能产生雷击的因素进行排除，采用综合防治——接闪、均压、屏蔽、接地、分流（保护），才能将雷害降低到最低限度。

1. 接闪装置

就是我们常说的避雷针、避雷带、避雷线或避雷网，接闪就是让在一定程度范围内出现的闪电放电，不能任意地选择放电通道，而只能按照人们事先设计的防雷系统的规定通道，将雷电能量泄放到大地中去。保护原理是利用"尖端放电"原理，将雷电吸引到避雷针（避雷线）本身上来并安全地将雷电流引入大地，从而保护了设备。

2. 等电位连接

为了彻底消除雷电引起的毁坏性的电位差，就特别需要实行等电位连接，电源线、信号线、金属管道等都要通过过压保护器进行等电位连接，各个内层保护区的界面处同样要依此进行局部等电位连接，并最后与等电位连接母排相连。图 6-20 为等电位连接示意图。

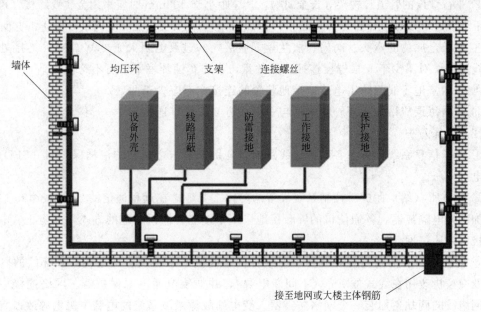

图 6-20　等电位连接示意图

3. 屏蔽

屏蔽就是利用金属网、箔、壳或管子等导体把需要保护的对象包围起来，将雷电电磁脉冲波入侵的通道全部截断。所有的屏蔽套、壳等均需要接地。

4. 接地

接地就是让已进入防雷系统的闪电电流顺利地流入大地，而不能让雷电能量集中在防雷系统的某处对被保护物体产生破坏作用。良好的接地才能有效地泄放雷电能量，降低引下线上的电压，避免发生反击。

5. 分流

分流就是在一切从室外来的导体与防雷接地装置或接地线之间并联一种适当的避雷器，当直击雷或雷击效应在线路上产生的过电压波沿这些导线进入室内或设备时，避雷器的电阻突然降到低值，近于短路状态，雷电电流就由此处分流入地了。

6. 电离防雷装置

电离防雷装置是利用雷云的感应作用或采取专门的措施，在电离装置附近形强电场，使空气隔离。

二、化工生产防雷

1. 电气技术措施

（1）外部防护

① 所有的金属框架、塔、管道、容器、建筑内的设备、构架、钢窗等较大金属物和突出屋面的放空管、风管等金属物，均应接到防雷电感应的接地装置上。金属屋面周边每隔18～24m 应采用引下线接地一次。现场浇制的或由预制构件组成的钢筋混凝土屋面，其钢筋宜绑扎或焊接成闭合回路，并应每隔 18～24m 采用引下线接地一次。

② 平行敷设的管道、构架等长金属物，其净距小于 100mm 时应采用金属线跨接，跨接点的间距不应大于 30m；异面交叉净距小于 100mm 时，在其交叉处亦应跨接，防止雷电反击。

③ 当长金属物的弯头、阀门、法兰盘等连接处的过渡电阻大于 0.03Ω 时，连接处应用金属线跨接。对不少于 5 根螺栓连接的法兰盘，在非腐蚀环境下，可不跨接。

④ 屋内接地干线与防雷电感应接地装置的连接，不应少于两处。

⑤ 屋内每层应做均压环，均压环与引下线有 2 点可靠连接。

（2）内部防护

① 电子信息系统设备中各种传输线路端口分别安装与之适配的浪涌保护器（SPD），抑制雷电过电压。

② 变电所（站）保护、控制系统设备的防雷主要考虑在远程通信的 232 口、485 口及音频口加装光电隔离器。各通信口的屏蔽接地采用串接电容器再接地的方式，以防止雷电通过接地极串入通信网。

③ 计算机设备的防雷按规程要求，改善机房的接地系统及屏蔽系统，各部门的网络服务器及交换机改用在线式的 ups（不间断电源），并加装浪涌电源保护器。网络连接中，可以在网络线的两端各加装一个网络防雷器。变电站故障录波系统的电脑主机电源改以直流电源为主，交流电源为备用电源，录波打印机电源直接使用交流站用电源，在交流电源上加装浪涌电源保护器。录波数据远传 modem（调制解调器）电话口可以加装音频隔离变压器来防止雷击。

（3）电气架空线路的保护

① 在电缆与架空线连接处，应装设避雷器。避雷器、电缆金属外皮、钢管和绝缘子铁脚、金具等应连在一起接地。

② 为了提高配电线路的耐雷水平，线路中应尽量选择瓷横担。对于现有的铁横担线路，更应选用高一级的绝缘子。

③ 对于中性点不接地的配电线路，发生单相接地时，线路不会引起跳闸，因此，防止

相间短路是线路防雷的基本原则。

④ 10kV 配电线路遭受雷击后，往往会造成绝缘子击穿和导线烧断事故，尤其是对于多雷区的钢筋混凝土杆铁担的线路最为突出，所以在这些绝缘弱点必须有可靠的电气连接并与接地引下线相连。引下线可借助钢筋混凝土杆的钢筋焊连，接地电阻应小于 30Ω。

⑤ 对于个别高的杆塔、铁横担、带有拉线的部分杆塔和终端杆等绝缘薄弱点，应装设避雷器。

⑥ 对于 10kV 配电线路相互交靠和与较低电压线路、通信线、闭路电视线交靠的线路，其交靠时上下导线间的垂直距离最小允许值应符合有关规程中规定的数值。如果工作距离较小，空气间隙可能被雷电所击穿，使两条相互交靠的线路发生故障跳闸，并将引起线路继电保护的非选择性动作，从而可能扩大为系统事故。所以在线路交靠跨越地段的两端，有必要加装配合式保护间隙。

（4）变配电设备防护

① 配电变压器按现行规范采用阀型避雷器来保护。阀型避雷器越靠近变压器安装，保护效果越好，一般要求装在高压跌落保险的内侧。必须使避雷器的残压小于配电变压器的耐压，才能有效地对变压器起保护作用。

② 避雷器的选择应与线路额定电压相符。若避雷器额定电压高于设备额定电压，则会使设备遭受雷击时失去可靠保护；避雷器额定电压低于设备额定电压，在正常的过电压下避雷器频繁动作会引起线路接地跳闸。

③ 当变压器容量在 100kVA 及以上时，接地电阻应尽可能降低到 4Ω 以下；当变压器容量小于 100kVA 时，接地电阻可达到 10Ω 及以下即可。达不到上述要求的变压器，应进行改造接地网使其阻值下降，从而使雷电流流过接地线上引起的电位降低。

④ 在配电变压器低压侧也装设保护装置。10kV 配电变压器只在进线处安装避雷器不能保护配变低压绕组，而且低压侧落雷也会造成雷电冲击电压直接通过计量装置加在低压绕组上，按变比感应到高压侧，产生高电压，有可能首先击穿高压绕组。同时，雷电冲击电压通过低压线路侵入用户，造成家用电器的损坏。所以在配电变压器低压侧应装设低压避雷器（以装设一组 FYS 型低压金属氧化物避雷器为宜）或 500V 的通信用放电间隙保护器，并将避雷器、变压器外壳和中性点可靠接地。

⑤ 在配电变压器进线处装设电抗器。电抗器可以利用进线制作，用进线绕成直径 100mm、10～20 匝的电感线圈，阻止雷电波的入侵，保护变压器。

⑥ 避雷器安装工艺要规范。避雷器的接地要良好，接地线连接要可靠。

（5）电力电缆线路的防护　电力电缆由于其本身结构特点和与其他电气设施连接的要求，根据不同电压等级采取不同的防雷方法。对于 35kV 及以下电压等级的电力电缆，基本上应采取在电缆终端头附近安装避雷器，同时终端头金属屏蔽、铠装必须接地良好。对于 110kV 及以上的高压电缆，当电缆线路遭受雷电冲击电压作用时，在金属护套的不接地端或交叉互连处会出现过电压，可能会使保护层绝缘发生击穿，应采取以下保护方案之一：

① 电缆金属护套一端互连接地，另一端接保护器。

② 电缆金属护套交叉互连，保护器 Y0 接线。

③ 电缆金属护套交叉互连，保护器 Y 接线或△接线。

④ 电缆金属护套一端互连接地加均压线。

⑤ 电缆金属护套一端互连接地加回流线。

当今时代的防雷工作的重要性、迫切性、复杂性大大增加，雷电的防御已从直击雷防护到系统防护，我们必须站到历史时代的新高度来认识和研究现代防雷技术，提高人类对雷灾防御的综合能力。

2. 装置的防雷

雷击产生的强烈的热效应、机械效应，对化工生产装置及罐区内储存的易燃易爆物品均会产生巨大的破坏作用，极易造成易燃易爆物品的燃烧和爆炸，生产现场的一切设备和管道均应接地。金属管道的出、入口，管道平行或交叉处，管道各连接处，应用导线跨接并使之妥善接地。化工生产装置内的金属屋顶，应沿周边相隔 15m 处用引下线与接地线相连。对于钢筋混凝土屋顶，在施工时，应把钢架焊成一个整体，并每隔 15m 用引下线与接地线相连。为防止"雷电反击"发生，应使防雷装置与建筑物金属导体间的绝缘介质闪络电压大于反击电压。平行输送易燃液体的管道，相距小于 10cm 时，应沿管每隔 20m，用导线把管子连接起来。对化工装置及其建筑，将其所用供电线路，全部采用电缆埋地引入供电。或将进入建筑物前 50～100m 的电线改为电缆埋地引入供电。在电缆与架空线连接处，装设阀型避雷器，并将避雷器、电缆金属外皮和绝缘体铁脚共同接地，接地电阻一般为 5～30Ω。

化工企业的气柜和储存易燃液体的储罐大部分为金属所制，一些高大的储罐在雷雨季节易遭雷击，应采用独立避雷针保护。装有阻火器的地上卧式油罐的壁厚和地上固定顶钢油罐的顶板厚度等于或大于 4mm 时，不应装设避雷针。铝顶油罐和顶板厚度小于 4mm 的钢油罐，应装设避雷针（网）。避雷针（网）应保护整个油罐。浮顶油罐或内浮顶油罐不应装设避雷针，但应将浮顶与罐体用 2 根导线连接。

三、人体防雷

① 雷电活动时，应尽量少在户外或旷野逗留。如有条件，可进入有宽大金属构架或有防雷设施的建筑物，应尽量离开小山、小丘或隆起的小道，应尽量离开海滨、湖滨、河边、池旁，应尽量离开铁丝网、金属晒衣绳以及旗杆、烟囱、高塔、孤独的树木附近，还应尽量离开没有防雷保护的小建筑物或其他设施。

② 在户内应注意雷电侵入波的危险。应离开照明线、动力线、电话线、广播线、收音机电源线、收音机和电视机天线以及其相连的各种设备，以防止这些线路或设备对人体的二次放电。还应注意关闭门窗，防止球形雷进入室内造成危害。

③ 跨步电压的防护。当雷电流经地面雷击点的接地体流入周围土壤时，会在它周围形成很高的电位，如有人站在接地体附近，就会受到雷电流所造成的跨步电压的危害。为了防止跨步电压伤人，防直击雷接地装置距建筑物、构筑物出入口和人行道的距离不应少于3m。当距离小于 3m 时，应采取接地体局部深埋、隔以沥青绝缘层、敷设地下均压条等安全措施。防雷是一个很复杂的系统工作，首先，要在装置的设计、施工中综合考虑，采用多种措施，做好整体防护，保证防雷设施完善，还要考虑投资成本及运行的经济性。其次要加强防雷设施的日常维护和检查，对化工塔、容器等关键部位的接地点要定期进行测试，发现问题，及时解决。

【做一做】根据生活常识及本节课内容，思考人身防雷有哪些注意事项，并制作宣传海报。

任务四
静电危害分析与防护

学习目标

能力目标

(1) 会分析雷电种类的危害。

(2) 能正确分析静电的危害并准确提出防护措施。

素质目标

(1) 能够对资料进行整理、分析、归纳，并进行自主学习。

(2) 具有安全意识、团队意识、强烈的责任感。

(3) 促进理论联系实际，提高学生分析问题、解决问题的能力以及动手能力。

知识目标

(1) 知道静电的产生条件及特点。

(2) 理解静电的防护措施。

子任务一　静电危害分析

20世纪中期以后，随着电阻率较高的高分子材料如塑料、橡胶等制品的广泛应用和现代生产过程的高速化，使静电可以积聚到很高的程度。同时，静电敏感材料如轻质油品、火药、固态电子器件等的生产和使用，使静电造成的危害越来越突出。静电曾使电子工业年损失达百亿美元以上。静电放电还会造成火箭、卫星发射失败及干扰航天器的运行。因此，了解静电的危害，掌握静电的防护技术尤为重要。

案例1

2009年10月19日上午，浙江卫星丙烯酸制造有限公司成品罐区发生爆炸火灾事故。该公司是一家专业从事丙烯酸及丙烯酸酯类产品开发、生产、销售的企业。该起事故首先由成品罐区的V0104号储罐（该储罐有效容积为3000m^3，当时储存有151.57t丙烯酸乙酯）突然发生爆炸，罐顶被冲开掀翻落地，并引发大火，导致围堰内相同大小的V0101（装有丙烯酸甲酯75t）、V0102（装有丙烯酸丁酯345t）两个储罐相继发生了爆炸。经事故联合调查组和化工专家组初步认定，19日该公司储罐区V0104号储罐爆炸的直接原因是：在用泵向该罐内输送丙烯酸乙酯过程中产生并积聚静电，引爆罐内混合性气体，并形成火灾。

案例2

某厂装运车间污油罐闪爆事故

2005年3月3日，大庆石化分公司炼油厂装运车间3名员工进行污油回收作业，操作过程是：将污油桶内的污油，回收到汽车槽车，然后倒入直径4.2m、罐体切线高度4.73m、容积60m^{3}的Z-4污油罐。10时05分，操作人员在四栈桥站台西侧从汽车槽车向Z-4污油罐倒装污油时，Z-4污油罐突然发生爆燃，此后，汽车槽车后部爆裂烧毁，相邻的Z-3罐也发生爆炸。污油流入装车栈桥地沟，引起地沟着火。事故发生后，大庆石化分公司立即启动了事故应急预案并立即向总部汇报，在消防部门、铁路部门的配合下，及时将火场附近已装满油品的45节罐车牵引到安全地带，用泡沫对地沟进行控制封堵，防止事故扩大。10时45分火被扑灭。在这次事故中，汽车槽车司机及在Z-4罐顶作业的操作工当场死亡，另一名操作工烧伤，直接经济损失249791元。

案例3

某公司轻污油罐闪爆着火事故

2012年5月，某炼油厂一台5000m^{3}内浮顶轻污油罐在检修作业时发生着火爆炸，该污油罐罐顶被炸飞，罐壁被炸塌。事故造成一台轻污油罐被炸毁，1人轻伤，直接经济损失8.05万元。

一、静电的产生解析

静电是由于物体的相对运动，分离和积累起来的正电荷和负电荷。由不同物质相互摩擦而产生的电子转移所造成。

二、静电的危险分析

1. 爆炸和火灾

爆炸和火灾是静电危害中最为严重的事故。在有可燃液体作业场所（如油料装运等），可能因静电火花放出的能量超过爆炸性混合物的最小引燃能量值，引起爆炸和火灾；在有可燃气体或蒸气、爆炸性混合物或粉尘、纤维爆炸性混合物（如氧、乙炔、煤粉、面粉等）的场所，如果浓度已达到混合物爆炸的极限，可能因静电火花引起爆炸及火灾。静电造成爆炸或火灾事故情况在石油、化工、橡胶、造纸印刷、粉末加工等行业中较为严重。

2. 静电电击

静电电击可能发生在人体接近带电物体时，也可发生在带静电的人体接近接地导体或其他导体时。电击的伤害程度与静电能量的大小有关，静电所导致的电击，不会达到致命的程度，但是因电击的冲击能使人失去平衡，发生坠落、摔伤，造成二次伤害。

3. 妨碍生产

① 生产过程中如不清除静电，往往会妨碍生产或降低产品质量。

② 静电对生产的危害有静电力学现象和静电放电现象两个方面。

③ 因静电力学现象而产生的故障有：筛孔堵塞、纺织纱线纠结、印刷品的字迹深浅不均等。

④ 因静电放电现象产生的故障有：放电电流导致半导体元件及电子元件损毁或误动作，导致照相胶片感光而报废等。

三、静电危害分析

① 静电危害的范围较广。在静电危险物资的储运过程中，一旦因静电放电而引发燃烧、爆炸事故，受损的往往不仅是某一设备，而是某一场所、某一区域，甚至更大范围内的安全都会受到威胁。

② 静电危害的危险大。在静电危险物资的储存场所及静电敏感材料生产、使用、运输过程中，构成静电危害的条件比较容易形成，有时仅仅一个火花就能引发一次严重的灾害。

③ 静电危害瞬间即完成，无法阻止，故只能采取积极的预防措施。

④ 静电的产生与积聚既看不见，也摸不着，容易被人们所忽视。

鉴于以上特点，杜绝静电危害应以预防为主，把灾害控制在事发以前，即积极采取各种防静电危害的措施，加强安全管理。在存放易燃易爆气体、粉尘、化学材料、爆炸物等工作环境门口和环境区域内一定要安装防爆人体静电消除器。

四、静电危害的形式分析

静电放电时，除可引发燃烧、爆炸事故外，还可对人体造成瞬间冲击性电击，从而对人体心脏、神经等部位造成危害，引起人受惊跳起、做出猛烈反应、不舒适、精神紧张等。影响静电电击危害程度大小的因素很多，包括静电电流大小、通过的时间和时刻、通过的途径、电流种类以及人体特征、人体健康状况、人体精神状况等。虽然，静电电击很难使人致命，但若不加强人员的安全防护，则可能因人受电击后产生的不恰当反应而导致严重的二次事故或妨碍作业。

【想一想】一般什么时候会产生静电？是不是有静电就一定会产生危害呢？

五、静电危害条件的产生

静电虽然随时随地都会产生，但却不一定构成危害，因为静电危害的形成必须具备一定的条件。静电引发火灾、爆炸事故应具备以下条件，缺一不可：

1. 存在引发火灾、爆炸事故的危险物资

静电引发火灾、爆炸事故的必要条件，就是要有对静电敏感的物资，且静电放电的能量与火花足以将其引燃或引爆。对静电敏感、易发生静电火灾与爆炸事故的物资称为危险物资。仓储物资中，火箭弹、火炸药、电火工品、油料、化工危险品等都是危险物资。

危险物资的危险程度是用最小静电点火能来衡量的。最小静电点火能即为能够点燃或引爆某种危险物资所需要的最小静电能量。影响最小静电点火能的因素很多，包括危险物资的种类与物理状态、静电放电的形式、环境的温湿度条件等。为了比较不同危险物资的最小静电点火能，规定使危险物资处于最敏感状态下被放电能量或放电火花点燃或引爆的最小能量为该危险物资的最小静电点火能。最小静电点火能是判断某些危险作业和工序是否会发生火灾、爆炸事故的重要依据之一，其单位为毫焦。

当油料及酒精、二甲苯等挥发性物资容易散发，其蒸气在空气中的浓度达到一定比例范围时，遇到火源就会爆炸，此种混合物称爆炸混合物，此种浓度范围界限称为爆炸极限。当爆炸性混合物的浓度处于爆炸极限范围内时，一旦产生静电火花，就可能引发爆炸事故。爆炸混合物的爆炸极限并非为定值，而是会随混合物的温度、压力及空气中含氧量的变化而变化，同时，与测试条件也有一定关系。

2. 有静电产生的条件

在仓储活动的各个环节中，静电的产生是不可避免的。比如，物资在装卸、输送过程中容易因摩擦而产生静电，油品在收、发、输送过程中也会产生静电，粉体、灰尘飞扬可产生静电，人员在作业中的操作、行走也会产生静电。

3. 有静电积聚的条件

对于任何材料，静电的积聚和泄漏是同时进行的，只有静电起电率大于静电泄漏率，并有一定量的积累，才能使带电体形成高电位，产生火花放电而构成危害。

静电积聚的大小与带电体的性质、起电率、环境温湿度等密切相关。带电体的性质不同，如是导体还是绝缘体，其积聚静电能力及放电能力差别很大。绝缘体更易积聚静电，比如，仓储物资及设备绝缘体表面的电荷密度多数为 $26.5C/m^2$，此时空气中的电场强度将达到 $30kV/cm$，容易产生静电火花而引发燃烧、爆炸事故。导体放电能力很强，一般情况下可将储存的静电量几乎一次全部变成放电能量而放出。而绝缘体由于电导率低，积聚的电荷不能在一次放电中全部消失，其静电场所储存的能量也不能一次集中释放，故危险性相对较小。但正是由于绝缘体积聚的电荷不能在一次放电中全部消失，而使带电绝缘体有多次放电的危险。另外，当危险物资的最小静电点火能很小时，绝缘体上的静电火花也能引起危险物资的燃烧或爆炸。静电起电率越高，就越容易积聚，譬如，固体物料的高速剥离、油料的快速流动、物资在装卸搬运过程中与机械摩擦过大等均有较高的起电率，易积聚静电而构成危害。环境温湿度越低，越容易积聚静电，特别是湿度的影响更为显著。

4. 静电放电的火花能量大于最小静电点火能

虽然仓储活动极易产生静电，但是，只有当产生的静电积聚起来，在一次放电中所释放的能量大于或等于危险物资最小静电点火能，才会引发火灾、爆炸事故。

对于固体物资，如散露的火炸药、薄膜式电雷管的引信、已短路的桥丝式电火工品脚壳之间等导体与导体、绝缘体与导体之间，当其静电的场强达到空气击穿场强时，就会发生火花放电，使物体上积聚的静电能量以电火花的形式释放。如果这时存在爆炸性混合物或易燃易爆的危险物资，则带电体的全部或部分静电能量就会通过电火花耦合给危险物资，若电火花的能量大于或等于危险物资最小静电点火能，就可能引燃或引爆危险物资而造成火灾、爆炸事故。

而对于液体物资，如油料的装卸过程中，会因流动、喷射、冲击等带电，若产生的电荷积聚起来形成一定的电场强度和电位，且其场强超过气体所能承受的场强时，气体就会被击穿而放电。据放电形式不同可分为电晕放电、刷形放电和火花放电。电晕放电通常放电能量小而分散，不足以点燃轻油混合气体而危险性小；刷形放电是分布在一定的空气范围内，单位时间内释放的能量较小而危险性不大，但引发火灾、爆炸事故的概率高于电晕放电；而火花放电则是在瞬间使静电能量集中释放，其电火花能量常能引燃、引爆轻油混合气体而危害很大。

【做一做】根据本节课内容，总结归纳静电产生的条件及静电的危害，并试着提出防护措施。

子任务二　静电危害的防护

由于静电的产生是不可避免的，若产生的静电没有得到及时的泄放，便可能积聚起来。积聚的静电荷构成的电场对周围空间有电场力的作用，可吸引周围微粒而引起灰尘的堆积、纤维纠结及污染物资等。当然，静电积聚最大的危害还是可产生火花放电，导致火灾、爆炸等严重事故的发生。

案例

这是某单位防静电宣传栏（图 6-21）。

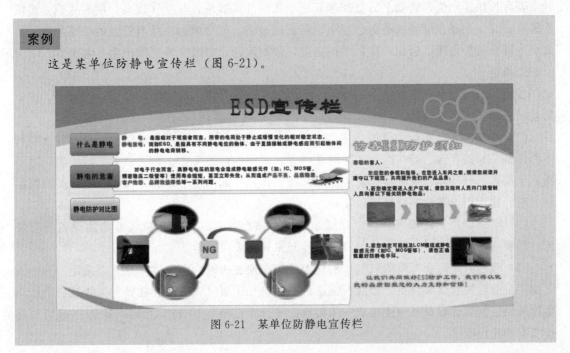

图 6-21　某单位防静电宣传栏

一、防静电伤害

1. 控制静电场所的危险程度

在静电放电的场所，必须有可燃物或爆炸性混合物的存在，才能形成静电火灾和爆炸事故。因此，控制或排除放电场所的可燃物，就成为预防静电灾害的重要措施之一，具体操作如下。

① 取代易燃介质。

② 降低爆炸性混合物的浓度。

③ 减少氧化剂含量。

2. 工艺控制

（1）根据带电序列选用不同材料　不同物体之间相互摩擦，物体上所带电荷的极性与它在带电序列中的位置有关，一般带电序列中的两种物质摩擦，前者带正电，后者带负电。于是可根据这个特性，在工艺过程中，选择两种不同材料，与前者摩擦带正电，而与后者摩擦带负电，最后使物料上所形成的静电荷互相抵消，从而达到消除静电的效果。

根据带电序列适当选用不同材料而消除静电的方法称为正、负相消法。比如铝粉与不锈钢漏斗摩擦带负电，而与虫胶漏斗摩擦带正电，用这两种材料按比例搭配制成的漏斗，就可避免静电荷积聚的危险。

（2）选择不易起电材料　当物体的电阻率达到 $10^9 \Omega \cdot cm$ 以上时，物体间只要相互摩擦或接触分离，就会带上几千伏以上的静电高压。因此，在工艺和生产过程中，可选择电阻率在 $10^9 \Omega \cdot cm$ 以下的物质材料，以减少摩擦带电。比如煤矿开采中，传输煤皮带的托辊是绝缘塑料制品，若换成金属或导电橡胶，就可避免静电荷的产生和积聚。

（3）降低摩擦速度或流速　降低摩擦速度或流速，可限制静电的产生。在制造电影胶卷时，若底片快速地绕在转轴上，会产生几十千伏的静电高压，与空气放电，使胶片感光而留下斑痕；又如油品在灌装或输送过程中，若流速过快，就会增加油品与管壁的摩擦速度，从而产生较高的静电压。因此，降低摩擦速度，限制流速，对减少静电的产生非常重要。

3. 接地

接地是消除静电危害最常见的方法，主要用来消除导体上的静电。在生产过程中，以下工艺设备应采取接地措施。

（1）加工、储存和运输设备　凡是用来加工、储存、运输各种易燃液体、可燃气体和粉体的设备，如储存池、储气罐、产品输送装置、封闭的运输装置、排注设备、混合器、过滤器、干燥器、升华器、吸附器、反应器等都必须接地。如果袋形过滤器由纺织品或类似物品制成时，建议用金属丝穿缝并予以接地。

（2）辅助设备　注油漏斗、浮动罐顶、工作站台、磅秤、金属检尺等辅助设备均应接地。油壶或油桶装油时，应与注油设备跨接起来，并予以接地。

（3）管道　工厂及车间的氧气、乙炔等管道必须连接成一个整体，并予以接地。其他所有能产生静电的管道和设备，如油料输送设备、空气压缩机、通风装置和空气管道特别是局部排风的空气管道，都必须连接成一体接地。平行管道相距 10cm 以内时，每隔 20m 应用连接线互相连接起来。

(4) 油槽车　油槽车在行驶时，由于汽车轮胎与路面有摩擦，汽车底盘上会产生危险的静电电压。为了导走静电电荷，油槽车应带有金属链条，链条一端和油槽车底盘相连，另一端与大地接触。油槽车在装油之前，应同储油设备跨接并接地。

(5) 工艺设备　在有产生和积累静电的固体和粉体作业中，如压延机、上光机，各种辊轴、磨、筛、混合器等工艺设备均应接地。

静电接地的连接线应保证足够的机械强度和化学稳定性，连接应当可靠，不得有任何中断之处。接地电阻最大不应超过 1000Ω。

4. 增湿

有静电危险的场所，在工艺条件许可时，可以安装空调设备、喷雾器或采用挂湿布条的办法，以提高空气相对湿度，消除静电的危险。用增湿法消除静电的效果是很显著的。

5. 抗静电剂

抗静电剂是一种表面活性剂。在绝缘材料中如果加入少量的抗静电剂，就会增大材料的导电性和亲水性，使绝缘性能受到破坏，体表电阻率下降，促进绝缘材料上的静电荷被导走。抗静电剂的种类很多，概括起来有以下几种：

(1) 无机盐类　这类抗静电剂包括碱金属和碱土金属的盐类，如硝酸钾、氯化钾、氯化钡、醋酸钾等。这类抗静电剂自身不能成膜，一般要求与甘油等成膜物质配合使用。

(2) 表面活性剂类　这类抗静电剂包括脂肪族磺酸盐、季铵盐、聚乙二醇、多元醇等。其中离子型表面活性剂类抗静电剂靠表面离子来增大导电性。

(3) 无机半导体类　这类抗静电剂包括无机半导体盐，如亚铜、银、铋、铝等元素的卤化物。这类抗静电剂还包括导电炭黑等。

6. 静电中和器

静电中和器又称静电消电器，它是利用正、负电荷相中和的方法，达到消除静电的目的。

二、人体的防静电

① 在人体必须接地的场所，应装设金属接地棒——消电装置。工作人员随时用手接触接地棒，以清除人体所带有的静电。在坐着工作的场合，工作人员可佩戴接地的腕带。防静电的场所入口处、外侧，应有裸露的金属接地物，如采用接地的金属门、扶手、支架等。

② 在有静电危害的场所应注意着装，工作人员应穿戴防静电工作服、鞋和手套，不得穿用化纤衣物。穿防静电工作服不仅可以降低人体电位，同时可以避免服装上带高电位所引起的其他危害。

穿防静电鞋的目的是将人体接地，除防止人体带静电外，还能防止人体不慎触及低压电路而发生的触电事故。

任务五
电气设备防火防爆

学习目标

能力目标

(1) 会分析电气设备使用过程中导致火灾和爆炸的隐患。
(2) 能针对设备使用过程中存在的火灾爆炸隐患提出防护措施。

素质目标

(1) 能够对资料进行整理、分析、归纳，并进行自主学习。
(2) 具有安全意识、团队意识、强烈的责任感。
(3) 促进理论联系实际，提高学生分析问题、解决问题的能力以及动手能力。

知识目标

(1) 掌握设备安全管理的措施。
(2) 理解安全管理技术。

案例

案例1：2017年11月18日，位于北京市大兴区西红门镇的一处集储存、生产、居住功能为一体的"三合一"场所发生火灾，共造成19人死亡，8人受伤，造成了重大经济损失。

据调查，火灾原因为冷库制冷设备调试过程中，被覆盖的聚氨酯保温材料内为冷库压缩冷凝机组供电的铝芯电缆因电气故障造成短路，引燃了周围可燃物；可燃物燃烧产生的一氧化碳等有毒有害烟气蔓延导致人员伤亡。

案例 2：2018 年 6 月 1 日 17 时 52 分许，达州市通川区西外镇塔沱市场好一新商贸城发生一起火灾事故，过火面积约 5.1 万 m^2。火灾造成 1 人死亡、直接经济损失 9210 余万元。经调查，火灾直接原因是位于塔沱市场的好一新商贸城负 1 楼冷库 3 号库内，租户自行拉接的照明电源线短路引燃下方的香蕉外包装纸箱。由于建筑体量大，商品种类繁多，部分消防通道、疏散通道堵塞，未设置防火分隔装置等原因，火势蔓延。同时，3 号库发生爆燃后，高温烟气引燃整个冷库裸露在外的保温材料，产生了大量可燃的高温烟气，致 1 人吸入高温有毒烟气后窒息，抢救无效死亡。

【想一想】分析以上事故产生的原因是什么，可以采取哪些措施避免事故的发生。

一、电气设备使用过程中导致火灾和爆炸的隐患排查

电气火灾和爆炸事故是电火花及电弧引起的火灾和爆炸。在化工企业的火灾和爆炸事故中，电气火灾和爆炸事故占有很大比例，仅次于明火。电气火灾和爆炸事故一旦发生，将会造成人身安全的严重危害和企业及国家财产的重大损失。

电气火灾和爆炸形成的原因分析：

① 电火花及电弧引起火灾和爆炸。电气火灾和爆炸事故中由电火花引起的电气火灾占很大的比重。一般电火花温度很高，特别是电弧，温度可高达 6000℃。

因此，它们不仅能引起可燃物燃烧，而且能使金属熔化、飞溅，构成危险的火源。电火花能否构成火灾危险，主要取决于火花能量，当该火花能量超过周围空间爆炸混合物的最小引燃能量时，即可能引起爆炸。

② 电气装置的过度发热，产生危险温度引起火灾和爆炸。电气设备运行时总是要发热的，电流通过导体时要消耗一定的电能，其大小为 $\Delta W = I^2 R t$ 这部分电能使导体发热，温度升高。电流通路中电阻 R 越大，时间 t 越长，则导体发出的热量越多，一旦到达危险温度，在一定条件下即可引起火灾。

【议一议】很多的电气火灾，都是由于对设备的管理不善造成的，讨论交流，应该从哪些方面做好对设备的安全管理工作。

二、设备安全管理

1. 高温防护

化工企业在高温场所内的电气设备应提高防护等级，加强高温安全防护措施。对高温场所内的电气设备实行日检查制，确保设备的散热效果良好。

2. 湿度控制

潮湿环境内的高低压配电室及计算机机房等，需安装温湿度仪和空调，实时监测室内温湿度，同时加强巡检力度，发现问题及时开启空调调温除湿。

3. 降低粉尘危害

可以通过密闭设备来生产，这样可以防止粉尘四处扩散。无法充分密闭的车间，在不影响生产的前提下，尽可能地利用半封闭罩、隔离室等办法来隔离粉尘与电气设备，把粉尘控制于局部范围中，防止粉尘四处扩散。

4. 预防腐蚀

环境中的化学腐蚀介质包括：氯气、氯化氢、腐蚀粉尘等。化工电器防腐蚀主要通过采用密封式或封闭式结构来提高其防腐蚀性能。电器具有可靠的进出导线密封装置。外露部件在设计和工艺上均采取防腐蚀措施。

5. 防止爆炸

用于爆炸性危险环境内的电气设备须选用防爆电气设备。防爆电气设备根据环境及介质的不同分为Ⅰ类、Ⅱ类、Ⅲ类；根据结构型式的不同主要有隔爆型、增安型等。当电气设备内产生电火花及危险高温，引燃壳内的爆炸性气体混合物时，隔爆型电气设备的隔爆外壳应能承受内部的爆炸压力而不破损；同时隔爆外壳的接合面应能将向壳外传播的爆炸火焰减弱至不能点燃周围的爆炸性气体混合物。增安型电气设备是对正常条件下不会产生电弧或电火花的电气设备，采取进一步的安全措施，提高其安全程度，防止电气设备内部产生电弧、电火花及危险高温。没有了点燃源，就不会发生爆炸事故。

6. 避雷与接地

化工企业内须建立安全可靠的接地网。避雷是在建筑物或设备顶部安装避雷带或避雷针，通过安全可靠的避雷引下线与地下的接地网相连，将雷电流引入大地。消除静电是将可能产生静电的设备通过接地引线把产生的静电导入大地。化工企业内所有不带电的导电设备和带电设备的不带电金属外壳都须通过接地引线与地下的接地网可靠相连，当有意外漏电事故发生时，接地引线将漏电电流导入大地，保障人员安全。

三、加强人员安全管理

1. 企业中人为的电气事故隐患排查

（1）电气运行操作人员电气误操作　误操作是导致人为设备事故和人身死亡事故的主要根源，确保电气操作的准确性是企业电力系统保证安全经济运行的一项重要工作。认真分析电气误操作事故隐患的原因，采取行之有效的防范对策，对确保化工企业电力系统安全运行具有很重要的意义。存在电气误操作事故隐患的原因虽然多种多样，但归纳起来可分为：

① 电气运行操作人员技术素质不高。

② 不遵守倒闸操作的规定，习惯性违章。

③ 防误闭锁装置不完善或管理不严。

④ 操作人员精神状态不佳，忙中出错。

（2）企业电工在带电作业过程中的事故隐患　在企业职工的带电作业过程中，由于电工作业的特殊性，电气设备的故障现象以及有关技术参数都必须在带电时才能进行检测和分析。因此，绝大部分电气设备事故的处理工作都是在现场带电的情况下进行分析处理的。

电工在带电作业过程中存在事故隐患的原因分析：

① 单凭经验工作。

② 违章作业。

③ 绝缘能力降低或火线碰壳。

④ 不利环境。特别是安装在有导电介质和酸、碱液等腐蚀介质以及潮湿、高温等恶劣环境中的导线、电缆及电气设备，其绝缘层容易老化、损坏，还会在设备外层附着一层带电物质而造成漏电。

⑤ 缺乏多方面的电气知识。

⑥ 电气设备维护保养不善。

2. 人员安全管理

① 单位领导要重视电气安全管理，可以将电气系统各环节分别确立第一责任人，达到每一环节都有安全负责人，确保国家的安全生产法规与相关规章制度能够切实落到实处。

② 员工必须掌握安全技术、法律规章与劳动防护工作常识，熟悉自身岗位的运行方式、技术水平，把握操作时的隐患与危险环节，并能够熟练运用一定的防护手段。

③ 制定与完善相关规章制度，如电气安全管理规定、电气安全规程等，并宣传普及、贯彻执行。

④ 制度性地对电气系统所有环节实施安全检查，每个星期不能少于一回，对隐患排查、整改，使设备、消防器材与应急设施等保持完善备用的状态。

⑤ 不隐瞒隐患，对已经发生的电气事故要及时报告，并维持现场情况，分析了解情况与原因，对相关责任人不能姑息，保证责任落实到人。

模块考核题库

一、单选题

1. 保护接零系统是（　　）。

A. IT 系统　　　　　B. TN 系统　　　　　C. TT 系统　　　　　D. 三相四线制

2. （　　）是指人体有意或无意与危险的带电部分直接接触导致的电击。

A. 直接接触电击　　B. 间接接触电击　　C. 电伤

3. 下面不属于防止直接接触电击的是（　　）。

A. 利用绝缘材料对带电体进行封闭和隔离

B. 采用遮栏、护罩、护盖、箱匣等将带电体与外界隔离

C. 保证带电体与地面、带电体与其他设备、带电体与人体、带电体之间有必要的安全间距

D. 通过限制作用于人体的电压、抑制通过人体的电流，保证触电时处于安全状态

4. 在保护接零系统中，PE 与中性线 N 是分开的系统为（　　）。

A. TN-S 系统　　　　B. TN-C 系统　　　　C. TN-C-S 系统　　　　D. TN-S-C 系统

5. 电流的热效应、化学效应、机械效应给人体造成的伤害，往往在肌体表面留下伤痕，以下属于此类伤害的是（　　）。

A. 电击　　　　　　B. 电伤　　　　　　C. 直接接触电击　　D. 间接接触电击

6. 直接流过心脏的电流达到（　　）就可使心脏形成心室纤维性颤动而死。

A. 几十毫安　　　　B. 几毫安　　　　　C. 几十微安　　　　D. 几微安

7. 绝缘、屏护和保持安全间距是防止（　　）的防护措施。

A. 电磁场伤害　　　B. 静电电击　　　　C. 直接接触电击　　D. 间接接触电击

8.使用手持电动工具时,下列注意事项( )正确。

A.使用万能插座　　　　　　　　B.使用漏电保护器

C.身体或衣服潮湿　　　　　　　D.使用高灵敏度开关

9.变压器室的门和围栏上应有"( )"的明显标志。

A.小心有电　　　　　　　　　　B.内有高压,禁止通行

C.安全用电,人人有责　　　　　D.止步,高压危险

10.电击是电流直接通过人体所造成的伤害。当数十毫安的工频电流通过人体,且电流持续时间超过人的心脏搏动周期时,短时间即可导致死亡,其死亡的主要原因是( )。

A.昏迷　　　　B.严重麻痹　　　　C.剧烈疼痛　　　　D.心室发生纤维性颤动

11.电伤是由电流的热效应、化学效应、机械效应等效应对人体造成的伤害。下列各种电伤中,最为严重的是( )。

A.皮肤金属化　　　B.电流灼伤　　　C.电弧烧伤　　　D.电烙印

12.在有触电危险的环境中使用的手持照明灯电压不得超过( )V。

A.12　　　　　　B.24　　　　　　C.36　　　　　　D.42

13.根据建筑物防雷类别的划分,电石库应划为第( )类防雷建筑物。

A.一　　　　　　B.二　　　　　　C.三　　　　　　D.四

14.有一种防雷装置,当雷电冲击波到来时,该装置被击穿,将雷电波引入大地,而在雷电冲击波过去后,该装置自动恢复绝缘状态,这种装置是( )。

A.接闪器　　　　B.接地装置　　　C.避雷针　　　　D.避雷器

15.雷电流产生的( )电压 和跨步电压可直接使人触电死亡。

A.接触　　　　　B.感应　　　　　C.直击

16.为避免高压变配电站遭受直击雷,引发大面积停电事故,一般可用( )来防雷。

A.阀型避雷器　　　B接闪杆　　　　C.接闪网

17.变压器和高压开关柜,防止雷电侵入产生破坏的主要措施是( )。

A.安装避雷线　　　B.安装避雷器　　C.安装避雷网

18.在雷暴雨天气,应将门和窗户等关闭,其目的是为了防止( )侵入屋内,造成火灾、爆炸或人员伤亡。

A.感应雷　　　　　B.球形雷　　　　C.直击雷

二、判断题

1.加油站从业人员上岗时应穿防静电工作服。( )

2.电流通过人体内部,对人体伤害程度受电流大小影响,而与其他因素无关。( )

3.运行电气设备操作必须由两个人执行,由工级较低的人担任监护,工级较高者进行操作。( )

4.虽然静电电压很高,但电量不大,所以危害不太大。( )

5.易燃易爆场所必须采用防爆型照明灯具。( )

6.部分漏电保护装置带有过载、过压、欠压和缺相保护功能。( )

7.感知电流一般不会对人体造成伤害,但可能因不自主反应而导致由高处跌落等二次事故。( )

8.静电是指静止状态的电荷,它是由物体间的相互摩擦或感应而产生的。( )

9.接地是消除静电危害的常见措施。( )

模块七

压力容器安全管理

压力容器（图7-1）是国民生产和人民生活中不可缺少的一种设备，它广泛应用于工业、农业、国防、医疗卫生等行业和领域。它不同于其他的生产装置和设备，由于本身的特殊性和复杂性以及操作条件的苛刻，发生事故时不仅自身会遭到破坏，往往还会诱发一系列恶性事故，给国民经济和人民财产造成重大损失。

图7-1　化工企业中的压力容器

任务一
压力容器分类

学习目标

能力目标

(1) 能正确识别压力容器。

(2) 会按照危险性和危害性分类，判断压力容器的类别。

素质目标

(1) 能够对资料进行整理、分析、归纳，并进行自主学习。

(2) 具有安全意识、团队意识、强烈的责任感及集体荣誉感。

(3) 促进理论联系实际，提高分析问题、解决问题的能力以及动手能力。

知识目标

(1) 掌握压力容器的定义。

(2) 了解压力容器的类别。

一、压力容器识别

压力容器属于特种设备的一种。所谓特种设备指的是涉及生命安全、危险性较大的锅炉、压力容器（含气瓶）、压力管道、电梯、起重机械、客运索道、大型游乐设施和场（厂）内专用机动车辆及其他特种设备。这个定义来源于《中华人民共和国特种设备安全法》。

压力容器是一种典型的承压类特种设备。广义地说，压力容器是指容器壁面承受流体介质压力或压差的密闭设备。从定义看，压力容器的主要技术指标为压力。但当压力容器发生事故时，其灾害程度不仅与压力有关，还与介质特性（如毒性、易燃易爆性等）、容器体积有关。故从安全管理的角度考虑，压力并不是表征压力容器安全性能的唯一指标。因此，有必要对压力容器的范畴进行科学、合理的界定。

根据《中华人民共和国特种设备安全法》或者《特种设备安全监察条例》，压力容器指盛装气体或者液体，承载一定压力的密闭设备，其范围规定为最高工作压力大于或者等于 0.1MPa（表压）的气体、液化气体和最高工作温度高于或者等于标准沸点的液体、容积大于或者等于 30L 且内直径（非圆形截面指截面内边界最大几何尺寸）大于或者等于 150mm 的固定式容器和移动式容器；盛装公称工作压力大于或者等于 0.2MPa，且压力与容积的乘积大于或者等于 1.0MPa·L 的气体、液化气体和标准沸点等于或者低于 60℃液体的气瓶；氧舱。上述规定为判定某个容器是否属于压力容器范畴提供了依据。

因此，判断一个容器是不是压力容器，需要同时满足三个条件：

① 最高工作压力大于或者等于 0.1MPa。

② 容积大于或者等于 30L 且内直径（非圆形截面指截面内边界最大几何尺寸）大于或者等于 150mm。

③ 盛装介质为气体、液化气体和最高工作温度高于或者等于标准沸点的液体。

案例分析

　　家庭用的高压锅（图 7-2）属不属于压力容器呢？对照压力容器定义进行判断。

　　① 最高工作压力≥0.1MPa（表压）。（√）

　　② 内直径≥0.15m，且容积≥30L。（×）

　　③ 介质为气体、液化气体或最高工作温高于标准沸点的液体。（√）

　　因此，高压锅不属于压力容器。

图 7-2　高压锅

二、压力容器类别分析

1. 按照工作压力分类

可分为低压容器、中压容器、高压容器和超高压容器，具体划分为：

低压（代号 L）：$0.1MPa \leqslant p < 1.6MPa$

中压（代号 M）：$1.6MPa \leqslant p < 10MPa$

高压（代号 H）：$10MPa \leqslant p < 100MPa$

超高压（代号 U）：$100MPa \leqslant p < 1000MPa$

2. 按用途分类

（1）反应容器（R）　　主要是用于完成介质的物理、化学反应的压力容器，如反应器、反应釜、聚合釜、高压釜、合成塔、蒸压釜、煤气发生炉等。

（2）换热容器（E）　　主要是用于完成介质热量交换的压力容器。其主要工艺过程是物理过程。按传热的方式分为蓄热式、直接式和间接式，较为常用的是直接式和间接式。如管壳式余热锅炉、换热器、冷却器、冷凝器、蒸发器、加热器等。

（3）分离容器（S）　主要是用于完成介质流体压力平衡缓冲和气体净化分离的压力容器。介质在分离容器内通过降低流速、改变流动方向或用其他物料吸收、溶解等方法来分离气体中的混合物，达到净化气体或提取其中有用物料的目的。如分离器、过滤器、集油器、缓冲器、干燥塔、净化塔、回收塔、吸收塔、洗涤塔等。

（4）储存容器（C）　主要是用于储存、盛装气体、液体、液化气体等介质的压力容器。如液氨储罐、液化石油气储罐、各种形式的储槽、槽车（铁路槽车、汽车槽车）等。

3. 以安装方式分类

可分为固定式（图 7-3）和移动式（图 7-4）两大类。

图 7-3　固定式压力容器　　　　　　　图 7-4　移动式压力容器

4. 按监察管理分类

由于单一因素无法全面评价压力容器的风险特征，为了便于安全管理，我国采用多因素综合划分方法，即综合介质特性、设计压力 p、容器全体积 V 三项指标，将压力容器分为第Ⅰ类压力容器、第Ⅱ类压力容器、第Ⅲ类压力容器。

压力容器分类方法，首先确认介质的组别，选择压力容器分类图，再根据 p、V 值标出坐标点，该点所落区域即为该容器的类别，如该点落在分类图的分类线上时，按照较高的类别划分。

（1）介质分组　压力容器的介质分为以下两组：按照 HG 20660—2017《压力容器中化学介质毒性危害和爆炸危险程度分类标准》确定，HG 20660—2017 没有规定的，由压力容器设计单位参照 GBZ 230—2010《职业性接触毒物危害程度分级》的原则，确定介质组别。

① 第一组介质，毒性危害程度为极度、高度危害的化学介质，易爆介质，液化气体；

② 第二组介质，除第一组以外的介质。

（2）压力容器的分类　应当根据介质特征，按照以下要求选择分类图，再根据设计压力 p（单位 MPa）和容积 V（单位 m^3），标出坐标点，确定压力容器类别。图 7-5 为第一组介质压力容器分类，图 7-6 为第二组介质压力容器分类。

一台压力容器数据如下。

体积：$0.19m^3$　　　设计压力：2.09MPa　　　介质：液化石油气

判断这台容器属于第几类压力容器。

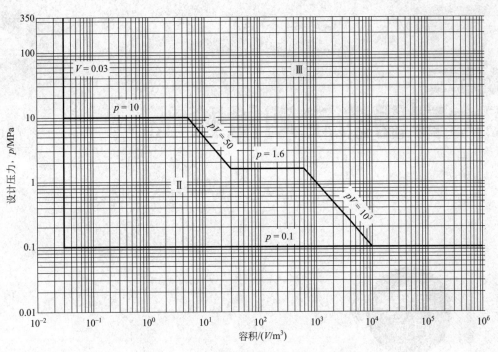

图 7-5 压力容器分类图——第一组介质

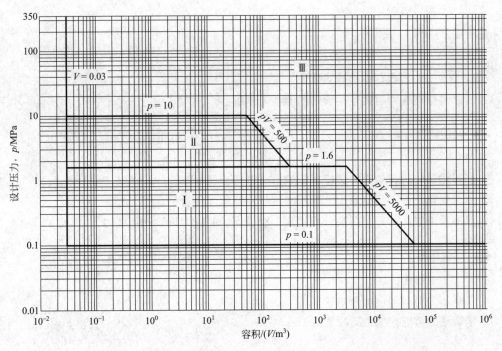

图 7-6 压力容器分类图——第二组介质

任务二
压力容器的定期检验

学习目标

◉ **能力目标**

(1) 能制定压力容器定期检验方案。
(2) 能正确描述压力容器定期检验的流程及内容。

◉ **素质目标**

(1) 能够对资料进行整理、分析、归纳，并进行自主学习。
(2) 具有安全意识、团队意识、强烈的责任感及集体荣誉感。
(3) 促进理论联系实际，提高分析问题、解决问题的能力以及动手能力。

◉ **知识目标**

(1) 了解压力容器年度检查内容。
(2) 了解压力容器定期检验基础知识。

　　压力容器在使用过程中，由于长期承受压力和其他载荷作用，有的还受到腐蚀性介质的腐蚀，或在高温、深冷的工艺条件下工作，容器的承压部件难免会产生各式各样的缺陷。如果不能及早发现并采取一定的措施消除这些缺陷，任其发展扩大，必将在继续使用过程中发生断裂破坏，导致严重的爆炸事故。因此，实行定期检验是及早发现缺陷，消除隐患，保证压力容器安全运行的一项行之有效的措施。

一、掌握压力容器检验类别

压力容器的检验分为定期自行检查和定期检验。其中定期自行检查包括月度检查、年度检查。

1. 月度检查

使用单位每月对所使用的压力容器至少进行 1 次月度检查，并且应当记录检查情况；月度检查内容主要为压力容器本体及其安全附件、装卸附件、安全保护装置、测量调控装置、附属仪器仪表是否完好，各密封面有无泄漏，以及其他异常情况等。

2. 年度检查

使用单位每年对所使用的压力容器至少进行 1 次年度检查。年度检查工作可以由压力容器使用单位安全管理人员组织经过专业培训的作业人员进行，也可以委托有资质的特种设备检验机构进行。

3. 定期检验

使用单位应当在压力容器定期检验有效期届满的 1 个月以前，向特种设备检验机构提出定期检验申请，并且做好定期检验相关的准备工作。定期检验完成后，由使用单位组织对压力容器进行管道连接、密封、附件（含安全附件及仪表）和内件安装等工作，并且对其安全性负责。

二、年度检查

年度检查包括使用单位压力容器安全管理情况检查、压力容器本体及运行状况检查和压力容器安全附件检查等。

1. 压力容器安全管理情况检查的主要内容

① 按照压力容器的安全管理规章制度和安全操作规程，检查运行记录是否齐全、真实，查阅压力容器台账（或者账册）与实际是否相符。

② 压力容器图样、使用登记证、产品质量证明书、使用说明书、监督检验证书、历年检验报告以及维修、改造资料等建档资料是否齐全并且符合要求。

③ 压力容器作业人员是否持证上岗。

④ 上次检验、检查报告中所提出的问题是否已解决。

2. 压力容器本体及运行状况的检查

① 压力容器的铭牌、漆色、标志及喷涂的使用证号码是否符合有关规定。

② 压力容器的本体、接口（阀门、管路）部位、焊接接头等是否有裂纹、过热、变形、泄漏、损伤等。

③ 外表面有无腐蚀，有无异常结霜、结露等。

④ 保温层有无破损、脱落、潮湿、跑冷。

⑤ 检漏孔、信号孔有无漏液、漏气，检漏孔是否畅通。

⑥ 压力容器与相邻管道或者构件有无异常振动、响声或者相互摩擦。

⑦ 支承或者支座有无损坏，基础有无下沉、倾斜、开裂，紧固螺栓是否齐全、完好。

⑧ 排放（疏水、排污）装置是否完好。

⑨ 运行期间是否有超压、超温、超量等现象。

⑩ 罐体有接地装置的，检查接地装置是否符合要求。

⑪ 安全状况等级为 4 级的压力容器的监控措施执行情况和有无异常情况。

⑫ 快开门式压力容器安全联锁装置是否符合要求。

3. 安全附件的检验

包括对压力表、液位计、测温仪表、爆破片装置、安全阀的检查和校验。

三、定期检验

检验的一般程序包括检验前准备、全面检验、缺陷及问题的处理、检验结果汇总、结论和出具检验报告等。

1. 检验周期分析

金属压力容器一般于投用后 3 年内进行首次定期检验。以后的检验周期由检验机构根据压力容器的安全状况等级，按照以下要求确定：

① 安全状况等级为 1、2 级的，一般每 6 年检验一次；

② 安全状况等级为 3 级的，一般每 3 年至 6 年检验一次；

③ 安全状况等级为 4 级的，监控使用，其检验周期由检验机构确定，累计监控使用时间不得超过 3 年，在监控使用期间，使用单位应当采取有效的监控措施；

④ 安全状况等级为 5 级的，应当对缺陷进行处理，否则不得继续使用。

2. 检验资料准备

检验前，检验人员一般需要审查以下资料：

① 设计资料，包括设计单位资质证明，设计、安装、使用说明书，设计图样，强度计算书等。

② 制造（含现场组焊）资料，包括制造单位资质证明、产品合格证、质量证明文件、竣工图等，以及监检证书、进口压力容器安全性能监督检验报告。

③ 压力容器安装竣工资料。

④ 改造或者重大修理资料，包括施工方案和竣工资料，以及改造、重大修理监检证书。

⑤ 使用管理资料，包括《使用登记证》和《使用登记表》，以及运行记录、开停车记录、运行条件变化情况以及运行中出现异常情况的记录等。

⑥ 检验、检查资料，包括定期检验周期内的年度检查报告和上次的定期检验报告。

3. 金属压力容器定期检验解析

检验的具体项目包括宏观（外观、结构以及几何尺寸、保温层、隔热层、衬里）、厚度、表面缺陷、埋藏缺陷、材质、紧固件、强度、安全附件、气密性以及其他必要的项目。

以宏观检验、壁厚测定、表面缺陷检测、安全附件检验为主，必要时增加埋藏缺陷检测、材料分析、密封紧固件检验、强度校核、耐压试验、泄漏试验等项目。

（1）宏观检验　宏观检验主要是采用目视方法（必要时利用内窥镜、放大镜或者其他辅助仪器设备、测量工具）检验压力容器本体结构、几何尺寸、表面情况（如裂纹、腐蚀、泄漏、变形）以及焊缝、隔热层、衬里等。图 7-7 为使用焊缝检验尺对焊缝进行检验。

（2）壁厚测定　壁厚测定（图 7-8），一般采用超声测厚方法。测定位置应当有代表性，有足够的测点数。测定后标图记录，对异常测厚点做详细标记。

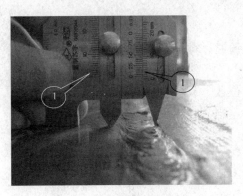

图 7-7　焊缝检验

图 7-8　壁厚测量

厚度测点，一般选择以下位置：

① 液位经常波动的部位；

② 物料进口、流动转向、截面突变等易受腐蚀、冲蚀的部位；

③ 制造成型时壁厚减薄部位和使用中易产生变形及磨损的部位；

④ 接管部位；

⑤ 宏观检验时发现的可疑部位。

（3）表面缺陷检测　表面缺陷检测，应当采用 NB/T 47013 中的磁粉检测、渗透检测方法。铁磁性材料制压力容器的表面检测应当优先采用磁粉检测。

（4）埋藏缺陷检测　埋藏缺陷检测采用 NB/T 47013 中的超声检测（图 7-9）或者射线检测（图 7-10）等方法。

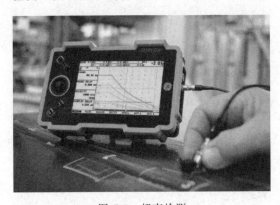

图 7-9　超声检测

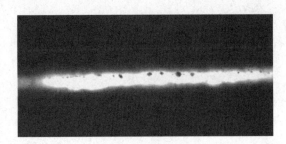

图 7-10　射线检测

（5）材料分析　材料分析根据具体情况，可以采用化学分析、光谱分析、硬度检测、金相分析等方法。图 7-11 为用硬度计进行硬度检测。

（6）螺柱检验　M36 以上（含 M36）螺柱在逐个清洗后，检验其损伤和裂纹情况，重点检验螺纹及过渡部位有无环向裂纹，必要时进行无损检测。

（7）强度校核　对腐蚀（及磨蚀）深度超过腐蚀裕量、名义厚度不明、结构不合理（并且已经发现严重缺陷）或者检验人员对强度有怀疑的压力容器，应当进行强度校核。强度校核由检验机构或者委托有能力的压力容器设计单位进行。

（8）安全附件检验　安全附件检验的主要内容如下：

① 安全阀，检验是否在校验有效期内；

② 爆破片装置，检验是否按期更换；

③ 快开门式压力容器的安全联锁装置，检验是否满足设计文件规定的使用技术要求。

（9）耐压试验 定期检验过程中，使用单位或者检验机构对压力容器的安全状况有怀疑时，应当进行耐压试验。耐压试验由使用单位负责实施，检验机构负责检验。

（10）泄漏试验 对于介质毒性危害程度为极度、高度危害，或者设计上不允许有微量泄漏的压

图 7-11 硬度检测

力容器，应当进行泄漏试验。泄漏试验包括气密性试验和氨、卤素、氦检漏试验。

任务
训练

结合定期检验报告的模板，并对照 TSG 21—2016《固定式压力容器安全技术监察规程》，描述压力容器定期检验的流程及内容。

任务三
压力容器安全附件的使用

学习
目标

能力目标

(1) 能正确使用压力容器的安全附件。

(2) 会对压力容器安全附件进行维护保养。

素质目标

(1) 能够对资料进行整理、分析、归纳，并进行自主学习。

(2) 具有安全意识、团队意识、强烈的责任感及集体荣誉感。

(3) 促进理论联系实际，提高分析问题、解决问题的能力以及动手能力。

知识目标

(1) 掌握典型压力容器的结构。

(2) 掌握压力容器安全附件的工作原理。

压力容器由于使用特点及其内部介质的化学、工艺特性，需要装设一些安全装置和测试、控制仪表来监控，以保证压力容器的使用安全和生产工艺程的正常进行。从形状上看，压力容器一般为圆筒形，少数为球形或其他形状。固定式压力容器的结构由筒体、封头、密封元件、接管和开孔（人孔、手孔、视镜孔、物料进出口接管）、安全附件和支座等组成。

压力容器的安全附件包括安全阀、爆破片、压力表、液位计、温度计等。图 7-12 为压力容器典型结构。

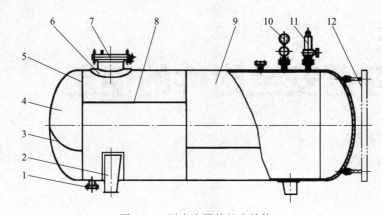

图 7-12　压力容器的基本结构

1—法兰；2—支座；3—封头拼焊焊缝；4—封头；5—环焊缝；6—补强圈；7—人孔；
8—纵焊缝；9—筒体；10—压力表；11—安全阀；12—液位计

子任务一　安全阀的使用

一、安全阀识读

1. 安全阀功能

压力容器在正常工作压力运行时，安全阀要保持严密不漏。当压力超过设定值时，安全阀在压力作用下自行开启，使容器泄压，以防止容器或管线的破坏。当容器压力泄至正常值时，它又能自行关闭，停止泄放。

2. 安全阀分类

安全阀按其整体结构和加载机构的形式分成杠杆式、弹簧式、净重式和先导式四种。

（1）杠杆式安全阀　杠杆式安全阀如图 7-13 所示，其结构由阀体、阀芯、阀杆、杠杆、重锤、调节螺钉、锁紧螺钉等组成。

利用杠杆和重锤的作用，压住容器内的介质。当介质压力超过杠杆与重锤所能维持的压力时，阀芯被顶起，介质向外排放，容器内压力迅速降低。

当容器内压力小于杠杆和重锤所能维持的压力时，阀芯再次与阀座闭合，移动重锤的位置或改变重锤的质量可以调节安全阀的开启压力。

杠杆式安全阀的结构简单、调整方便、比较准确，但是比较笨重，难以用于高压容器之上。

（2）弹簧式安全阀　弹簧式安全阀如图 7-14 所示，其结构由阀体、阀座、阀芯、弹簧、调节螺母等组成。

利用弹簧的弹力，压住容器内的介质。当介质压力超过弹簧弹力所能维持的压力时，阀芯被顶起,介质向外排放,容器内压力迅速降低。当容器内压力小于弹簧弹力能维持的压力时,阀芯再次与阀座闭合。

图 7-13 杠杆式安全阀   图 7-14 弹簧式安全阀

这种安全阀结构紧凑、体积小,动作灵敏,对振动不敏感,可以装在移动式容器上。但弹簧受高温影响时,弹力有所降低。

3. 安全阀的主要性能参数

① 公称压力(它应与容器的工作压力相匹配)。

② 开启高度(即安全阀开启时阀芯提升的高度,由此可将安全阀分成微启式和全启式两种)。

③ 安全阀的排放量(该数据由阀门制造厂通过设计计算与实际测试确定,但要求排放量不能小于容器的安全泄放量)。

二、安全阀的使用和维护

1. 安全阀的安装要求

① 应垂直向上安装在压力容器本体的液面以上气相空间部位,或与连接在压力容器气相空间上的管道相连接。

② 压力容器与安全阀之间的连接管和管件的通孔,其截面积不得小于安全阀的进口面积。

③ 压力容器与安全阀之间不宜装设截止阀。对于盛装易燃,毒性程度为极度、高度、中度危害或黏性介质的压力容器,为便于安全阀的更换、清洗,可在压力容器与安全阀之间装截止阀,截止阀的结构和通径尺寸应不妨碍安全阀的正常泄放。压力容器正常运行时,截止阀必须保持全开,并加铅封。凡动用此截止阀都应有操作记录。

④ 安全阀装设位置,应便于它的日常检查、维护和检修。安装在室外露天的安全阀,要有防止冬季阀内水分冻结的措施。

图 7-15　安全阀铅封

⑤ 极度和高度危害或易燃易爆介质的容器，安全阀的排出口应引至安全地点，并进行妥善处理。两个以上的安全阀若共用一根排放管时，排放管的截面积应不小于所有安全阀出口截面积的总和，但氧气或可燃气体以及其他能相互产生化学反应的两种气体不能共用一根排放管。

2. 安全阀使用要求

① 安装前应由专业人员进行水压试验和气密性试验，经试验合格后进行调整校正。

② 安全阀的开启压力不得超过容器的设计压力。

③ 校正调整后的安全阀应进行铅封，如图 7-15 所示。

④ 安全阀要定期检验，每年至少校验一次。

检查实训车间设备上的安全阀是否正常，编制检查表并记录检查结果。

子任务二　爆破片的使用

一、爆破片认知

1. 爆破片结构

爆破片装置由爆破片和夹持器两部分组成，爆破片是在标定爆破压力及温度下爆破泄压的元件，夹持器则是在容器的适当部位用于夹持爆破片的辅助元件。通常所说的爆破片包括夹持器等部件，如图 7-16 所示。

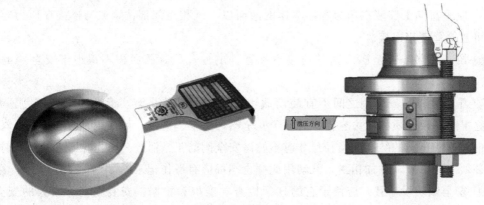

图 7-16　爆破片

2. 爆破片适用场合

爆破片是一种断裂型的安全泄压装置。由于它是利用膜片的断裂来泄压的，所以泄压以后不能继续有效使用，容器也被迫停止运行，因此它只是在不宜装设安全阀的压力容器中使用。

需要装设爆破片的压力容器，大体有以下几类：

① 工作介质为不洁净气体的压力容器；

② 由于物料的化学反应可能使压力迅速升高的压力容器；

③ 工作介质为有毒气体的压力容器；

④ 工作介质为强腐蚀介质的压力容器。

二、爆破片的使用与维护

爆破片在使用期间不需要特殊维护，但应当对爆破片装置进行日常检查，定期检查，并且保留爆破片装置的使用技术档案。

1. 日常检查

使用单位应当经常检查爆破片装置是否有介质渗漏现象。如果爆破片为外露式安装时，应当查看爆破片是否有表面损伤、腐蚀和明显变形等现象。

2. 定期检查

爆破片装置定期检查周期可以根据使用单位的具体情况作出相应的规定，但是定期检查周期最长不得超过 1 年。定期检查应当包括以下内容：

① 检查爆破片装置安装方向是否正确，核实铭牌上的爆破压力和爆破温度是否符合运行要求。

② 检查爆破片外表面有无损伤和腐蚀情况，有无明显变形，有无异物黏附，有无泄漏等。

③ 爆破片装置与安全阀串联使用时，检查爆破片装置与安全阀之间的压力指示装置，确认爆破片装置、安全阀是否有泄漏。

④ 检查排放接管是否畅通，是否有严重腐蚀，支撑是否牢固。

⑤ 带刀架的夹持器，检查其刀片（如有可能）是否有损伤缺口或者刀口是否变钝。

⑥ 如果在爆破片装置与设备之间安装有截止阀，检查截止阀是否处于全开状态，铅封是否完好。

三、安全阀与爆破片组合使用

安全阀与爆破片的组合可分为并联组合和串联组合两种方式。

1. 并联组合方式

安全阀与爆破片并联组合时，爆破片的标定爆破压力不得超过容器的设计压力，安全阀的开启压力应略低于爆破片的标定爆破压力，让爆破片仅在极端超压的情况下进行补充排放，以补充安全阀排放能力的不足。如图 7-17 所示。

2. 串联组合方式

安全阀进口和容器之间串联爆破片装置时，如图 7-18 所示，应满足下列条件：

① 安全阀与爆破片装置组合的排放能力应满足设备要求；

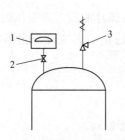

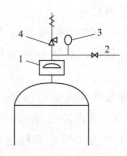

图 7-17　安全阀、爆破片并联使用　　　　图 7-18　安全阀、爆破片串联使用
1—爆破片；2—截止阀；3—安全阀　　　1—爆破片；2—截止阀；3—压力表；4—安全阀

② 爆破片破裂后的泄放面积应不小于安全阀进口面积，同时应保证爆破片破裂的碎片不影响安全阀的正常动作；

③ 爆破片与安全阀之间应装设压力表、旋塞、排气孔、报警指示器，以检查爆破片是否破裂或渗漏。

安全阀出口侧串联爆破片应满足下列条件：

① 容器内的介质应是洁净的，不含有胶着物质或阻塞物质；

② 安全阀的排放能力应满足设备的要求；

③ 当安全阀与爆破片之间存在背压时，阀仍能在开启压力下准确开启；

④ 安全阀与爆破片之间应设置放空管或排污管，以防止该空间的压力积累。

子任务三　压力表的使用

压力表又称压力计，是测量容器内部压力的仪表。操作人员可以根据压力表指示的压力对容器进行操作，将压力控制在允许的范围内。凡是需要单独装设超压泄放装置的压力容器，都必须装有压力表。

压力表的种类很多，按它的结构和工作原理可以分为液柱式、弹性式、活塞式和电量式四大类，如图 7-19 所示。其中弹性式压力表使用最多。

一、压力表选用与安装

1. 压力表的选用

选用压力表时，应注意以下各项：

① 选用的压力表，应当与压力容器内的工作介质相适应。

② 压力容器用的压力表应具有足够的精度。精度等级一般标在表盘上。设计压力小于 1.6MPa 压力容器使用的压力表的精度不得低于 2.5 级；设计压力大于或者等于 1.6MPa 压力容器使用的压力表的精度不得低于 1.5 级。

③ 装在压力容器上的压力表，其最大量程（压力表盘刻度极限值）应与容器的工作压力相适应。压力表盘刻度极限值应当为最大允许工作压力的 1.5～3 倍，常选用 2 倍。

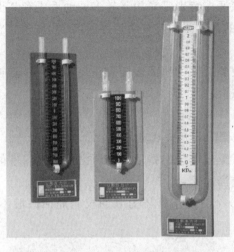

图 7-19　常见的压力表

④ 为了使操作工人能准确地看清压力表，压力表的表盘直径不应过小。

2. 压力表的安装

① 压力表的装设位置应当便于操作人员观察和清洗，并且应当避免受到辐射热、冻结或者振动的不良影响。

② 压力表与压力容器之间应当装设三通旋塞或者针型阀；三通旋塞或者针型阀上应当有开启标记和锁紧装置；压力表与压力容器之间不得连接其他用途的任何配件或者接管。

③ 用于水蒸气介质的压力表，在压力表与压力容器之间应当装设存水弯管。目的是让蒸汽在这一段弯管内冷凝，以避免高温蒸汽直接进入压力表的弹簧管内，使表内元件过热产生变形，影响压力表的精度。接管上的旋塞应装在这段弯管和压力表之间的垂直管段上。

④ 用于具有腐蚀性或者高黏度介质的压力表，在压力表与压力容器之间应当装设能隔离介质的缓冲装置。缓冲装置内加入的充填液不应与工作介质起化学反应或产生混合物。如果操作条件不允许采取这种缓冲装置时，则应选用抗腐蚀的压力表，如波纹膜式压力表等。

二、压力表的维护与校验

1. 压力表的维护

① 压力表应保持清洁，表盘上玻璃要明亮清晰，使表盘内指针指示的压力值能够清楚易见。表盘玻璃破碎或表盘刻度不清的压力表应停止使用。

② 压力表的连接管要定期吹洗，以免堵塞。特别是对用于较多的油垢或者其他黏性物质气体的压力表连接管，要经常检查压力表的指针转动与波动是否正常，检查连接管的旋塞是否处于开启状态。

③ 压力表要定期进行校验，已经超过校验期限的压力表应停止使用。在容器正常运行过程中发现压力表指示不正常或有其他可疑迹象时，应立即校验校正。

2. 压力表的校验

① 压力表的校验和维护应符合国家计量部门的有关规定。

② 压力表安装前应进行校验，在刻度盘上应该刻出指示工作压力的红线（不能画在玻璃上），注明下次校验日期。压力表校验后应当加铅封。

③ 普通压力表的校验周期一般不超过 6 个月，精密压力表的校验周期一般不超过 12 个月。

子任务四 液位计的使用

液位计是用以测量容器内液面（气液交界面）高度的一种计量仪表。压力容器操作人员可以根据液位计所指示的液面高低来调节或控制液体介质的量，从而保证压力容器内介质的液位始终在设计的正常范围内，不至于发生因充装过量而导致的事故或由于投料过量而造成物料反应不平衡等事故。

计量罐、中间罐、盛装液化气体的储存容器，包括大型球形储罐、卧式储罐、槽（罐）车和气液相反应容器都必须装设液位计。

一、液位计的类型解析

液位计是根据连通管原理制成的，结构比较简单。常用的有玻璃管液位计、磁翻板液位计、浮球液位计、静压式液位计等，如图 7-20 所示。

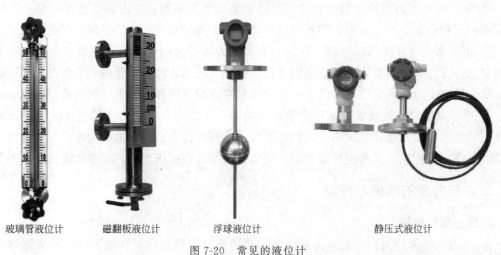

| 玻璃管液位计 | 磁翻板液位计 | 浮球液位计 | 静压式液位计 |

图 7-20 常见的液位计

二、液位计的选用与安装

1. 液位计的选用

选用、安装和使用液位计或液位自动指示器，应注意：

① 液面计应根据压力容器的介质、最大允许工作压力和温度选用。

② 储存 0℃ 以下介质的压力容器，应选用防霜液位计。

③ 寒冷地区室外使用的液位计，应选用夹套型或者保温型结构的液位计。

④ 低压容器选用玻璃管式液位计，中、高压容器选用承压较大的玻璃板式液位计。

⑤ 用于易燃，毒性程度为极度、高度危害介质的液化气体压力容器上的液位计，应采用玻璃板式液位计或自动液面指示器，应有防止泄漏的保护装置。

⑥ 要求液面指示平稳的，不应采用浮球液位计，可采用结构简单的视镜。

2. 液位计的安装

① 在安装使用前，设计压力小于 10MPa 的压力容器用液位计应进行 1.5 倍液位计公称压力的液压试验；设计压力大于或者等于 10MPa 的压力容器用液位计应进行 1.25 倍液位计公称压力的液压试验。

② 液位计应安装在便于观察的位置。如果液位计的安装位置不便于观察，应增加其他辅助设施。大型压力容器还应有集中控制液位的设施和报警装置面的警戒线。液面指示平稳的液位计上部接管可设置挡液板。

三、液位计的使用与维护

液位计的使用温度不应超过玻璃板（管）的允许使用温度。在冬季，要防止液位计冻堵和发生假液位。对易燃、有毒介质的容器，液位计照明灯应符合防爆要求。

压力容器操作人员应加强对液位计的维护管理，保持完好和洁净，玻璃板（管）必须明亮清晰，液位清楚易见。使用单位应对液位计实行定期检修制度，可根据运行的实际情况，规定检修周期，但不应超过压力容器的内外部检验周期。液位计有下列情况之一的，应停止使用并更换：①超过检修周期；②玻璃板（管）有裂纹、破碎；③阀件固死；④经常出现假液位；⑤指示模糊不清。

子任务五　温度计的使用

压力容器测温通常有两种形式，一种是测量容器内工作介质的温度，使工作介质的温度控制在规定的范围内，以满足生产工艺的需要；另一种是对需要控制壁温的压力容器进行壁温测量，防止壁温超过金属材料的允许温度。在这两种情况下，通常需要装设测温装置。

压力容器在操作运行中，对温度的控制一般比压力控制更严格，因为温度对工业生产中的大部分反应物料或储运介质的压力升降具有决定性作用。通过装设测温仪表，压力容器操作人员可以根据测温仪表所反映的数据来对容器工况进行调整。

一、温度计类型解析

压力容器上常用的测温仪表有玻璃温度计、压力式温度计、热电偶温度计、热电阻温度计、辐射式温度计等。有时温度计与超温报警器连在一起，当温度发生异常时，立即自动发出警报信号。

1. 玻璃温度计

玻璃温度计是根据水银、酒精、甲苯等液体具有热胀冷缩的物理性质制成的。在工业锅炉中使用最多的是水银玻璃温度计。

2. 压力式温度计

压力式温度计的原理是基于密闭测温系统内蒸发液体的饱和蒸气压力和温度之间的变化关系，而进行温度测量的。当温包感受到温度变化时，密闭系统内饱和蒸气产生相应的压力，引起弹性元件曲率的变化，使其自由端产生位移，再由齿轮放大机构把位移变为指示值。这种温度计具有温包体积小、反应速度快、灵敏度高、读数直观等特点，它可以制造成防振、防腐型，并且可以实现远传触点信号、热电阻信号、0～10mA 或 4～20mA 信号，是目前使用范围最广、性能最全面的一种机械式测温仪表。

3. 热电偶温度计

热电偶温度计是在工业生产中应用较为广泛的测温装置。两种不同成分的导体（称为热电偶丝材或热电极）两端接合成回路，当接合点的温度不同时，在回路中就会产生电动势，这种现象称为热电效应，而这种电动势称为热电势。热电偶就是利用这种原理进行温度测量的，其中，直接用作测量介质温度的一端叫作工作端（也称为测量端），另一端叫作冷端（也称为补偿端）；冷端与显示仪表或配套仪表连接，显示仪表会指出热电偶所产生的热电势。

4. 热电阻温度计

热电阻温度计是利用金属、半导体的电阻值随温度变化而变化的特性来测量温度的。目前由纯金属制造的热电阻主要有铂热电阻、铜热电阻和镍热电阻。热电阻温度计的优点是精度较高，便于远距离测量和自动记录，测温范围为 $-200 \sim 650$℃。缺点是维护工作量较热电偶温度计大，在振动场合易损坏。

5. 辐射式温度计

辐射式温度计是利用物质的热辐射特性来测量温度的，常用于测量火焰、钢液等。

二、温度计的安装、使用与维护

为了防止压力容器因超温发生事故，在需要控制壁温的压力容器上，必须装设测试壁温的测温仪表（或温度计），并要求测温仪表应按国家计量部门的有关要求进行定期校验。

① 选择合适的测温点，使测温点的情况具有代表性，并尽可能减少外界的影响。

② 温度计应安装在便于观察、不受碰撞、减少振动的地点，并根据需要配备防爆照明装置。安装温度计应有合适的保护措施，如在插入孔处加装保护管。

③ 温度计的温包应尽量伸入压力容器或紧贴于容器器壁上，同时露出容器的部分应尽可能短些，确保能准确测量容器内介质的温度。用于测量蒸汽或物料为液体的温度时，温包的插入深度不应小于 150mm，用于测量空气或液化气体的温度时，温包插入深度不应小于 250mm。

④ 对于压力容器内介质温度变化剧烈的情况，进行温度测量时应考虑到滞后效应，即温度计的读数来不及反映容器内温度变化的真实情况。为此除选择合适的温度计型号外，还应注意安装的要求。如用导热性强的材料做温度计保护套管，在水银温度计套管中注油，在电阻式温度计套管中填充金属屑等，以减少传热的阻力。

⑤ 新安装的温度计应经国家计量部门鉴定合格。使用中的温度计应定期进行核验，误差应在允许的范围内。在测量温度时不宜突然将其直接置于高温介质中。

任务
训练

调查实习化工企业压力容器的安全附件类型。

任务四
压力容器的管理

学习目标

能力目标

能描述压力容器安全操作规程。

素质目标

(1) 能够对资料进行整理、分析、归纳，并进行自主学习。
(2) 具有安全意识、团队意识、强烈的责任感及集体荣誉感。
(3) 促进理论联系实际，提高分析问题、解决问题的能力以及动手能力。

知识目标

(1) 了解压力容器技术档案基础知识。
(2) 了解压力容器安全操作规程的内容。

　　压力容器一旦发生事故，危害比较大，必须按国家有关法规标准并根据实际使用状况进行严格的安全管理。正确和合理地使用压力容器是提高压力容器安全可靠性、保证压力容器安全运行的重要条件。

子任务一　压力容器技术档案管理制度建立

一、压力容器技术档案管理制度建立

1. 压力容器技术档案内容解析

设备技术档案是正确使用压力容器的主要依据。它可以使压力容器管理和操作人员全面掌握压力容器历史和当前的安全技术状况，了解压力容器的运行规律，防止压力容器事故的发生。使用单位应当逐台建立压力容器安全技术档案。安全技术档案至少包括以下内容：

① 使用登记证；

② 压力容器使用登记表；

③ 压力容器设计、制造技术资料和文件，包括设计文件、产品质量合格证明（含合格证及其数据表、质量证明书）、安装及使用维护保养说明、监督检验证书、型式试验证书等；

④ 压力容器安装、改造和修理的方案、图样、材料质量证明书和施工质量证明文件、安装改造修理监督检验报告、验收报告等技术资料；

⑤ 压力容器定期自行检查记录（报告）和定期检验报告；

⑥ 压力容器日常使用状况记录；

⑦ 压力容器及其附属仪器仪表维护保养记录；

⑧ 压力容器安全附件和安全保护装置的校验、检修、更换记录和有关报告；

⑨ 压力容器运行故障和事故记录及事故处理报告。

2. 压力容器安全管理制度建立

压力容器使用单位应当按照特种设备相关法律、法规、规章和安全技术规范的要求，建立健全压力容器使用安全节能管理制度。

管理制度至少包括以下内容：

① 压力容器安全管理机构（需要设置时）和相关人员岗位职责；

② 压力容器经常性维护保养、定期自行检查和有关记录制度；

③ 压力容器使用登记、定期检验、锅炉能效测试申请实施管理制度；

④ 压力容器隐患排查治理制度；

⑤ 压力容器安全管理人员与作业人员管理和培训制度；

⑥ 压力容器采购、安装、改造、修理、报废等管理制度；

⑦ 压力容器应急救援管理制度；

⑧ 压力容器事故报告和处理制度；

⑨ 高耗能压力容器节能管理制度。

二、管理人员职责确定

明确岗位责任制，有利于压力容器使用及管理，加强管理人员、作业人员安全意识。

1. 主要负责人

主要负责人是指压力容器使用单位的实际最高管理者，对其单位所使用的压力容器安全节能负总责。

2. 安全管理负责人

特种设备使用单位应当配备安全管理负责人。特种设备安全管理负责人是指使用单位最高管理层中主管本单位特种设备使用安全的人员。安全管理负责人职责如下：

① 协助主要负责人履行本单位特种设备安全的领导职责，确保本单位特种设备的安全使用；

② 宣传、贯彻《中华人民共和国特种设备安全法》以及有关法律、法规、规章和安全技术规范；

③ 组织制定本单位特种设备安全管理制度，落实特种设备安全管理机构设置、安全管理员配备；

④ 组织制定特种设备事故应急专项预案，并且定期组织演练；

⑤ 对本单位特种设备安全管理工作实施情况进行检查；

⑥ 组织进行隐患排查，并且提出处理意见；

⑦ 当安全管理员报告特种设备存在事故隐患应当停止使用时，立即做出停止使用特种设备的决定，并且及时报告本单位主要负责人。

3. 安全管理员

安全管理员的主要职责如下：

① 组织建立压力容器安全技术档案；

② 办理压力容器使用登记；

③ 组织制定压力容器操作规程；

④ 组织开展压力容器安全教育和技能培训；

⑤ 组织开展压力容器定期自行检查；

⑥ 编制压力容器定期检验计划，督促落实定期检验和隐患治理工作；

⑦ 按照规定报告压力容器事故，参加压力容器事故救援，协助进行事故调查和善后处理；

⑧ 发现压力容器事故隐患，立即进行处理，情况紧急时，可以决定停止使用压力容器，并且及时报告本单位安全管理负责人；

⑨ 纠正和制止压力容器作业人员的违章行为。

4. 压力容器作业人员

压力容器作业人员应当取得相应的资格证书，其主要职责如下：

① 严格执行压力容器有关安全管理制度，并且按照操作规程进行操作；

② 按照规定填写作业、交接班等记录；

③ 参加安全教育和技能培训；

④ 进行经常性的维护保养，对发现的异常情况及时处理，并且做好记录；

⑤ 作业过程中发现事故隐患或者其他不安全因素，应当立即采取紧急措施，并且按照规定的程序向压力容器安全管理人员和单位有关负责人报告；

⑥ 参加应急演练，掌握相应的应急处置技能。

查资料，结合实训室内设备，制定压力容器管理台账。

子任务二 压力容器安全操作规程识读

案例

2007年11月16日上午10时30分左右，江苏省南通市港闸区某公司车间一台固化釜在生产过程中，升压到0.4MPa时发生爆炸，釜盖脱离釜体，未造成人员伤亡。

直接原因：操作工工作失职，未按照操作规程要求，在固化釜加压和升温前，将固化釜盖与釜体之间的连接螺栓全部拧紧，造成固化釜在升压升温时，釜盖炸飞。

通过这个案例可以看出为了保证压力容器安全平稳运行，需要严格遵守安全操作规程。

一、压力容器安全操作规程认知

1. 压力容器安全操作规程内容解析

容器安全操作规程应包括以下的内容：

① 容器的操作工艺控制指标，包括最高工作压力，最高或最低工作温度、压力及温度波动幅度的控制值；

② 压力容器的岗位操作法，开、停机的操作程序和注意事项；

③ 容器运行中日常检查的部位和内容要求；

④ 容器运行中可能出现的异常现象的判断和处理方法以及防范措施；

⑤ 容器的防腐措施和停用时的维护保养方法。

2. 压力容器工艺参数分析

压力容器的工艺参数是根据生产工艺要求所确定的，是进行压力容器设计和安全操作的主要依据。压力容器的主要工艺参数为压力、温度和介质。

（1）压力 压力容器的压力通常分为工作压力、最高工作压力和设计压力等概念，具体定义如下。

① 工作压力：也称为操作压力，是指容器顶部在正常工艺操作时的压力（不包括液体静压力）。

② 最高工作压力：指的是容器顶部在工艺操作过程中可能产生的最大压力（不包括液

体静压力)。注意,最高工作压力应不超过设计压力。

③ 设计压力:指在相应的设计温度下用以确定容器计算壁厚的压力。它由容器的设计单位根据设计条件要求和有关规范确定。

(2)温度　温度又分为使用温度、设计温度和试验温度。

① 使用温度:指容器运行时,用测温仪表测得的工作介质的温度。

② 设计温度:指容器在正常工作过程中,在相应设计压力下,设定受压元件的金属温度。

③ 试验温度:进行压力试验时容器壳体的金属温度。

(3)介质　介质是指压力容器内盛装的物料,按其状态可分为液态、气态和气液混合态;按其性质又可分为易燃、易爆、腐蚀性和毒性介质。

二、压力容器安全操作

压力容器操作工必须持"证"方可独立操作。操作人员应熟悉设备及容器技术特性、结构、工艺流程、工艺参数、可能发生的事故和应采取的防范措施、处理方法。

设备运行启动前应巡视,检查设备状况有否异常;安全附件、装置是否符合要求,管道接头、阀门有无泄漏,并查看运行参数是否符合要求,操作工艺指标及最高工作压力,最高或最低工作温度的规定,做到心中有数。当符合安全条件时。可启动设备,使容器投入运行。

容器及设备的开、停车必须严格执行岗位安全技术操作规程,应分段、分级缓慢升、降压力,也不得急剧升温或降温。工作中应严格控制工艺条件,观察监测仪表或装置、附件,严防容器超温、超压运行。对于升压有壁温要求的容器,不得在壁温低于规定温度下升压。对液化气体容器,每次空罐充装时,必须严格控制物料充装速度,严防壁温过低发生脆断,严格控制充装量,防止满液或超装发生爆炸事故。对于易燃、易爆、有毒害的介质,应防止泄漏、错装,保持场所通风良好及防火措施有效。

对于有内衬和耐火材料衬里的反应容器,在操作或停车充氮期间,均应定时检查壁温,如有疑问,应进行复查。每次投入反应的物料,应称量准确,且物料规格应符合工艺要求。

工作中,应定时、定点、定线、定项进行巡回检查。对安全阀、压力表、测温仪表、紧急切断装置及其他安全装置应保持齐全、灵敏、可靠,每班应按有关规定检查、试验。有关巡视、检查、调试的情况应载入值班日记和设备缺陷记录。

发生下列情况之一者,操作人员有权采取紧急措施停止压力容器运行,并立即报告有关领导和部门:①容器工作压力、工作温度或壁温超过许用值,采取各种措施仍不能使之正常时;②容器主要承压元件出现裂纹、鼓包、变形、泄漏,不能延长至下一个检修周期处理时;③安全附件或主要附件失效,接管端断裂,紧固件损坏难以保证安全运行时;④发生火灾或其他意外事故已直接威胁容器正常运行时。

压力容器紧急停用后,再次开车,须经主管领导及技术总负责人批准,不得在原因未查清、措施不力的情况下盲目开车。

压力容器运行或进行耐压试验时,严禁对承压元件进行任何修理或紧固、拆卸、焊接等工作。对于操作规程许可的热紧固、运行调试应严格遵守安全技术规范。容器运行或耐压试验需要调试、检查时,人的头部应避开事故源。检查路线应按确定部位进行。

进入容器内部应做好以下工作:①切断压力源应用盲板隔断与其连接的设备和管道,并应有明显的隔断标记,禁止仅仅用阀门代替盲板隔断。断开电源后的配电箱、柜应上锁,挂警示牌。②盛装易燃、有毒、剧毒或窒息性介质的容器，必须经过置换、中和、消毒、清洗等处理并监测，取样分析合格。③将容器进、出孔全部打开，通风分散达到要求。

对停用和备用的容器应按有关规定做好维护保养及停车检查工作。必要时，操作者应进行排放、清洗干净和置换。

梳理压力容器安全操作规程要点。

模块考核题库

一、单选题

1. 表面探伤包括（　　）。

A. 磁粉探伤、射线探伤　　　　　　　　B. 超声波探伤、射线探伤

C. 射线探伤、渗透探伤　　　　　　　　D. 磁粉探伤、渗透探伤

2. 安全阀是一种（　　）装置。

A. 计量　　　　　　B. 联锁　　　　　　C. 报警　　　　　　D. 泄压

3. 容器操作人员应严格遵守压力容器安全操作规程，做到（　　）。

A. 平稳操作　　　　　B. 无故障　　　　　C. 无泄漏　　　　　D. 满负荷运行

4. 压力容器使用单位应办理压力容器使用登记，建立（　　）。

A. 压力容器技术档案　　　　　　　　B. 压力容器台账

C. 压力容器数据库　　　　　　　　　D. 压力容器登记卡

5. 压力容器运行中防止（　　）和介质泄漏，是防止事故发生的根本措施。

A. 超温、超压　　　B. 充装过量　　　C. 介质流量过大　　D. 温度过低

6. 场（厂）内机动车辆，是指利用动力装置驱动或者牵引的，在特定区域内作业和行驶、最大行驶速度（设计值）超过（　　）km/h 的；或者具有起升、回转、翻转、搬运等功能的专用作业车辆。

A. 5　　　　　　　B. 15　　　　　　C. 20　　　　　　D. 30

7. 乙炔气瓶的颜色为（　　）。

A. 白色　　　　　　B. 蓝色　　　　　　C. 红色　　　　　　D. 黑色

二、多选题

1. 压力容器的主要工艺参数有（　　）。

A. 温度　　　　　　B. 体积　　　　　　C. 压力　　　　　　D. 介质

2. 特种设备有电梯、锅炉、压力容器、（　　）等。

A. 场（厂）内专用机动车辆　　　　　B. 车床

C. 起重机械　　　　　　　　　　　D. 数控机床

3. 下列属于防爆泄压装置的有（　　　）。

A. 安全阀　　　　　B. 单向阀　　　　　C. 爆破片　　　　　D. 防爆门

4. 乙炔瓶内气体严禁用尽，必须留有不低于 0.05MPa 的剩余压力的原因是（　　　）。

A. 防止混入其他气体　　　　　　　　B. 防止混入杂质

C. 防止压力过低　　　　　　　　　　D. 防止压力过高

5. 压力容器主要受压元件发生（　　　）等危及安全的现象时，操作人员应采取紧急措施。

A. 裂缝　　　　　B. 鼓包　　　　　C. 变形　　　　　D. 泄漏

6. 气瓶充装方面最危险且又最容易引起事故的操作是（　　　）。

A. 氧气与可燃气体混装　　　　　　　B. 手工充装

C. 气体充装过量　　　　　　　　　　D. 机械充装

7. 安全阀按其结构可分为（　　　）。

A. 先导式　　　　　B. 杠杆式　　　　　C. 弹簧式　　　　　D. 压力式

三、判断题

1. 压力容器的受压元件如果采用不合理的结构形状，局部地方会因应力集中或变形受到过分压束而产生很高的局部应力，严重时也会导致破坏。（　　　）

2. 水压试验的主要目的是检查受压元件的强度，同时也可以通过水在局部地方的渗透等发现潜在的局部缺陷。（　　　）

3. 压力容器的最高工作压力是指在正常操作情况下，容器顶部可能出现的最高压力。（　　　）

4. 爆破片不宜用于介质具有剧毒性的设备或压力急剧升高的设备。（　　　）

5. 平板封头是压力容器制造中使用最多的一种封头型式。（　　　）

6. 分离压力容器主要用于完成介质的液体压力平衡和气体净化分离。（　　　）

模块八

火灾与爆炸认知

化工产品的生产一般要经过物理变化和化学反应，不仅工艺复杂，而且有些反应十分剧烈，极易失控。化工生产过程中涉及的原料、产品以及中间体多数都具有易燃、易爆等特性，生产多在高温、高压等条件下进行，处理不当可能会引发火灾或爆炸事故。

任务一
燃烧与爆炸解析

👁 能力目标

能判断不同物质的火灾危险性。

👁 素质目标

(1) 能够对资料进行整理、分析、归纳，并进行自主学习。
(2) 养成防火安全意识。

👁 知识目标

(1) 掌握燃烧和爆炸的基本知识。
(2) 了解影响爆炸极限的影响因素。

案例 1

　　2019 年 3 月 30 日 18 时许，某地发生森林火灾，着火点在海拔 3800m 左右，地形复杂、坡陡谷深，交通、通信不便。火场平均海拔 4000m，多个火点均位于悬崖上。2019 年 3 月 31 日下午，扑火人员在转场途中，受瞬间风力风向突变影响，突遇山火爆燃，30 名扑火人员失去联系。2019 年 4 月 1 日，该省林业和草原局向省委省政府的紧急报告显示，这场火灾是雷击引起。

案例 2

2016 年 8 月 17 日凌晨 1 时 30 分左右，某大学 13 号公寓某一楼宿舍留校学生在宿舍点燃了蚊香（据说放在鞋盒子里，且周边堆有杂乱的衣物等可燃物），后外出上网。蚊香点燃了可燃物导致整个宿舍全部烧毁，整个宿舍楼 300 多人在浓烟中疏散、安全撤离，所幸没有人员受伤。

案例 3

2017 年 9 月 2 日 8 时 8 分，某食品店因液化石油气泄漏发生闪爆事故，造成 2 人死亡，8 人受伤，直接经济损失 3681453.93 元。

发生爆炸的直接原因是食品店未按照要求设置专用气瓶储存间和可燃气体浓度报警装置，1 只钢瓶瓶阀未完全关闭导致液化石油气泄漏与空气混合形成爆炸性混合物，遇火花发生闪爆。

可燃、易燃和易爆的物质在生产、生活中随处可见。生活中许多物质是易燃物质，如木质家具、燃料、纸张等，化工生产中易燃易爆物质更是遍布我们周围。因此，了解防火防爆基础知识，能正确处理各种险情成为化工从业者必备的素质。

一、燃烧与爆炸分析

1. 燃烧因素分析

燃烧一般是指一种发光、发热、剧烈的化学反应，是可燃物跟助燃物（氧化剂）发生的一种剧烈、发光、发热的化学反应。广义上讲，燃烧是指任何发光发热的剧烈的反应，不一定要有氧气参加。比如金属钠（Na）和氯气（Cl_2）反应生成氯化钠（NaCl），该反应没有氧气参加，但是是剧烈的发光发热的化学反应，同样属于燃烧范畴。

可燃物、助燃物和点火源是构成燃烧的三个要素（图 8-1），缺少任何一个燃烧便不能发生，但是有时即使三要素都存在，可燃物没有达到一定浓度、助燃物数量不足、点火源没有足够的温度，燃烧也不会发生。可燃物、助燃物和点火源是导致燃烧的必要条件。"三要素"同时存在且满足量上的要求才是燃烧的充分条件。

图 8-1　燃烧三角形

2. 爆炸分析

爆炸是物质在瞬间以机械功的形式释放出大量气体和能量的现象。由于物质状态的急剧变化，爆炸发生时使压力急剧升高并产生巨大的声响。爆炸的主要特征是压力的急剧升高。

二、燃烧与爆炸的类型判断

1. 燃烧分类

按照燃烧的起因和剧烈程度，燃烧可以分为闪燃、着火、自燃和爆炸四种类型。

（1）闪燃　易燃或可燃液体表面都存在一定蒸气，这些蒸气与空气混合后，一旦遇到点

图 8-2 樟脑丸

火源就会出现一闪即灭的火苗或闪光，称为闪燃。某些固体也能蒸发出蒸气，出现闪燃现象。如石蜡、樟脑（图 8-2）、萘等。

可燃液体之所以会发生一闪即灭的闪燃现象，是因为该温度下蒸发速度较慢，蒸气仅能维持短时间的燃烧，来不及提供足够的蒸气维持稳定的燃烧。

闪燃是将要起火的先兆，因此可以根据液体闪点的高低，衡量其危险性。

（2）着火　可燃物质在空气中受到外界火源或高温的直接作用开始起火持续燃烧的现象称为着火。使可燃物发生持续燃烧的最低温度称为着火点。着火点越低，越容易着火。

（3）自燃　物质在缓慢氧化的过程中会产生热量，如果产生的热量不能及时散失就会越积越多，靠热量的积聚达到一定的温度时，不经点火也会引起自发的燃烧。这种可燃物质受热升温而不需明火作用就能自行燃烧的现象称为自燃。可燃物质在没有外界火花或火焰直接作用下能自行燃烧的最低温度称为该物质的自燃点。自燃点越低，火灾危险性越大。

（4）爆炸　物质在瞬间急剧氧化或分解反应产生大量的热和气体，并以巨大压力急剧向四周扩散和冲击且发生巨大响声的现象称为爆炸。

2. 爆炸分类

（1）按照爆炸能量来源分类　可分为物理爆炸和化学爆炸。

① 物理爆炸。指由物理因素（如温度、体积、压力）变化而引起的爆炸现象。化学组成及化学性质均不发生变化。

② 化学爆炸。指使物质在短时间内完成化学反应，同时产生大量气体和能量而引起的爆炸现象。物质的化学成分和化学性质在化学爆炸后均发生了质的变化。

（2）按爆炸时的化学变化分类　可分为四类。

① 简单分解爆炸。如叠氮铅、三碘化氮、三硫化二氮、雷银、雷汞、乙炔银、乙炔铜等物质，受到轻微震动就会发生爆炸。这类爆炸不会发生燃烧，爆炸物本身的分解会产生能量。

② 复杂分解爆炸。所有炸药如硝化甘油、三硝基甲苯、三硝基苯酚、黑色火药等均属于此类。这类爆炸伴有燃烧现象，燃烧所需要的氧由爆炸物自身分解供给。

③ 爆炸性混合物的爆炸。可燃气体、蒸气或粉尘与空气（或氧）混合后，形成爆炸性混合物。爆炸混合物的爆炸需要有一定的条件，即可燃物与空气或氧达到一定的混合浓度，并具有一定的激发能量，如明火、电火花、静电放电等。

④ 分解爆炸性气体的爆炸。爆炸性气体分解时产生一定热量，当物质的分解热为 80kJ/mol 以上时，在激发能源的作用下，火焰就能迅速地传播开来，其爆炸是相当激烈的。在一定压力下容易引起该种物质的分解爆炸，当压力降到某个数值时，火焰便不能传播，这个压力称为分解爆炸的临界压力。如乙炔分解爆炸的临界压力为 0.137MPa，在此压力下储存装瓶是安全的，但是若有强大的点火能源，即使在常压下也具有爆炸危险。

爆炸性混合物与火源接触，便有自由基生成，成为链反应的作用中心。点火后，热以及链载体都向外传播，促使邻近一层的混合物起化学反应，然后这一层又成为热和链载体源泉而引起另一层混合物的反应。在距离火源 0.5～1m 处，火焰速度只有每秒若干米或者还要小一些，但以后即逐渐加速，到每秒数百米（爆炸）以至数千米（爆轰）。若火焰扩散的路程上有障碍物，则由于气体温度的上升及由此而引起的压力急剧增加，可造成极大的破坏作用。

三、物质燃烧的过程分析

不同状态的物质其燃烧过程不同，如图 8-3 所示，其中气体最易燃烧，只要达到其氧化分解所需的热量便能迅速燃烧，在极短的时间内就能全部燃尽。液体燃烧时，在火源作用下先蒸发成蒸气，而后蒸气氧化分解进行燃烧。固体燃烧则存在两种情况，对于简单物质如金属钠，首先是固体受热、熔化、蒸发，随后蒸气与空气混合而燃烧，无分解过程；而复杂物质如煤炭、木材等的燃烧过程，则是物质先受热分解出可燃气体和蒸气，然后与空气混合、燃烧，并留下若干固体残渣。

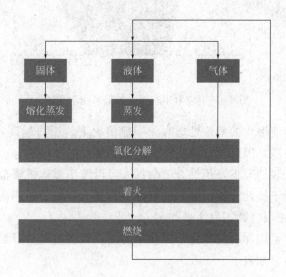

图 8-3　不同形态可燃物质的燃烧过程

分析乙醚（闪点为 −45℃）、乙醇（闪点为 12℃）、丁醇（闪点为 35℃）三种物质存在哪些火灾危险性。

四、爆炸极限及其影响因素分析

1. 爆炸极限

可燃气体、可燃液体的蒸气或可燃粉尘、纤维与空气形成的混合物遇火源会发生爆炸的极限浓度称为爆炸极限。

在空气中能引起爆炸的最低浓度称为爆炸下限，最高浓度称为爆炸上限，上下限之间的范围称为爆炸极限范围。

混合物的浓度低于爆炸下限或高于爆炸上限都不会发生爆炸。混合物浓度低于爆炸下限时，混合物含量不够以及过量空气的冷却作用，阻止了火焰的蔓延。混合物浓度高于爆炸上限时，氧气不足，火焰不能蔓延。高于爆炸极限时不发生爆炸，但会发生燃烧。

2. 影响爆炸极限的因素

（1）温度　一般情况下，爆炸性混合物的原始温度越高，爆炸极限范围也越大，即下限越低，上限越宽，因此温度升高会使爆炸的危险性增大。温度对甲烷爆炸极限影响见图 8-4。

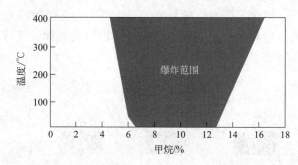

图 8-4　温度对甲烷爆炸极限影响示意图

（2）压力　高压会使爆炸的危险性增大。一般情况下，压力越高，爆炸极限范围越大，尤其是爆炸上限显著提高，因此减压操作有利于减小爆炸的危险性。

（3）惰性介质　一般情况下，惰性介质的加入可以缩小爆炸极限范围。当惰性气体的浓度达到一定数值时，由于惰性介质的加入使可燃烧物分子与氧分子隔离，在他们之间形成不燃烧的"障碍物"，可使混合物不发生爆炸。

（4）氧含量　氧含量增加会使燃烧和爆炸更容易。氧含量增加，爆炸极限范围增大，尤其是爆炸上限显著提高。如表 8-1 所示。

表 8-1　氧含量对爆炸极限的影响

物质名称	空气中爆炸极限/%	纯氧中的爆炸极限/%
甲烷	5.0～15.0	5.0～61.0
乙烷	3.0～15.5	3.0～66.0
丙烷	2.1～9.5	2.3～55.0
丁烷	1.5～8.5	1.8～49.0
乙烯	2.7～34.0	3.0～80.0

（5）容器直径　容器管子直径越小，火焰在其中越难以蔓延，混合物的爆炸极限范围越小。当容器直径或火焰通道小到一定数值时，火焰不能蔓延，可解除爆炸危险。我们把此时的容器直径称为临界直径或最大灭火间距。

（6）点火源　点火源的能量、热表面的面积、点火源与混合物的接触时间等都对爆炸极限有影响。点火源的能量越高，越易爆炸。各种爆炸混合物都有一个最小引爆能量，即点火能量。爆炸性混合物的点火能量越小，燃爆危险性越大。

任务二
预防火灾爆炸

学习目标

👁 **能力目标**

(1) 能辨识生产过程中的点火源和危险物质。
(2) 能根据生产实际分析应采取的预防火灾爆炸的安全措施。

👁 **素质目标**

(1) 培养资料查阅、信息检索和加工等自我学习能力。
(2) 养成防火防爆安全意识。

👁 **知识目标**

(1) 掌握预防火灾爆炸的主要措施。
(2) 熟悉生产中常见点火源和危险物质的来源。
(3) 了解自动控制和安全保护装置。
(4) 了解防爆电气设备。

案例

2017 年 7 月 29 日，某公司的外来维修公司进行焊接动火作业时，焊接火花引燃污水处理车间隔油池内污油造成起火，进而引燃隔油池旁墙板，冒出大量黑烟。如图 8-5 所示。

图 8-5　事故现场

　　该事故中，焊接火花属于明火，由于施工人员未对明火采取控制措施，高处动火未设置接火，违规作业造成事故。

一、点火源控制

　　为了预防火灾爆炸，化工企业可以采取多种措施。我们知道，可燃物、助燃物和点火源是构成燃烧的三个要素，缺少任何一个要素燃烧便不能发生，因此控制点火源就是预防火灾的一个重要措施。

　　化工生产中的点火源按照产生能量的方式不同，可以分成五类：明火、电气火花、静电、摩擦与撞击、高温表面，对不同的点火源需要采取不同的控制方法。

1. 明火

　　明火来源有加热用火、维修用火和其他用火。

　　（1）加热用火

　　① 加热易燃液体时，避免使用明火，而采用蒸汽、过热水、中间载热体或电热等，如果必须采用明火，则设备严格密封，并定期检查，防止泄漏。

　　② 工艺装置中的明火设备应尽可能布置在厂区边缘，位于易燃物料设备的下风侧。如图 8-6 的厂区布局中，假设厂区所在地常年主导风向为东北风，锅炉房和配电房则应布置在厂区边缘，且位置在原料区和工作区的西南侧。

　　（2）维修用火　主要指焊接、喷灯以及熬制用火等。

　　① 动火作业属于危险性较大的一类特殊作业。动火作业前需要办理动火作业票，严格执行动火作业安全规定。

　　② 一般在化工厂划分有动火作业区。在有火灾爆炸危险的车间内，应尽量避免焊割作业，最好将需要检修的设备或管段卸至安全地点修理。

　　③ 对运输、盛装易燃物料的设备、管道进行焊接时，应将系统进行彻底的清洗，用惰性气体进行吹扫置换，并经气体分析合格才可以动焊。

　　（3）其他明火

　　① 汽车等机动车辆禁止在易燃易爆装置区行驶，必要时加装火星熄灭器（图 8-7）。

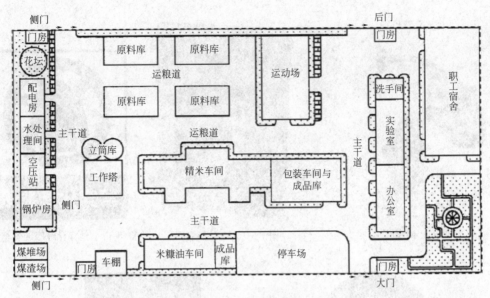

图 8-6　厂区布局图

② 为防止吸烟引发火灾爆炸事故，生产厂区严禁吸烟。禁止吸烟安全标识见图 8-8。

③ 在易燃易爆区域，严禁带火柴、打火机和香烟等。

图 8-7　火星熄灭器

图 8-8　禁止吸烟安全标识

2. 电气火花

电气设备正常工作或正常操作过程中也会产生火花，如开关或继电器分合时的火花，短路、保险丝熔断时产生的火花等。我们日常生活中插拔插头的时候也会产生电火花，这是空气被击穿产生的。

在易燃易爆的场所，电气设备产生的电火花有可能导致火灾爆炸事故的发生，因此电气设备需要满足防爆要求。例如防爆灯（图 8-9）、防爆控制箱（图 8-10）。

3. 静电

在生产中，设备、物料、建筑物及人体都能产生静电，是火灾爆炸事故的重要点火源之一。其中，人体是最为常见的静电源，在行走、站起等活动中都会产生静电。

要控制人体静电，最有效的措施是让人体与大地相"连接"，即"接地"。人要穿上静电防护服，包括防静电手套、鞋袜等，地面也要是防静电的，可以用防静电地垫、地板等，并要接地。防静电安全标志见图 8-11、图 8-12，防静电服见图 8-13。

图 8-9　防爆灯

图 8-10　防爆控制箱

图 8-11　禁穿化纤服装安全标志

图 8-12　必须穿防静电工作服安全标志

图 8-13　防静电服

在进入需要防静电的危险场所时，应先释放或消除静电（图 8-14、图 8-15）。释放或消除静电的常见措施有以下几个方面：

① 设备采用导电体接地消除静电；

② 在爆炸危险场所，向地面洒水或者喷水蒸气等，通过增湿法防止电介质物料带静电；

③ 利用静电中和器，中和消除带电体上的静电；

④ 控制气体、液体、粉尘物料在管道中的流速，防止高速摩擦产生静电。

图 8-14　安全标志（消除静电）

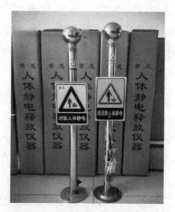

图 8-15　人体静电释放仪器

4. 摩擦与撞击

摩擦和撞击也是导致火灾爆炸的原因之一，如机器轴承等转动部件因润滑不均或未及时润滑引起摩擦发热起火，金属之间的撞击产生火花等，这些火花所携带的能量往往超过了多数可燃气体或粉尘的点火能量，容易引发火灾。因此，必须采取措施防止摩擦和撞击产生火花。常见的预防措施主要有：

① 设备应保持良好的润滑，并严格保持一定的油位；

② 搬运盛装可燃气体或易燃液体的金属容器时，严禁抛掷、拖拉、震动，防止因摩擦与撞击而产生火花；

③ 防止铁器等落入粉碎机、反应器等设备内因撞击而产生火花；

④ 防爆生产场所禁止穿带铁钉的鞋；

⑤ 禁止使用铁质工具，如在易燃易爆区域要选择防爆扳手（图 8-16）而不是普通扳手。

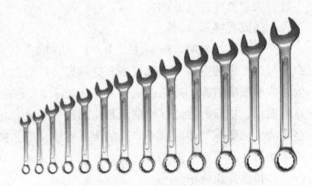

图 8-16　防爆扳手

5. 高温表面

部分设备的金属表面温度较高，能成为点火源。因此必须采取措施进行预防：

① 高温表面覆盖保温隔热材料，防止易燃物料与高温表面接触；

② 严禁在高温管道或设备上搭晒衣服；

③ 定期清除高温表面的物料和污垢。

二、危险物料控制

化工生产过程中存在各种危险物料，这些物料在遇到火源时便会引起燃烧或爆炸，因此为了预防火灾爆炸事故，必须对危险物料进行严格控制。化工生产中的各种可燃物、助燃物都是需要控制的危险物料，可以采取以下措施进行控制：

1. 用难燃或不燃物质代替可燃物质

例如二氯甲烷、四氯化碳等不燃液体在很多情况下可以代替溶解脂肪、油脂、树脂、沥青及油漆等可燃液体。

2. 根据物料的危险特性采取措施

① 自燃或遇水燃烧爆炸的物质采取隔绝空气、防水、防潮、通风、散热、降温等措施，以防止物质自燃和发生爆炸。

② 易燃、可燃气体或者液体蒸气根据相对密度采用相应的排污方法，根据物质的沸点、饱和蒸气压力，应考虑容器的耐压强度、储存温度、保温降温措施等，根据闪点、爆炸极

限、扩散性等采取相应的防火防爆措施。

③ 敏感物质、相互接触能引起燃烧爆炸的物质不能混存，遇酸、碱会分解爆炸的物质禁止与酸、碱接触，对机械作用敏感的物质要轻拿轻放。

④ 对光敏感物质，存放于金属桶或暗色的玻璃瓶中。

3. 系统密封和负压操作

① 危险设备或系统应尽量少用法兰连接。

② 输送危险气体、液体的管道应采用无缝管。

③ 盛装腐蚀性介质的容器底部尽可能不装开关和阀门。

④ 为了防止易燃气体、蒸气和可燃性粉尘与空气构成爆炸性混合物，应该使设备密闭，如设备本身不能密封，可采用液封。

⑤ 负压操作可防止系统中有毒或者爆炸危险性气体逸出，应注意负压操作时打开阀门不能使大量空气进入系统。

4. 通风置换

采用通风措施时，应当注意生产厂房内的空气，如含有易燃易爆气体则不应循环使用。在有可燃气体的室内，排风设备和送风设备应有独立分开的通风机室，如通风机室设在厂房内，应有隔绝措施。排除或输送温度超过 800℃ 的空气与其他气体的通风设备，应用非燃烧材料制成。排除有燃烧爆炸危险粉尘的排风系统，应采用不产生火花的除尘器。当粉尘与水接触能生成爆炸气体时，不应采用湿式除尘系统。加热温度高于物料自燃点的工艺过程，应严防物料外泄或空气进入系统。

5. 惰性介质保护

化工生产中常用的惰性气体有氮气、二氧化碳、水蒸气及烟道气。惰性气体作为保护性气体，常用于以下几个方面：

① 易燃固体物质的粉碎、筛选处理及其粉末输送时，采用惰性气体进行覆盖保护。

② 处理可燃易爆的物料系统，在进料前用惰性气体进行置换，以排除系统中原有的空气，防止形成爆炸性混合物。

③ 将惰性气体通过管道与有火灾爆炸危险的设备、贮槽等连接起来，在发生危险时备用。

④ 易燃液体利用惰性气体进行充压输送。

⑤ 在有爆炸性危险的生产场所，引起火花危险的电器、仪表等采用充氮正压保护。

⑥ 在易燃易爆系统需要动火检修时，用惰性气体进行吹扫和置换。

⑦ 发生跑料事故时，用惰性气体冲淡，在发生火灾时，用惰性气体进行灭火。

三、工艺参数安全控制

化工生产过程中的工艺参数主要包括温度、压力、流量及物料配比等，按工艺要求严格控制工艺参数在安全限度以内，是实现化工安全生产的基本保证。实现这些参数的自动调节和控制是保证化工安全生产的重要措施。

1. 温度控制

（1）控制反应温度　对于放热反应，移出反应热的方法主要是通过传热把反应器内的热量由流动介质带走，常用的方式有夹套冷却、蛇管冷却等。

（2）防止搅拌意外中断　可采取的措施有搅拌装置双路供电，增设人工搅拌装置、自动停止加料设置及有效的降温手段等。

（3）正确选择传热介质　避免使用和反应物料性质相抵触的介质，防止传热面结垢。

2. 投料控制

（1）投料速度　对于放热反应，加料速度不能超过设备的传热能力，否则将会引起温度猛升，发生副反应而引起物料的分解。加料速度如果突然减小，温度降低，反应物不能完全作用而积聚，升温后反应加剧进行，温度及压力都可能突然升高造成事故。

（2）投料配比　反应物料的配比要严格控制，为此反应物料的浓度、含量、流量都要准确地分析和计量。

如松香钙皂的生产，是把松香投入反应釜内加热至240℃，缓慢加入氢氧化钙，其反应式为：

$$2C_{19}H_{29}COOH+Ca(OH)_2 \longrightarrow Ca(C_{19}H_{29}COO)_2+2H_2O\uparrow$$

投入的氢氧化钙量增大，蒸汽的生成量也增大。过量会造成物料溢出，一旦遇火源接触就会造成着火。

（3）投料顺序　化工生产中，必须按照一定的顺序进行投料，否则有可能发生爆炸。为了防止误操作颠倒投料顺序，可将进料阀门进行互相联锁。

例如：2,4-二氯酚和对硝基氯苯加碱生产除草醚时，三种原料必须同时加入反应罐，在190℃下进行缩合反应。若忘加对硝基氯苯，只加2,4-二氯酚和碱，结果生成二氯酚钠盐，在240℃下能分解爆炸。如果只加对硝基氯苯而不加碱反应，则生成对硝基钠盐，在200℃下能分解爆炸。

（4）控制原料纯度　有许多化学反应，往往由于反应物料中的杂质而造成副反应或过反应，以致造成火灾爆炸。因此，生产原料、中间产品及成品应有严格的质量检验制度，保证原料纯度。

例如：用于生产乙炔的电石，其含磷量不得超过0.08%，因为电石中的磷化钙遇水后生成易自燃的磷化氢，磷化氢与空气燃烧可能导致乙炔-空气混合物的爆炸。

3. 防止跑、冒、滴、漏

生产过程中，跑、冒、滴、漏往往导致易爆介质在生产场所的扩散，是化工企业发生火灾爆炸事故的重要原因之一。

为了确保安全生产，杜绝跑、冒、滴、漏，必须加强操作人员和维修人员的责任感和技术培训，稳定工艺操作，提高设备完好率，降低泄漏率。为了防止误操作，对比较重要的各种管线涂以不同颜色以便区别，对重要的阀门采取挂牌、加锁等措施。不同管道上的阀门应相隔一定的间距。

四、采用自动控制和安全保护装置

自动化技术在化工生产中的应用使得生产效率得到极大的提高，由于采用了自动化仪表和集中控制装置，化工自动化在保证生产安全方面也发挥着至关重要的作用。

1. 工艺参数的自动调节

工艺参数的自动调节包括以下三方面：

① 温度自动调节；

② 压力自动调节；

③ 流量和液位自动调节。

2. 程序控制

程序控制就是采用自动化工具，按工艺要求，以一定的时间间隔对执行系统作周期性自动切换的控制系统。程序控制系统主要是由程序控制器按一定的时间间隔发出信号，使执行机构动作。

3. 信号装置、保护装置、安全联锁

（1）信号装置　安装信号报警装置可以在出现危险状况时警告操作者，便于及时采取措施消除隐患。发出的信号一般有声、光等。它们通常都和测量仪表相联系，当温度、压力、液位等超过控制指标时，报警系统就会发出信号。

（2）保护装置　保护装置在发生危险时，能自动进行动作，消除不正常状况。如安全阀（图 8-17）。

（3）安全联锁　所谓联锁就是利用机械或电气控制依次接通各个仪器设备，并使之彼此发生联系，以达到安全生产的目的。

常见的安全联锁装置有以下几种情况：

① 同时或依次投放两种液体或气体时；

② 在反应终止需要惰性气体保护时；

③ 打开设备前需要预先解除压力或需要降温时；

图 8-17　安全阀

④ 当两个或多个部件、设备、机器，操作错误容易引起事故时；

⑤ 当工艺控制参数达到某极限值，开启处理装置时；

⑥ 某危险区域或部位禁止人员入内时。

五、采用防爆型电气设备

防爆型电气设备是按其结构和防爆性能的不同来分类的。应根据环境特点选用适当型式的电气设备。

1. 增安型

增安型指在正常运行条件下会产生电弧、火花，或可能点燃爆炸性混合物的高温的设备结构上，采取措施提高安全程度，以避免在正常和认可的过载条件下出现上述现象的电气设备。

2. 隔爆型

隔爆型指把可能引燃爆炸性混合物的部件封闭在坚固的外壳内，该外壳能承受内部发生爆炸的爆炸压力并能阻止通过其上孔缝向外部传爆的电气设备。隔爆型设备的外壳用钢板、铸钢、铝合金、灰铸铁等材料制成。

3. 充油型

充油型指把全部或某些带电部件浸没在绝缘油里，使之不能引燃油面以上或外壳周围爆炸性混合物的电气设备。

4. 正压型

正压型指具有保护外壳、壳内充有保护气体，其压力保持高于外部爆炸性混合物气体的压力，以防止外部爆炸性混合物进入壳内的电气设备。按其充气结构分为通风、充气、气密三种形式，保护气体可以是空气、氮气或其他非可燃性气体。

5. 本质安全型

在规定试验条件下，正常工作或规定的故障状态下产生的电火花的热效应均不能点燃规定的爆炸性混合物的电路，称为本质安全电路，本质安全电路的电气设备称为本质安全型防爆电气设备。

6. 充砂型

充砂型指外壳内充填细粒材料，使得在规定条件下，外壳内产生的电弧、火焰、壳壁及颗粒材料危险温度不能点燃外部爆炸性混合物的电气设备。

7. 无火花型

无火花型指正常运行条件下不产生电弧、火花，也不产生能引燃周围爆炸性混合物表面温度或灼热点的防爆型电气设备。

任务三
了解灭火技术

学习目标

能力目标

(1) 能根据火灾场所正确选择合适的灭火器。
(2) 会正确使用灭火器。

素质目标

(1) 培养资料查阅、信息检索和加工等自我学习能力。
(2) 养成防火安全意识。

知识目标

(1) 熟悉常用灭火剂的灭火原理。
(2) 熟悉常用的灭火器材。

案例

　　某单位检修加氢反应器的催化剂循环泵和催化剂分离器下部的排出阀，打开反应器顶上的手孔，通入约2MPa压力的二氧化碳，直到吹空为止。然后几名操作工对分离反应器底部的阀门进行检修。就在此时，反应器中发出轰轰的声音，接着反应器下部喷出火来，使环己醇起火。操作人员立刻使用二氧化碳灭火器扑灭起火。

事故原因是设备置换不彻底，打开阀门后产生了可燃性混合气体。但是操作人员处理及时、正确，成功扑灭了火灾。

一、灭火原理和方法解析

1. 灭火原理

物质燃烧必须同时具备三个条件，即可燃物、助燃物和点火源。因此，任何灭火措施，只要能阻止三个燃烧条件同时存在和相互作用，就可以实现灭火，这就是灭火的基本原理。

2. 常见灭火方法选择

（1）窒息灭火法　阻止助燃物进入燃烧区或用惰性气体降低助燃物浓度。

（2）冷却灭火法　喷水或喷射二氧化碳等其他灭火剂，将燃烧物的温度降到燃点以下。

（3）隔离灭火法　将燃烧物体与附近的可燃物质隔离或疏散，适用各种固体、液体和气体火灾。

（4）抑制灭火法　灭火剂参与反应，与自由基结合，形成稳定分子或低活性的自由基，从而切断氢自由基与氧自由基的连锁反应链，使反应停止。

二、灭火剂和灭火器材选择

（一）常用的灭火剂选用

灭火剂是能够有效地破坏燃烧条件而终止燃烧的物质。常用的灭火剂有水、水蒸气、泡沫液、二氧化碳、干粉、卤代烷等。对于化工企业中用到的灭火剂，必须根据化工生产工艺条件、物料性质和建筑物特点等合理选择。

1. 水型灭火剂

（1）灭火原理

① 冷却作用，水的热容量大，1kg 水温度升高 1℃，需要 4.1868kJ 的热量；1kg 100℃ 的水汽化成水蒸气则需要吸收 2.2567kJ 的热量。因此，水能从燃烧物中吸收很多热量，使燃烧物的温度迅速下降，使燃烧终止。

② 窒息作用，汽化为蒸汽，降低可燃物与氧气浓度。

③ 隔离作用，水流冲击隔离可燃物与火源。

（2）不能用水扑灭的火灾

① 密度小于水和不溶于水的易燃液体的火灾，如汽油、煤油、柴油等油品。（密度大于水的可燃液体，如二硫化碳可以用喷雾水扑救，或用水封阻火势的蔓延）

② 遇水产生燃烧物的火灾，如金属钾、钠、碳化钙等，不能用水，而应用砂土灭火。

③ 硫酸、盐酸和硝酸引发的火灾，不能用水流冲击，因为强大的水流能使酸飞溅，流出后遇可燃物质，有引起爆炸的危险。酸溅在人身上，能灼伤人。

④ 电气火灾未切断电源前不能用水扑救，因为水是良导体，容易造成触电。

⑤ 高温状态下化工设备的火灾不能用水扑救，以防高温设备遇冷水后骤冷，引起形变或爆裂。

2. 泡沫灭火剂

（1）灭火原理　泡沫中充填大量气体，可漂浮于液体表面或者附着于一般可燃固体表面，形成泡沫覆盖层，使燃烧物表面与空气隔绝，起隔离和窒息作用。同时，泡沫析出的水和其他液体有冷却作用，泡沫受热蒸发产生的水蒸气也可以降低燃烧物附近的氧浓度。

泡沫灭火剂分为化学泡沫、空气泡沫、氟蛋白泡沫、水成膜泡沫和抗溶性泡沫等。

（2）适用范围　主要用于扑灭不溶于水的可燃、易燃液体，如石油产品的火灾，也可用于扑灭木材、纤维、橡胶等固体的火灾。不能扑救水溶性可燃、易燃液体的火灾（如醇、酯、醚、酮等物质）和 E 类（带电）火灾。

3. 二氧化碳灭火剂

（1）灭火原理　二氧化碳在通常状态下是无色无味的气体，相对密度为 1.529，比空气重，不燃烧也不助燃。将经过压缩液化的二氧化碳灌入钢瓶内，便制成二氧化碳灭火剂。从钢瓶里喷射出来的固体二氧化碳（干冰）温度可达 $-78.5℃$，干冰气化后，二氧化碳气体覆盖在燃烧区内，除了窒息作用之外，还有一定的冷却作用，火焰就会熄灭。

（2）适用范围　由于二氧化碳不含水、不导电，适用于各种易燃、可燃液体，可燃气体火灾，适宜扑救 600V 以下的电气设备火灾、精密仪器、图书档案等火灾。

但是二氧化碳不宜用来扑灭金属钾、钠、镁、铝等及金属过氧化物（如过氧化钾、过氧化钠）、有机过氧化物、氯酸盐、硝酸盐、高锰酸盐、亚硝酸盐、重铬酸盐等氧化剂的火灾。

4. 干粉灭火剂

（1）灭火原理　干粉灭火剂的主要成分是碳酸氢钠和少量的防潮剂硬脂酸镁及滑石粉等。用干燥的二氧化碳或氮气作动力，将干粉从容器中喷出，形成粉雾喷射到燃烧区，干粉中的碳酸氢钠受高温作用发生分解，其化学反应方程式如下：

$$2NaHCO_3 \xrightarrow{\triangle} Na_2CO_3 + H_2O + CO_2$$

该反应是吸热反应，反应放出大量的二氧化碳和水，水受热变成水蒸气并吸收大量的热能，起到一定的冷却和稀释可燃气体的作用。另外，干粉使燃烧反应中的自由基减少，导致燃烧反应中断，起到化学抑制作用。

（2）适用范围　干粉灭火剂主要用于扑救各种非水溶性及水溶性可燃、易燃液体的火灾，以及天然气和石油气等可燃气体火灾和一般带电设备的火灾。

不适合精密仪器火灾和轻金属火灾。

5. 卤代烷灭火剂

（1）灭火原理　卤代烷分子参与燃烧反应，卤素原子能与燃烧反应中的自由基结合生成较为稳定的化合物，从而使燃烧反应因缺少自由基而终止。卤代烷灭火剂经加压液化储存于钢瓶中，使用时减压汽化而吸热。

（2）适用范围　适用于扑救易燃、可燃液体、气体及电气设备火灾，扑救精密仪器仪表、珍贵文物、图书档案等火灾，扑救飞机、船舶、车辆、油库等场所固体物质的表面火灾。但是其毒性高，破坏臭氧层，博物馆、精密机房之外的非必要场所禁止使用。

根据各类灭火剂的灭火原理和使用场所，填写表 8-2（√代表适用，×代表不适用）。

表 8-2　灭火器适用范围

	水型灭火剂	干粉灭火剂		泡沫灭火剂	卤代烷灭火剂	二氧化碳灭火剂
		磷酸铵盐 ABC	碳酸铵盐 BC			
A 类火灾						
B 类火灾						
C 类火灾						
D 类火灾						
E 类火灾						
F 类火灾						

（二）常用的灭火器材选用

1. 灭火器

灭火器是指能在内部压力作用下，将所充装的灭火剂喷出以扑救火灾，并且由人来移动的灭火器具。因为初起火灾范围较小，火势较弱，是扑救的最佳时期，所以，灭火器适宜扑救初起火灾。同时，灭火器结构简单，操作容易，使用十分普遍，是大众化的消防工具。灭火器安全标志如图 8-18 所示。

（1）灭火器的分类

① 按装填的灭火剂不同划分为水型灭火器、泡沫灭火器、干粉灭火器、二氧化碳灭火器、卤代烷灭火器。

② 按加压方式分为化学反应灭火器、储气罐式灭火器和储压式灭火器。

③ 按移动方式分为手提式灭火器和推车式灭火器。

④ 按适宜扑灭的可燃物质不同分为用于扑灭纸张、木材、布匹、橡胶等 A 类物质火灾的 A 类灭火器；用于扑灭石油产品、油脂等 B 类物质火灾和可燃气体等 C 类物质火灾

图 8-18　灭火器安全标志

的 B、C 类灭火器和用于扑灭钾、钠、钙等 D 类物质火灾的 D 类灭火器。

（2）几种常用的灭火器　灭火器种类繁多，各有特点，在火灾扑救过程中，要根据着火情况及易燃易爆物质的特性，有针对性地选择适合灭火的灭火器，做到有的放矢。常见的灭火器及使用方法见图 8-19。

2. 消防站

大中型生产、储存易燃易爆危险品的企业均应设置消防站。消防站是专门用于消除火灾的专业性机构，拥有相当数量的灭火设备和经过严格训练的消防队员。消防站的设置应便于

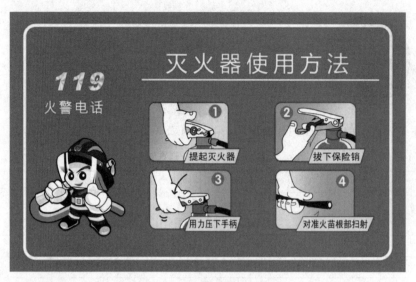

图 8-19　灭火器使用方法

消防车迅速通往工艺装置区和罐区，且应避开工厂主要人流道路。消防站宜远离噪声场所并设在生产区的下风侧。

3. 消防给水设施

消防给水设施是专门为消防灭火而设置的给水设施，如图 8-20 所示。

图 8-20　消防给水设施

（1）消防给水管道　消防管道是指用于消防方面，连接消防设备、器材，输送消防灭火用水、气体或者其他介质的管道。由于消防管道常处于静止状态，也因此对管道要求较为严格，管道需要耐压力、耐腐蚀、耐高温性能好。

消防管道喷涂成红色。

（2）消火栓　消火栓是一种固定式消防设施，消火栓按其装置地点可分为室外和室内两类。室外消火栓又可分为地上式与地下式两种。

消火栓的主要作用是控制可燃物、隔绝助燃物、消除着火源。消火栓主要供消防车从市政给水管网或室外消防给水管网取水实施灭火，也可以直接连接水带、水枪出水灭火。所以，室内外消火栓系统也是扑救火灾的重要消防设施之一。

（3）消防水炮　消防水炮是以水为介质，可以远距离扑灭火灾的设备。消防水炮流量大、射程远，可以非常快速地扑灭早期火灾。在火灾危险性较大且高度较高的设备四周，设置固定的消防水炮可以保护重点设备。特别是重点设备邻近处发生火灾时，使用消防水炮可以使金属设备免受火灾辐射热的威胁。

（三）识别灭火器的标识

① 灭火器的名称、型号和灭火剂类型。

② 灭火器的灭火种类和灭火级别。要特别注意的是，对不适应的灭火种类，其用途代码符号是被红线划过去的。

③ 灭火器的使用温度范围。

④ 灭火器驱动气体名称和数量。

⑤ 灭火器（图 8-21）生产许可证编号或认可标记。

⑥ 生产日期、制造厂家名称。

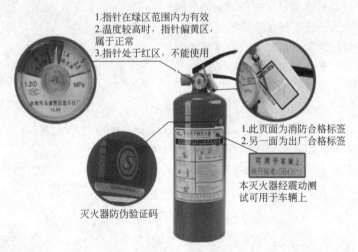

图 8-21　灭火器

任务四
火灾扑救

学习
目标

👁 **能力目标**

(1) 能根据火灾发展过程采取相应的灭火措施。

(2) 能分析扑救生产装置初起火灾的基本措施。

(3) 能分析扑救石油装置初起火灾的基本措施。

👁 **素质目标**

(1) 能够对资料进行整理、分析、归纳，并进行自主学习。

(2) 具有安全意识、团队意识、强烈的责任感及集体荣誉感。

(3) 促进理论联系实际，提高分析问题、解决问题的能力以及动手能力。

👁 **知识目标**

(1) 了解火灾的发展过程和特点。

(2) 掌握灭火的基本原则。

子任务一　了解火灾的发展过程和特点

案例

2019 年下半年到 2020 年初，一场持续几个月的山火给澳大利亚甚至全球带来了极大的影响。在创纪录的高温、异常干燥的春季和大风助使下，这场山火的过火面积超过1000 万公顷，相当于奥地利的国土面积，并造成至少 30 人死亡、数百座房屋被毁，以及成百上千万的动物遭殃，澳大利亚将这场山火定性为"史上最严重"的火灾。一些专家认为这场火灾要想熄灭大概只能靠天了。

为什么山火会持续如此长的时间呢？在山火发展到人力不可控之前，是否错过了最佳的灭火时机呢？

火灾的发展通常都是一个从小到大、逐步发展直至熄灭的过程，一般可以分为初起、发展、猛烈、下降和熄灭五个阶段。室内火灾的发展是从可燃物被点燃开始，由燃烧的变化速度所测定的温度时间曲线来划分火灾的初起、发展和熄灭三阶段。室外火灾，尤其是可燃液体和气体火灾，其阶段性则不明显。研究燃烧发展整个过程，以便区分不同情况，有助于采取切实有效的措施，迅速扑灭火灾。

（1）初起阶段　火势向周围发展蔓延的速度比较慢，用很少的人力和灭火器材就能将火灾扑灭。火灾初起阶段是扑救的最好时机。

（2）发展阶段　如果初期火灾不能及时发现和扑灭，燃烧面积迅速扩大，则形成燃烧的发展阶段。在这一阶段，需要有一定数量的人力和消防器材设备，才能够及时有效地控制火势发展和扑灭火灾。

（3）猛烈阶段　随着燃烧时间延长，燃烧温度急剧上升，燃烧面积迅猛扩展，是燃烧速度最快、燃烧发展的猛烈阶段。扑救这种火灾需要组织大批的灭火力量，经过长时间的奋战，才能消灭火灾。

（4）下降和熄灭阶段　火场火势被控制住以后，由于灭火剂的作用或因燃烧材料已烧至殆尽，火势逐渐减弱直至熄灭。

从上述火灾的发展阶段来看，初期阶段的火灾既容易扑救，也不会造成大的危害。因此，在石油化工企业，及时发现并扑救初起火灾至关重要。火灾发展过程见图 8-22。

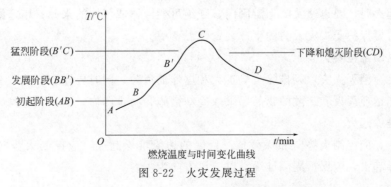

燃烧温度与时间变化曲线

图 8-22　火灾发展过程

子任务二　分析灭火的基本原则

案例

2016 年 9 月，某（集团）石化厂减压车间的值班人员刚刚巡检完毕，突然，车间渣油泵上的焊口开缝，随着油泵的高速旋转，甩出的油花落在 38℃ 高温的焊口上立刻起火。车间员工立即行动，1 人报警，1 人开启干粉灭火器，另外 2 人关掉进出口阀门，切断油料供应，火被窒息、扑灭。整个过程不到 2min。

这是一起正确处理突发火灾的成功案例。

迅速有效地扑灭火灾，最大限度地减少人员伤亡和经济损失，是灭火的基本目的。在灭火时，必须运用"先控制，后消灭""救人重于救火""先重点，后一般"等基本原则。

一、先控制，后消灭

"先控制，后消灭"主要是指对不可能立即扑灭的火灾，要首先采取措施控制火势继续蔓延扩大，待具备了扑灭火灾的条件时再展开全面进攻。灭火时，应根据火灾情况和本身力量灵活运用这一原则，对于能扑灭的火灾，要抓住时机，迅速扑灭。如果火势较大，灭火力量相对薄弱，或因其他原因不能扑灭时，就应把主要力量放在控制火势发展或防止爆炸、泄漏等危险情况发生上，为防止事故扩大，彻底消灭火灾创造条件。

控制火势要根据火场的具体情况，采取相应的措施。

1. 建筑物着火

当建筑物一端起火向另一端蔓延时，应从中间控制；建筑物的中间部位着火时，应在两侧控制，但应以下风方向为主。发生楼层火灾时，应从上面控制，以上层为主，切断火势蔓延方向。

2. 油罐起火

油罐起火后，要采取冷却燃烧油罐的保护措施，以降低其燃烧强度，保护油罐壁，防止油罐破裂扩大火势；同时要注意冷却邻近油罐，防止邻近油罐因温度升高而着火。

3. 管道着火

当管道起火时，要迅速关闭上游阀门，断绝可燃液体或气体的来源；堵塞漏洞，防止气体扩散；同时要保护受火灾威胁的生产装置、设备等。

4. 易燃易爆部位着火

要设法迅速消灭火灾，以排除火势扩大和爆炸的危险；同时要掩护、疏散有爆炸危险的物品，对不能迅速灭火和疏散的物品要采取冷却措施，防止爆炸。

5. 货物堆垛起火

堆垛起火，应控制火势向邻垛蔓延；货区的边缘堆垛起火，应控制火势向货区内部蔓延；中间堆垛起火，应保护周围堆垛，以下风方向为主。

二、救人重于救火

火场上如果有人受到火灾威胁，灭火的首要任务就是要把被火围困的人员抢救出来。运用这一原则，要根据火势情况和人员受火灾威胁的程度而决定。在灭火力量较强时，灭火和救人可同时进行，但决不能因为灭火而贻误救人时机。人未救出前，灭火往往是为了打开救人通道或减弱火势对人的威胁程度，从而更好地救人脱险，为及时扑灭火灾创造条件。

三、先重点，后一般

"先重点，后一般"是针对整个火场情况而言的，要全面了解并认真分析火场情况，采取有效的措施。

① 人和物比，救人是重点；

② 贵重物资和一般物资相比，保护和抢救贵重物资是重点；

③ 火势蔓延猛烈方面和其他方面相比，控制火势猛烈的方面是重点；

④ 有爆炸、毒害、倒塌危险的方面和没有这些危险的方面相比，处置有这些危险的方面是重点；

⑤ 火场的下风方向与上风、侧风方向相比，下风方向是重点；

⑥ 易燃、可燃物品集中区和这类物品较少的区域相比，这类物品集中区域是保护重点；

⑦ 要害部位和其他部位相比，要害部位是火场上的重点。

子任务三　扑救生产装置初期火灾

石油化工企业生产用的原料、中间产品和成品，大部分是易燃易爆物品。在生产过程中往往经过许多工艺过程，在连续高温和压力变化及多次的化学反应过程中，容易造成物料的跑、冒、滴、漏，极易起火或形成爆炸性混合物。由于生产工艺的连续性，设备与管道连通，火势蔓延迅速，多层厂房、高大设备和纵横交错的管道，会因气体扩散、液体流淌或设备、管道爆炸而形成装置区的立体燃烧，有时会造成大面积火灾。因此，当生产装置发生火灾爆炸事故时，现场操作人员应立即选用适用的灭火器材，进行初起火灾的扑救，将火灾消灭在初起阶段，最大限度地减少灾害损失；如火势较大不能及时扑灭，应积极采取有效措施控制其发展，等待专职消防力量扑救火灾。扑救生产装置初起火灾的基本措施有：

① 迅速查清着火部位、燃烧物质及物料的来源，在灭火的同时，及时关闭阀门，切断物料。这是扑救生产装置初起火灾的关键措施。

② 采取多种方法，消除爆炸危险。带压设备泄漏着火时，应根据具体情况，及时采取防爆措施，如关闭管道或设备上的阀门、疏散或冷却设备容器、打开反应器上的放空阀，驱散可燃蒸气或气体等。

③ 准确使用灭火剂。根据不同的燃烧对象、燃烧状态选用相应的灭火剂，防止由于灭火剂使用不当，与燃烧物质发生化学反应，使火势扩大，甚至发生爆炸。对反应器、釜等设备的火

灾除从外部喷射灭火剂外，还可以采取向设备、管道、容器内部输入蒸气、氮气等灭火措施。

④ 生产装置发生火灾时，当班负责人除立即组织岗位人员积极扑救外，应同时指派专人打火警电话报警，以便消防队及时赶赴火场扑救。报警时要讲清起火单位、部位和着火物质，以及报警人姓名和报警的电话号码。消防队到场后，生产装置负责人或岗位人员，应主动向消防指挥员介绍情况，讲明着火部位、燃烧介质、温度、压力等生产装置的危险状况和已经采取的灭火措施，供专职消防队迅速做出灭火战术决策。

⑤ 消灭外围火焰，控制火势发展。扑救生产装置火灾时，一般是首先扑灭外围或附近建筑的燃烧，保护受火势威胁的设备、车间。对重点设备加强保护，防止火势扩大蔓延。然后逐步缩小燃烧范围，最后扑灭火灾。

⑥ 利用生产装置设置的固定灭火装置冷却、灭火。石油化工生产装置在设计时考虑到火灾危险性的大小，在生产区域设置高架水枪、水炮、水幕、固定喷淋等灭火设备，应根据现场情况利用固定或半固定的冷却或灭火装置冷却或灭火。

⑦ 根据生产装置的火灾危险性及火灾危害程度，及时采取必要的工艺灭火措施，在某些情况下，对扑救石油化工火灾是非常重要和有效的。对火势较大、关键设备破坏严重、一时难以扑灭的火灾，当班负责人应及时请示，同时组织在岗人员进行火灾扑救。可采取局部停止进料、开阀倒罐、紧急放空、紧急停车等工艺紧急措施，为有效扑灭火灾、最大限度降低灾害创造条件。

子任务四　扑救常见石油化工火灾

一、石油化工装置火灾

石油化工是一个工艺复杂、技术性强的行业，其生产中的原材料、辅助材料、半成品及成品多为易燃易爆物品，易于引发火灾或爆炸事故，且火灾不易被扑灭，一旦发生爆炸事故，将会造成重大的伤亡及经济损失。因此，石油化工行业一直是消防保卫的重点。

1. 石油化工装置火灾扑救原则

扑救石油化工火灾一般按堵截冷却、灭火和防止复燃三个阶段展开。

在第一阶段，消防队会同起火单位的工作人员和技术人员及时制止险情的进一步恶化，其方法是：

① 关阀断料，停止油品从工艺系统中溢出。关阀断料是扑救石油化工火灾、控制火势发展的最基本措施。在实施关阀断料时，要选择离燃烧点最近的阀门予以关闭，并估算出从关阀处至起火点之间所存有物料的数量，必要时辅以导流措施。

② 采用阻拦设备限制液体流淌面积。

③ 对受热辐射强烈影响区域的装置、设备和框架结构加以冷却保护，防止其受热变形或倒塌。

④ 在有爆炸危险气体扩散的区域内，停止用火装置、设备的工作和消除其他可能的火源；封闭工艺流槽，并用填砂土的方法封闭污水井。

第二阶段堵截蔓延是控制石油化工装置火灾扩大的前提。在第二阶段，灭火要快攻近战，以快制快。为此，必须首先做到火情侦察准确，情况判断准确；其次要尽可能地接近火点，充分发挥灭火剂的灭火效果。

① 对可能存在外泄可燃气体的高压反应釜、合成塔、反应器等设备火灾，应在关闭进料控制阀、切断气体来源的同时，迅速用喷雾水或蒸汽在下风方向稀释外泄气体，防止可燃气体与空气混合形成爆炸性混合物。

② 对地面液体流淌火，应根据流散液体的数量、面积、方向和地势、风向等因素，筑堤围堵，把燃烧液体控制在一定范围内，或定向导流，防止燃烧液体向高温、高压装置区等危险部位蔓延。

③ 在围堵导流的同时，根据液体燃烧面积，部署必要数量的泡沫枪，消灭液体火势。对塔釜、架空罐、管线、框架的流淌火，首先应采取关阀断料的工艺措施，切断物料的来源。对空间燃烧液体流经部位予以充分冷却，然后采取上下立体夹击的方法消灭液体流淌火；对流到地面的燃烧液体，按地面流淌火处理。对明沟内流淌火，可用筑堤等方法，把火势控制在一定区域内，或分段堵截；对暗沟流淌火，可先将其堵截，然后向暗沟内喷射高倍泡沫或采取封闭窒息等方法灭火。

④ 扑救气体设备装置火时，应在喷水冷却的同时，对于设有放空管线的，则应开阀放空，并将放空气体导入其他安全容器或火炬；对于因局部开裂或阀门被炸坏着火的无放空管线的设备、装置，应采取临时接管导气排空措施。

2. 石油化工装置灭火措施

(1) 常压塔灭火措施　停止供热，断绝热源。关闭常压加热炉阀，打开泛水阀。设有冷却水喷淋装置的部位，应立即打开阀门，强行实施喷淋冷却塔顶和塔壁，以防塔身破裂或变形。如果没有设置水喷淋的部位发生火灾时，火场指挥员应布置足够数量的水枪、水炮由上而下地进行冷却，降低塔身温度。

缓慢打开釜顶排空阀，降低压力。

关闭收集罐上方的收集阀，防止火焰窜入内部，扩大灾情。

关闭附近的汽提塔等生产装置和管道的阀门并进行必要的冷却降温，以防止发生爆炸等次生灾害。

(2) 减压蒸馏塔的灭火措施　当减压蒸馏塔发生火灾时，为了控制火势蔓延扩大和彻底消灭火灾，可采取以下措施。

① 停止供热，关闭减压炉炉阀和加热阀门，降低减压蒸馏塔内的温度。

② 关闭凝缩油及水的阀门，防止回流扩大燃烧。

③ 利用固定水喷淋设施或消防水枪、水炮等对附近的生产装置汽提塔以及管道进行适当的冷却降温。

④ 在确认已经排除复燃、复爆的前提下，可使用干粉、卤代烷灭火剂或用强力水流切封等灭火方法，一举将火灾消灭。如有蒸汽灭火设施时，也可以向塔内送入蒸汽，降低油品蒸气的浓度而灭火，这种灭火措施效果更好。

(3) 加热炉的灭火措施　加热炉是炼油厂火灾的多发部位，应予以特别重视。加热炉火灾常发生在回弯头箱的回弯头处（此处易破裂）。灭火方法有以下几种：

① 灭火前应切断原料油的来源，停炉和停火，防止灭火后发生复燃或复爆；

② 扑救火灾时，可使用固定蒸汽灭火装置或半固定蒸汽灭火装置喷射蒸汽，将火灾消灭；

③ 根据火场的实际情况，也可以使用消防喷雾水枪喷射雾化水流进行灭火，其灭火原理同蒸汽灭火相似，而且灭火手段更简便、效果更好，但要注意防止"回火"会烧伤射水人员，还要注意雾状水射入高温炉膛内瞬间汽化所产生的压力破坏炉膛的问题。

（4）原油管线的灭火措施　在组织指挥扑救原油管线火灾时，必须组织消防人员实施强有力的冷却与有效的掩护，组织精干的熟悉生产工艺的工程技术人员强行关闭进料阀门，打开蒸汽管线进行吹扫，相互配合，快速灭火，并设法排出管线内部残存的油品，以防止发生复燃或复爆。

（5）立体型火灾的灭火措施　炼油厂生产装置区发生火灾时，如果控制火势出现问题或燃烧时间较长，极易导致成为立体型火灾。这是由炼油厂的生产工艺要求、生产装置特点（高大密集）、建筑构造形式（上下连通）以及生产物料的物理化学性质所决定的。火灾时，燃烧区内的地面（含地沟）、低空、高空等部位均有火源点。所以，组织指挥扑救这种立体型火灾时，具有灭火技术要求高、扑救时间长、所需力量多、协同配合密切等特点，其任务既艰巨又复杂，而且风险性很大。在组织指挥扑救炼油厂生产装置立体型火灾时，应注意抓好以下几个环节。

① 充分发挥固定或半固定灭火设备系统的作用，控制火势蔓延扩大和迅速消灭火灾。例如，启动固定灭火设备的水幕，用水幕造成隔离带，降低热辐射和火焰直接烧烤的作用，以控制火势蔓延扩大；启动固定水炮直接冷却着火装置或受火势严重威胁的生产装置，防止被引燃或引爆；启动固定蒸汽、二氧化碳、干粉、卤代烷等灭火设备直接灭火，以充分发挥固定灭火设备快速控制火势发展和灭火的作用。

② 正确选择进攻路线和占据有利阵地。在组织指挥扑救炼油厂生产装置区的立体型火灾时，参战人员的安全问题非常突出，其中主要是：进攻路线和进攻阵地的选择。要选择既有利于灭火行动，又能确保安全的通行道路和有可靠依托的阵地，必要时应组织力量进行射水（开花或喷雾）掩护，使参战人员在安全的条件下同火灾作斗争。

③ 严密组织协同作战。炼油厂生产装置区立体型火灾的突出特点是：不仅燃烧面积比较大，而且火源点距离地面高低不等，扑救火灾的难度最大，很容易出现顾此失彼的问题。严密组织参加灭火战斗的单位、人员之间的协同作战则是火场指挥人员的重要任务，地面作战与高空作战、各种枪与炮、冷却与灭火、进攻与掩护等各个环节必须组织好，以充分发挥强大的集体力量的威力，从而夺取扑救立体型火灾的胜利。

④ 冷却、工艺处理和灭火兼顾。对生产装置区已经发展成为立体型火灾的扑救措施，需要厂、车间工程技术人员与消防灭火指挥人员共同研究决策，通常是在冷却消除灾情继续扩大的同时，必须适时地采取局部或全部（生产装置区）降温、减压，停止生产继续运行、中断可燃物料输入燃烧区，为消除复燃、复爆和彻底消灭火灾创造有利条件。

二、油泵房火灾

油泵房发生火灾后，首先应停止油泵运转，切断泵房电源，关闭闸阀，切断油源；然后覆盖密封泵房周围的下水道，防止油料流淌而扩大燃烧；同时用水枪冷却周围的设施和建筑物。扑救泵房大面积火灾，应使用固定或半固定式水蒸气灭火系统。泵房内一般设有蒸汽喷嘴，着火后喷出蒸汽，可降低燃烧区中氧的含量，当蒸汽浓度达到 35％，火焰即可熄灭。

缺少水蒸气灭火设备时，应根据燃烧油品种类、燃烧面积、着火部位等，采用相应的灭火器具或石棉被等进行灭火。一般泵房内主要是油泵、油管漏油处及接油盘最易失火，这些部位火灾只要使用轻便灭火器具，就能达到灭火目的。若泵房因油蒸气爆炸引起管线破裂，造成油品流淌引起较大面积火灾时，可及时向泵房内输送空气泡沫或高倍数泡沫等，采用泡沫扑救。

三、输油管道火灾

输油管道因腐蚀穿孔、垫片损坏、管线破裂等引起漏油、跑油被引燃后，着火油品会在管内油压的作用下向四周喷射，对邻近设备和建筑物有很大威胁。

扑救这类火灾，应首先关闭输油泵、阀门，停止向着火油管输送油品；然后采用挖坑筑堤的方法，限制着火油品流窜，防止蔓延。单根输油管线发生火灾，可采用直流水枪、泡沫、干粉等灭火；也可用砂土等掩埋扑灭。在同一地方铺设有多根输油管，如其中一根破裂漏出油品形成火灾时，火焰及其辐射热会使其他油管失去机械强度，并因管内液体或气体膨胀发生破裂，漏出油品，导致火势扩大。因此，要加强着火油管及其邻近管道的冷却。

若油管裂口处形成火炬式稳定燃烧，应用交叉水流，先在火焰下方喷射，然后逐渐上移，将火焰割断灭火。

输油管线在压力未降低之前，不应采取覆盖法灭火，否则会引起油品飞溅，造成人员伤亡事故。若输油管线附近有灭火蒸汽接管，也可采用蒸汽灭火。

四、下水道、管沟油料火灾

装置、设备漏油或排水带有油污，油蒸气在下水道、管沟等低洼地方聚集，遇到明火即会发生爆炸或燃烧，火势蔓延很快。其扑救方法如下：

① 用湿棉被、砂土、水枪等卡住下水道、管沟两头，防止火势向外蔓延。

② 火势较大时，应冷却保护邻近的物资和设施。

③ 用泡沫或二氧化碳灭火。

④ 若油料流入江河，则应于水面进行拦截，把火焰压制到岸边安全地点，然后用泡沫灭火。

> 模块考核题库

一、单选题

1.适用于扑灭可燃固体（如木材、棉麻等）、可燃液体（如石油、油脂等）、可燃气体（如液化气、天然气等）以及带电设备的初起火灾的灭火器是（　　）灭火器。

A.干粉　　　　　　B.酸碱　　　　　　C.清水　　　　　　D.泡沫

2.在扑灭带电器具的初起火灾时，不得使用（　　）灭火器。

A.干粉　　　　　　B.二氧化碳　　　　C.七氟丙烷　　　　D.泡沫

3.下列（　　）不会导致粉尘爆炸。

A. 镁粉　　　　　　B. 煤粉　　　　　　C. 石灰粉尘　　　　D. 棉麻粉尘

4. 防火和防爆的最基本措施是（　　　）。

A. 消除着火源　　　B. 及时控制火情　　C. 阻止火焰的蔓延　D. 严格控制火源

5. 通常情况下，液体燃烧的难易程度主要取决于液体的（　　　）。

A. 闪点　　　　　　B. 自燃点　　　　　C. 最小点火能量　　D. 燃烧热

6. 运输易燃、易爆物品的机动车，其排气管应安装（　　　），并悬挂"危险品"标志。

A. 被动式隔爆装置　B. 阻火器　　　　　C. 火星熄灭器　　　D. 防爆片

7. 化工厂燃气系统保持正压生产的作用是（　　　）。

A. 防止可燃气体泄漏　　　　　　　　　B. 防止空气进入燃气系统

C. 保持压力稳定　　　　　　　　　　　D. 起保温作用

8. 在火灾中，由于毒性造成人员伤亡的罪魁祸首是（　　　）。

A. 二氧化碳　　　　B. 一氧化氮　　　　C. 二氧化硫　　　　D. 一氧化碳

9. 爆炸极限范围越大，则发生爆炸的危险性（　　　）。

A. 越小　　　　　　B. 越大　　　　　　C. 无关　　　　　　D. 无规律

10. 下列物质爆炸危险性最大的是（　　　）。

A. 汽油　　　　　　B. 酒精　　　　　　C. 乙炔　　　　　　D. 氧气

11. 在火灾初期有阴燃阶段，产生大量的烟和少量的热，很少或没有火焰辐射的场所，常选用（　　　）火灾探测器。

A. 感温　　　　　　B. 感烟　　　　　　C. 感光　　　　　　D. 图像式

12. 气体泄漏后遇着火源已形成稳定燃烧时，其发生爆炸或再次爆炸的危险性与可燃气体泄漏未燃时相比要（　　　）。

A. 小得多　　　　　B. 多得多　　　　　C. 同样　　　　　　D. 有时多有时小

13. 不燃气体泄漏时，抢险人员戴（　　　）呼吸器。

A. 正压自给式　　　B. 负压自给式　　　C. 正压过滤式　　　D. 负压过滤式

14. 易燃液体的危险特性不包括（　　　）。

A. 易燃性　　　　　B. 蒸发性　　　　　C. 窒息性　　　　　D. 热膨胀性

15. 易燃可燃液体储罐着火必须采取的措施是（　　　）。

A. 首先要抓紧扑灭火焰　　　　　　　　B. 迅速逃离现场

C. 首先疏散人群　　　　　　　　　　　D. 迅速切断进料

16. 易燃固体危险特性不包括（　　　）。

A. 燃点低，易点燃　　　　　　　　　　B. 燃点高，不易点燃

C. 本身或燃烧产物有毒　　　　　　　　D. 遇酸易燃易爆

17. 不属于影响爆炸极限的因素有（　　　）。

A. 可燃气体的浓度　　　　　　　　　　B. 可燃气体的初始温度

C. 火源能量　　　　　　　　　　　　　D. 体系中惰性气体含量

二、多选题

1. 静电是引起火灾爆炸的原因之一，消除静电的措施包括（　　　）。

A. 增加环境湿度　　　　　　　　　　　B. 提高易燃液体输送的流速

C. 静电接地　　　　　　　　　　　　　D. 在绝缘材料中增加抗静电添加剂

2.二氧化碳灭火系统适用于扑救（　　）火灾。

A.可燃液体和沥青、石蜡等可熔化的固体火灾

B.电气火灾

C.钾、钠、镁、钛等金属火灾

D.固体表面火灾

3.遇水燃烧物质是指与水或酸接触会产生可燃气体，同时放出高热，该热量就能引起可燃气体着火爆炸的物质。下列属于遇水燃烧物质的是（　　）。

A.碳化钙　　　　　B.碳酸钙　　　　　C.锌粉　　　　　D.硝化棉

4.可燃液体发生火灾时，可以使用的灭火剂有（　　）。

A.干粉　　　　　B.二氧化碳　　　　　C.砂土　　　　　D.泡沫

5.氢气着火应采用下列（　　）措施。

A.切断气源　　　　　　　　　B.冷却、隔离

C.保持氢气系统正压状态　　　　　D.保持氢气系统负压状态

6.遇湿易燃物品灭火时可使用的灭火剂有（　　）。

A.干粉　　　　　B.干黄砂　　　　　C.干石粉　　　　　D.泡沫

7.一般，具备（　　）等条件才可能发生带破坏性超压的蒸气云爆炸。

A.泄漏物必须可燃且具备适当的温度和压力条件

B.泄漏物必须在点燃之前即扩散阶段形成一个足够大的云团

C.可燃气体遇点火源点燃后发生层流或近似层流燃烧

D.产生的足够数量的云团处于该物质的爆炸极限范围内

8.根据物质燃烧的原理，灭火要控制可燃物，隔绝空气，消除火源，阻止火势和爆炸波的蔓延，灭火方法的分类为（　　）。

A.冷却法和窒息法　　　　　　　　B.隔离法和抑制法

C.降温法和阻燃法　　　　　　　　D.隔离法和降温法

9.爆炸过程表现的两个阶段为（　　）。

A.化学能迅速转变为机械能

B.物质的潜在能以一定的方式转化为强烈的压缩能

C.压缩急剧膨胀，对外做功，从而引起周围介质的变形、移动和破坏

D.发生剧烈的化学反应

三、判断题

1.在易燃环境中能穿化纤织物的工作服。（　　）

2.扑救有毒气体火灾时要戴防毒面具，且要站在下风方向。（　　）

3.闪点是表示易燃易爆液体燃爆危险性的一个重要指标，闪点越高，爆炸危险性越大。（　　）

4.机动车辆进入禁火区可以不用阻火器。（　　）

5.易燃固体与氧化剂接触，反应剧烈但不会发生燃烧爆炸。（　　）

6.易燃固体的主要特性是容易被氧化，遇火种热源会引起强烈连续的燃烧。（　　）

7.二氧化碳灭火器可以扑救钾、钠、镁金属火灾。（　　）

8.闪点较低的物质危险性较小。（　　）

9. 爆炸极限的范围越宽,爆炸下限越小,则此物质越危险。(   )

10. 爆炸品主要具有反应速度极快、放出大量的热、产生大量的气体等特性。(   )

11. 装卸易燃液体需穿防静电工作服,禁止穿带铁钉的鞋。(   )

12. 过量的燃料与不充足的氧不能引起燃烧。(   )

13. 在化工生产中,为了保证安全生产,一般都在爆炸极限之外的条件下选择安全操作的温度和压力。(   )

14. 可燃性气体或蒸气的浓度低于下限或高于上限时,都会发生爆炸。(   )

15. 容器内的液体过热汽化引起的爆炸现象为化学性爆炸。(   )

16. 粉尘爆炸比可燃混合气体爆炸危害小。(   )

17. 爆炸是大量能量在短时间内迅速释放或急剧转化成机械功的现象。(   )

18. 在空气充足的条件下,可燃物与点火源接触即可着火。(   )

19. 可燃物质的爆炸极限是恒定的。(   )

20. 为防止易燃气体积聚而发生爆炸和火灾,储存和使用易燃液体的区域要有良好的空气流通。(   )

21. 易燃易爆场所必须采用防爆型照明灯具。(   )

模块九

应急演练

《中华人民共和国安全生产法》要求："生产经营单位对重大危险源应当登记建档，进行定期检测、评估、监控，并制定应急预案，告知从业人员和相关人员在紧急情况下应当采取的应急措施""县级以上地方各级人民政府应当组织有关部门制定本行政区域内特大生产安全事故应急救援预案，建立应急救援体系"。完整的应急预案和应急救援体系对安全生产具有至关重要的作用。

任务一
应急预案基本认知

学习
目标

◉ **能力目标**

(1) 能分清应急预案的种类。

(2) 能正确描述应急预案的过程。

◉ **素质目标**

(1) 能够对资料进行整理、分析、归纳，并进行自主学习。

(2) 具有安全意识、团队意识、强烈的责任感。

(3) 促进理论联系实际，提高学生分析问题、解决问题的能力以及动手能力。

◉ **知识目标**

(1) 了解应急管理过程。

(2) 掌握应急预案的种类。

子任务一 应急预案种类认知

案例

2019 年 8 月，超强台风"利奇马"对山东青岛市、潍坊市、日照市、临沂市等造成严重的暴雨洪涝灾情，依据《山东省自然灾害救助应急预案》规定，省应急管理厅于 8 月 11 日 8 时 30 分启动省 Ⅳ级救灾应急响应。

各有关市应急管理部门要把灾害应急救助作为当前首要任务，按照救灾工作"属地管理、分级负责"的要求，强化组织领导，认真履行职责，采取有力措施，妥善安置受灾群众，确保受灾群众有饭吃、有衣穿、有干净水喝、有安全住处、有病能得到及时治疗，切实保障受灾群众基本生活。

由此可见，应急预案对于及时有效地应对突发事件具有重要的作用。

一、基本概念

1. 突发事件

突发事件是指突然发生，造成或者可能造成严重社会危害，需要采取应急处置措施予以应对的自然灾害、事故灾难、公共卫生事件和社会安全事件。

2. 应急管理

应急管理是在应对突发事件中，为了降低突发事件的危害，达到优化决策的目的。基于对突发事件的原因过程及后果进行分析，有效集成社会各方面的相关资源，对突发事件进行有效预警、控制和处理的过程。

二、应急管理过程

应急管理是对重大事故的全过程管理，贯穿于事故发生前、中、后的各个过程。应急管理是一个动态的过程，包括预防、准备、响应和恢复 4 个相互关联的阶段。

1. 预防

在应急管理中预防有两层含义，首先是事故的预防工作，即通过安全管理和安全技术等手段，尽可能地防止事故的发生，实现本质安全；其次是在假定事故必然发生的前提下，通过预先采取的预防措施，达到降低或减缓事故的影响或后果的目的。

2. 准备

应急准备是应急管理过程中一个极其关键的过程。它是针对可能发生的事故，为迅速有效地开展应急行动而预先所做的各种准备，包括：应急体系的建立、有关部门和人员职责的落实、预案的编制、应急队伍的建设、应急设备（施）与物资的准备和维护、预案的演练、与外部应急力量的衔接等，其目标是保持重大事故应急救援所需的应急能力。

3. 响应

响应在事故发生后立即采取的应急与救援行动，包括：事故的报警与通报人员的紧急疏散、急救与医疗、消防和工程抢险措施、信息收集与应急决策、外部救援等。其目标是尽可能地抢救受害人员、保护可能受威胁的人群，尽可能控制并消除事故。

4. 恢复

恢复工作应在事故发生后立即进行。首先应使事故影响区域恢复到相对安全的基本状态，然后逐步恢复到正常状态。要求立即进行的恢复工作包括事故损失评估、原因调查、清理废物等，在短期恢复工作中，应注意避免出现新的紧急情况（如灾后疫情），长期恢复包括厂区重建和受影响区域的重新规划和发展。

三、应急预案分类

应急预案通常可分为以下四类：

（1）综合应急预案　是预案体系的顶层，在一定的应急方针、政策指导下，从整体上分析一个行政辖区的危险源、应急资源、应急能力，并明确应急组织体系及相应职责，应急行动的总体思路、责任追究等。

（2）专项应急预案　是针对某种具体、特定类型的紧急事件，比如防汛、危化品泄漏及其他自然灾害的应急响应而制定。是在综合预案的基础上充分考虑了某种特定危险的特点，对应急的形式、组织机构、应急活动等进行更具体的阐述，有较强的针对性。

（3）现场应急预案　是在专项预案基础上，根据具体情况需要而编制，针对特定场所，通常是风险较大场所或重要防护区域所制定的预案。比如，危化品事故专项预案下编制的某重大危险源的场内应急预案，公共娱乐场所专项预案下编制的某娱乐场所的场内应急预案等。现场应急预案有更强的针对性和对现场具体救援活动具有更具体的操作性。

（4）单项应急预案　是针对大型公众聚集活动和高风险的建筑施工活动而制定的临时性应急行动方案。预案内容主要是针对活动中可能出现的紧急情况，预先对相应应急机构的职责、任务和预防措施做出的安排。

子任务二　综合应急预案的主要内容解读

案例

×市×区建筑工程特大安全事故应急预案

目　录

6.2.5　物资保障

6.2.6　资金保障

6.3　宣传、培训和演习

6.3.1　公众信息交流

6.3.2　培训

6.3.3　演习

6.4　监督检查

7. 附则

7.1　名词术语和缩写的定义与说明

7.2　预案管理与更新

7.3　奖励与责任追究

7.3.1　奖励

7.3.2　责任追究

8. 附录

×市×区建筑工程特大安全事故应急指挥编成表

【活动1】以上为某筑工程特大安全事故应急预案，请结合此案例，讨论综合应急预案的主要内容。

一、安全事故应急预案的编制

1. 编制准备

编制应急预案应做好以下准备工作：

① 全面分析本单位危险因素、可能发生的事故类型及事故的危害程度；

② 排查事故隐患的种类、数量和分布情况，并在隐患治理的基础上，预测可能发生的事故类型及其危害程度；

③ 确定事故危险源，进行风险评估；

④ 针对事故危险源和存在的问题，确定相应的防范措施；

⑤ 客观评价本单位应急能力；

⑥ 充分借鉴国内外同行业事故教训及应急工作经验。

2. 编制程序

（1）成立应急预案编制工作组　结合本单位部门职能分工，成立以单位主要负责人为领导的应急预案编制工作组，明确编制任务、职责分工，制订工作计划。

（2）资料收集　收集应急预案编制所需的各种资料（相关法律法规、应急预案、技术标准、国内外同行业事故案例分析、本单位技术资料等）。

（3）风险评估　在危险因素分析及事故隐患排查、治理的基础上，确定本单位的危险源、可能发生事故的类型和后果，进行事故风险分析，并指出事故可能产生的次生、衍生事故，形成分析报告，分析结果作为应急预案的编制依据。

（4）应急能力评估　对本单位应急装备、应急队伍等应急能力进行评估，并结合本单位实际，加强应急能力建设。

（5）编制应急预案　针对可能发生的事故，按照有关规定和要求编制应急预案。应急预案编制过程中，应注重全体人员的参与和培训，使所有与事故有关的人员均掌握危险源的危险性、应急处置方案和技能。应急预案应充分利用社会应急资源，与地方政府预案、上级主管单位以及相关部门的预案相衔接。

（6）应急预案评审　应急预案编制完成后，应进行评审。评审由本单位主要负责人组织有关部门和人员进行。外部评审由上级主管部门或地方政府负责安全管理的部门组织审查。评审后，按规定报有关部门备案，并经生产经营单位主要负责人签署发布。

二、综合应急预案的主要内容

1. 总则

（1）编制目的

（2）编制依据

（3）适用范围

（4）预案体系

（5）应急工作原则

要求：简洁明了，切勿长篇大论，预案体系不能描述得太笼统，要做到上下衔接合理，建议用条框图。

2. 事故风险描述

简述生产经营单位存在或可能发生的事故风险种类、发生的可能性、严重程度及影响范围等。

3. 应急组织机构及职责

明确生产经营单位的应急组织形式及组成单位或人员，可用结构图的形式表示，明确构成部门的职责。

4. 预警及信息报告

（1）根据生产经营单位监测监控系统数据变化状况、事故险情紧急程度和发展势态或有关部门提供的预警信息进行预警，明确预警的条件、方式、方法和信息发布的程序。

（2）信息报告与处置按照有关规定，明确事故及事故险情信息报告程序。

5. 应急响应

（1）响应分级　针对事故危害程度、影响范围和生产经营单位控制事态的能力，对事故应急响应进行分级，明确分级响应的基本原则。

（2）响应程序　根据事故级别和发展态势，描述应急指挥机构启动、应急资源调配、应急救援、扩大应急等响应程序。

（3）处置措施　针对可能发生的风险事故危害程度和影响范围，制定相应的应急处置措施，明确处置原则和具体要求。

（4）应急结束　明确现场应急响应结束的基本条件和要求。

6. 信息公开

明确通报事故信息的部门、负责人和程序以及通报原则。

7. 后期处置

主要明确污染物处理、恢复、救护、善后赔偿、应急救援评估等内容。

8. 保障措施

（1）通信与信息保障。

（2）应急队伍保障。

（3）应急物资装备保障。

（4）经费保障。

9. 应急预案管理

（1）应急预案培训　明确培训计划、方式和要求，使有关人员了解相关预案内容，熟悉应急职责、应急程序和现场处置方案。

（2）应急预案演练　明确生产经营单位不同类型应急预案演练的形式、范围、频次、内容以及演练评估、总结等要求。

（3）应急预案修订　明确应急预案修订的基本要求，并定期进行评审，实现可持续改进。

（4）应急预案备案　明确应急预案的上报部门，并进行备案。

（5）应急预案实施　明确应急预案实施的具体时间、负责制定与解释的部门。

【活动 2】结合本节内容及实际情况，小组为单位，编写"本校宿舍火灾应急预案"。

任务二
应急演练实施

能力目标

(1) 能针对某一突发状况编写简单的应急预案。

(2) 能正确描述应急演练的过程。

素质目标

(1) 能够对资料进行整理、分析、归纳，并进行自主学习。

(2) 具有安全意识、团队意识、强烈的责任感。

(3) 促进理论联系实际，提高学生分析问题、解决问题的能力以及动手能力。

知识目标

(1) 知道应急演练的目的及分类。

(2) 熟悉实施应急演练的过程。

子任务一 应急演练分类

应急演练是应急管理的重要环节，在应急管理工作中有着十分重要的作用。通过开展应急演练，可以实现评估应急准备状态，发现并及时修改应急预案、执行程序等相关工作的缺陷和不足等问题。

案例

最牛校长叶志平，系四川省绵阳市安县桑枣镇桑枣中学校长，多年来他注重学生安全教育，引导学生做安全疏导训练，每学期开展逃生演练。在 2008 年 5.12 汶川特大地震中，桑枣中学 2200 多名师生在 1 分 36 秒内安全转移，创造了"零伤亡"奇迹，校长叶志平被誉为"史上最牛校长"。

可见，应急演练在突发事件发生时能减少人员伤亡和财产损失，对于从各种灾难中恢复正常状态发挥了重要作用。

一、应急演练概念

应急演练是针对事故情景，依据应急预案而模拟开展的预警行动、事故报告、指挥协调、现场处置等活动。

二、应急演练目的

1. 检验预案

检验预案通过开展应急演练，查找应急预案中存在的问题，进而完善应急预案，提高应急预案的实用性和可操作性。

2. 完善准备

通过开展应急演练，检查应对突发事件所需队伍、物资、装备、技术等方面的准备情况，发现不足及时予以调整补充，做好应急准备工作。

3. 锻炼队伍

通过开展应急演练，增强演练组织单位、参与单位和人员等对应急预案的熟悉程度，提高其应急处置能力。

4. 磨合机制

通过开展应急演练，进一步明确相关单位和人员的职责任务，理顺工作关系，完善应急机制。

5. 科普宣传教育

通过开展应急演练，普及应急知识，提高公众风险防范意识和自救互救等灾害应对能力。

三、应急演练分类

1. 按演练内容分

（1）单项演练　是指只涉及应急预案中特定应急响应功能或现场处置方案中一系列应急响应功能的演练活动。注重针对一个或少数几个参与单位（岗位）的特定环节和功能进行检验。

（2）综合演练　综合演练是指涉及应急预案中多项或全部应急响应功能的演练活动。注重对多个环节和功能进行检验，特别是对不同单位之间应急机制和联合应对能力的检验。

2. 按形式分

（1）桌面演练　桌面演练是一种圆桌讨论或演习活动；其目的是使各级应急部门、组织和个人在较轻松的环境下，明确和熟悉应急预案中所规定的职责和程序，提高协调配合及解决问题的能力。桌面演练的情景和问题通常以口头或书面叙述的方式呈现，也可以使用地图、沙盘、计算机模拟、视频会议等辅助手段，有时被分别称为网上演练、沙盘演练、计算机模拟演练、视频会议演练等。

（2）实战演练　是以现场实战操作的形式开展的演练活动，参演人员在贴近实际状况和高度紧张的环境下根据演练情景的要求，通过实际操作完成应急响应任务，以检验和提高相关应急人员组织指挥应急处置以及后勤保障等综合应急能力。

3. 按演练目的和作用分

（1）检验性演练　是指为了检验应急预案的可行性及应急准备的充分性而组织的演练。

（2）示范性演练　是指为了向参观、学习人员提供示范，为普及宣传应急知识而组织的观摩性演练。

（3）研究性演练　是为了研究突发事件应急处置的有效方法，试验应急技术、设施和设备，探索存在问题的解决方案等而组织的演练。

子任务二　应急演练实施

应急演练实施是将演练方案付诸行动的过程，是整个演练程序中的核心环节。

案例

莆田市湄洲湾北岸经济开发区举行烧碱泄漏事故应急演练

为进一步增强企业应对突发安全事故的处置能力，全面提升安全生产管理水平，2020年6月23日下午，北岸经济开发区应急管理局、市场监管局分局、消防大队、环保局等联合在赛得利（福建）纤维有限公司举办安全生产综合应急救援演练活动。本次演练主要模拟"烧碱泄漏事故应急演练"，分为报警与接警、应急启动、应急处置与救援、应急终止与环境恢复、演练总结共5个阶段展开。通过此次演练，有效地检验了企业应急处置能力，磨合了企业自身部门间、企业与政府间、政府部门间联动协作机制，锻炼了应急队伍实践能力，完善了应急物资保障，普及了应急管理知识，提高了风险防范意识，切实提升了应急处置能力和水平，确保一旦发生突发事件，可迅速反应并有效处置。

一次完整的应急演练活动要包括计划、准备、实施、评估与总结几个阶段。

一、计划

应急演练计划一般包括演练的目的、方式、时间、地点、日程安排、演练策划领导小组和工作小组构成、经费预算和保障措施等。

二、准备

应急演练准备应包括下列内容：

① 掌握演练情景和流程设计的要点、演练工作方案、演练脚本、演练评估方案的编写方法；

② 熟悉演练现场规则的制订、演练参与人员的培训内容。

演练准备的核心工作是设计演练总体方案。

三、实施

演练实施是对演练方案付诸行动的过程，是整个演练程序中的核心环节。

应急演练实施应包括下列内容：

① 熟悉预演方式和安全检查方法；

② 掌握应急演练实施的过程控制及要点。

四、评估与总结

应急演练评估与总结应包括下列内容：

① 熟悉现场点评、书面评估等应急演练评价方法；

② 掌握应急演练报告的编制。演练总结报告的内容包括：演练目的、时间和地点，参演单位和人员，演练方案概要，发现的问题与原因，经验和教训，以及改进有关工作的建议、改进计划、落实改进责任和时限等。

【活动】完善小组编写的应急预案，组织宿舍着火事故应急演练。

模块考核题库

1. 应急预案可以分为哪几类？
2. 综合应急预案的主要内容包括哪些？
3. 应急演练可以分为哪几类？
4. 应急演练的程序是什么？

模块十

环境保护

任务一
化工废气污染及治理

学习目标

能力目标

能根据废气来源和种类，提出相应的防治措施。

素质目标

(1) 能够对资料进行整理、分析、归纳，并进行自主学习。

(2) 具有安全意识、团队意识、强烈的责任感及集体荣誉感。

(3) 促进理论联系实际，提高分析问题、解决问题的能力以及动手能力。

知识目标

(1) 掌握化工废气的种类，熟悉其来源，了解其危害。

(2) 掌握化工废气综合治理技术。

子任务一　化工废气危害认知

　　伦敦烟雾事件是 1952 年 12 月 5 日—9 日发生在伦敦的一次严重大气污染事件，在这一周内，由于燃煤产生的二氧化硫和粉尘污染的间接影响，在开始于 12 月 4 日的逆温层所造成的大气污染物蓄积的作用下，伦敦市因支气管炎死亡 704 人，冠心病死亡 281 人，心脏衰竭死亡 244 人，结核病死亡 77 人。

一、化工废气的产生

　　废气是指人类在生产和生活过程中排出的有毒有害气体。废气污染大气环境，是世界最普遍、最严重的环境问题之一。

　　工业生产所用原料和工艺不同，排放的气体中含有的有害成分各不相同。燃料燃烧排出的废气中含有二氧化硫、氮氧化物、碳氢化合物等；汽车尾气中含有：固体悬浮微粒、一氧化碳、二氧化碳、碳氢化合物、氮氧化合物、铅及硫氧化合物等。《中华人民共和国环境保护法》已对各类厂矿的废气排放标准做了明确的规定。

二、化工废气中的大气污染物分析

　　根据大气污染物的存在状态，可将其概括地分为两大类：气溶胶态污染物和气态污染物。

1. 气溶胶态污染物

　　气溶胶是指悬浮在气体介质中的固态或液态颗粒所组成的气体分散体系。从大气污染控制的角度，按照气溶胶颗粒的物理性质，可将其分为粉尘、烟尘、雾等。

2. 气态污染物

　　气态污染物包括无机物和有机物两类。无机气态污染物有硫化物（SO_2、SO_3、H_2S 等）、含氮化合物（NO、NO_2、NH_3 等）、卤化物（Cl_2、HCl、HF、SiF_4 等）、碳的氧化物（CO、CO_2）以及臭氧、过氧化物等。有机气态污染物则有碳氢化合物（烃、芳烃、稠环芳烃等）、含氧有机物（醛、酮、酚等）、含氮有机物（芳香胺类化合物、腈等）、含硫有机物（硫醇、噻吩、二硫化碳等）、含氯有机物（氯代烃、氯醇、有机氯农药等）等。

　　直接从污染源排出的污染物称为一次污染物，一次污染物与空气中原有成分或几种污染物之间发生一系列化学或光化学反应而生成的与一次污染物性质不同的新污染物，称为二次污染物。在大气污染中受到普遍重视的二次污染物主要有硫酸烟雾、光化学烟雾和酸雨。

三、化工废气的来源

　　各种化工产品在各个生产环节都会产生并排出废气，造成环境的污染。其来源有以下几个方面：化学反应中产生的副产品和反应进行不完全所产生的废气；产品加工和使用过程中产生的废气，以及破碎、筛分及包装过程中产生的粉尘等；生产技术路线及设备陈旧落后，造成反应不完全、生产过程不稳定，产生不合格的产品或造成的物料跑、冒、滴、漏；因操作失误、指挥不当、管理不善造成的废气的排放；化工生产中排放的某些气体，在光或雨的作用下产生的有害气体。

表 10-1 为化学工业主要行业废气来源及主要污染物。

表 10-1 化学工业主要行业废气来源及主要污染物

行业	主要化工产品/工艺	废气中主要污染物
氮肥	合成氨、尿素、碳酸氢铵、硝酸铵、硝酸	NO_x、尿酸粉尘、CO、Ar、NH_3、SO_2、CH_4、粉尘
磷肥	磷矿加工、普通过磷酸钙、钙镁磷肥、重过磷酸钾、磷酸铵类氮磷复合肥、磷酸、硫酸	氟化物、粉尘、SO_2、酸雾、NH_3
无机盐	铬盐、二硫化碳、钡盐、过氧化氢、黄磷	SO_2、P_2O_5、HCl、H_2S、CO、CS_2、As、F、S、重芳烃
氯碱	烧碱、氯气、氯产品	Cl_2、HCl、氯乙烯、汞、乙炔
有机原料及合成原料	烯类、苯类、含氧化合物、含氮化合物、卤化物、含硫化合物、芳香烃衍生物、合成树脂	SO_2、Cl_2、HCl、H_2S、NH_3、NO_x、CO、有机气体、烟尘、烃类化合物
农药	有机磷类、氨基甲酸酯类、聚酯类、有机氯类	Cl_2、HCl、氯乙烷、氯甲烷、有机气体、H_2S、光气、硫醇、三甲醇、二硫醇、氨
染料	染料中间体、原染料、商品染料	H_2S、SO_2、NO_x、Cl_2、HCl、有机气体苯、苯类、醇类、醛类、烷烃、硫酸雾、SO_3
涂料	涂料：树脂类、油脂类；无机颜料：钛白粉、立德粉、铬黄、氧化锌、氧化铁、红丹、黄丹、金属粉	芳烃
炼焦	炼焦、煤气净化及化学产品加工	CO、SO_2、NO_x、H_2S、芳烃、尘、苯并芘

四、化工废气的危害

1. 对人体健康的危害

人需要呼吸空气以维持生命。一个成年人每天呼吸 2 万多次，吸入空气达 $15\sim20m^3$。因此，被污染了的空气对人体健康有直接的影响。

大气污染物对人体的危害是多方面的，主要表现是呼吸道疾病与生理机能障碍，以及眼鼻等黏膜组织受到刺激而患病。大气中污染物的浓度很高时，会造成急性污染中毒或使病状恶化，甚至造成生命危险；大气中污染物浓度不高，常年呼吸污染了的空气，也会引起慢性支气管炎、支气管哮喘、肺气肿及肺癌等疾病。

2. 对植物的危害

大气污染物，尤其是二氧化硫、氟化物等对植物的危害是十分严重的。当污染物浓度很高时，会对植物产生急性危害，使植物叶表面产生伤斑或者直接使叶片枯萎脱落；当污染物浓度不高时，会对植物产生慢性危害，使植物叶片褪绿，或者表面上看不见什么危害症状，但植物的生理机能已受到了影响，造成植物产量下降，品质变坏。

3. 对天气和气候的影响

大气污染物对天气和气候的影响是十分显著的，主要涉及以下几方面：

（1）减少到达地面的太阳辐射量 据观测统计，在大工业城市烟雾不散的日子里，太阳光直接照射到地面的量比没有烟雾的日子减少近 40%。

（2）增加大气降水量　化工废气中的微粒具有水气凝结核的作用，当大气中存在降水条件与之配合的时候，就会出现降水天气。尤其在下风地区，降水量更多。

（3）下酸雨　大气中的污染物二氧化硫经过氧化形成硫酸，随自然界的降水下落形成酸雨。酸雨能使大片森林和农作物毁坏，能使纸品、纺织品、皮革制品等腐蚀破碎，能使金属的防锈涂料变质而降低保护作用，还会腐蚀、污染建筑物。

（4）升高大气温度　化工废气一般含大量废热，排放废气的近地面空气的温度比四周郊区要高一些。这种现象称为热岛效应。

（5）对全球气候的影响　近年来，全球温度在逐年升高，而引起气候变暖的各种大气污染物质中，二氧化碳具有重大的作用。二氧化碳能吸收来自地面的长波辐射，使近地面层空气温度增高，这称为温室效应。

子任务二　化工废气综合防治

各种生产过程中产生的空气污染物，按其存在状态可分为两大类：其一是气溶胶态污染物，如粉尘、烟尘、雾滴和尘雾等颗粒状污染物，其二是气态污染物，如 SO_2、NO_x、CO、NH_3、H_2S、有机废气等主要以分子状态存在于废气中。

前者可利用其质量较大的特点，通过外力的作用，将其分离出来，通常称为除尘；后者则要利用污染物的物理性质和化学性质，通过采用冷凝、吸收、吸附、燃烧、催化等方法进行处理。

一、颗粒污染物的治理——除尘

根据作用原理，可以将除尘装置分为 4 大类：机械除尘器、湿式除尘器、电除尘器和过滤式除尘器（如袋式除尘器），如表 10-2 所示。

表 10-2　常用除尘装置及主要用途

类型		工作原理	特点	主要用途	除尘粒度 /μm	除尘效率 /%
机械式除尘器	重力沉降器	含尘气体通过横截面积比较大的沉降室，尘粒因重力作用而自然沉降	构造简单，施工方便，除尘效率低	主要用于高浓度含尘气体的预防处理	50～100	40～60
	惯性除尘器	含尘气体冲击挡板或使气流急剧改变流动方向，借助粒子本身的惯性力作用，使尘粒从气体中分离出来	气流速度越大，转变次数越多，净化效率也越高	常被用作高效除尘器的预除尘使用	10～100	50～70
	旋风分离器	含尘气流做旋转运动产生离心力，将尘粒从气流中分离出来	结构简单，造价便宜，体积小，维修方便，效率较好	可作一级除尘装置，也可与其他除尘装置串联使用	20～100	85～95

续表

类型	工作原理	特点	主要用途	除尘粒度/μm	除尘效率/%
湿式除尘器（文丘里式）	含尘气体与液体（一般用水）的密切接触，尘粒与液体所形成的液膜、液滴、雾沫等发生碰撞、黏附、凝聚而达到分离	结构简单，造价低，除尘效率高。缺点是动力消耗大，用水量大，易产生腐蚀性物质以及污泥	适用于净化高温、易燃、易爆的含尘气体	0.1～100	80～95
过滤式除尘器（袋式）	含尘气体通过多孔滤料，将气体中的尘粒捕集从而达到分离。袋式除尘器是将许多滤布作为滤袋挂在除尘室内，气体通过各个滤袋时，尘粒被拦截，使用一段时间后要及时清灰	除尘效率高，属于高效除尘器。其缺点是设备体积大，占地多，维修费用高	广泛应用于各种工业废气的处理中。不适宜用于处理高温、高湿的含尘气体	0.1～20	90～99
电除尘器	含尘气体通过高压电场，在电场力的作用下，尘粒沉积在集尘极表面上，再通过机械振动等方式使尘粒脱离集尘极表面而达到分离	也是一种高效除尘器，处理量大。能捕集腐蚀性极强的尘粒和酸、油雾等。能连续运行，阻力小，压力损失小	用于高温高压场合，广泛应用于化工工业、火电、冶金建材等到的除尘。其缺点是设备庞大，占地面积大，一次性投资费用高	0.05～20	85～99.9

二、气态污染物的治理

目前处理气态污染物的方法，主要有吸收、吸附、催化转化、燃烧、冷凝和生物法等方法。处理方法的选择取决于废气的化学物理性质、含量、排放量、排放标准以及回收的经济价值。

1. 吸收法

吸收法是采用适当的液体作为吸收剂，使含有有害物质的废气与吸收剂接触，废气中的有害物质被吸收于吸收剂中，使气体得到净化的方法。

在控制化工废气有机污染方面，化学吸收法采用较多，例如用水吸收以萘或邻二甲苯为原料生成苯酐时产生的含有苯酐、苯甲酸、萘醌等的废气；用碱液循环法吸收磺化法苯酚生产中的含酚废气，再用酸化吸收液回收苯酚；用水吸收合成树脂厂含甲醛尾气等。

2. 吸附法

吸附法治理废气，是使废气与大表面、多孔性固体物质相接触，将废气中的有害组分吸附在固体表面上，使其与气体混合物分离，达到净化目的。具有吸附作用的固体物质称为吸附剂，被吸附的气体组分称为吸附质。

吸附法可应用于净化涂料、塑料、橡胶等化工生产排出的含溶剂或有机物废气，通常用活性炭作吸收剂。活性炭吸附法常用于净化氯乙烯和四氟化碳生产中的尾气。

3. 催化转化法

催化转化法净化气态污染物是利用催化剂的催化作用，使废气中的有害组分发生化学反应并转化为无害物或易于去除物质的一种方法。

4. 燃烧法

燃烧法是将气态污染物中的可燃性有害组分通过氧化燃烧或高温分解转化为无害物质而达到净化的目的，主要用于一氧化碳、碳氢化合物、恶臭气体、沥青烟、黑烟等有害物质的净化。常用的燃烧法有三种：直接燃烧、热力燃烧和催化燃烧。

5. 冷凝法

冷凝法是采用降低废气温度或提高废气压力的方法，使一些易于凝结的有害气体或蒸气态的污染物冷凝成液体并从废气中分离出来的方法。

6. 生物法

废气的生物法净化是利用微生物的生命活动把废气中的气态污染物转化成少害甚至无害物质的净化法。

1. 观察你所处的环境，是否存在大气污染，其污染物是什么？

2. 分析你所处城市化工生产的主要大气污染物是什么，如何治理？

任务二
化工废水污染及治理

能力目标

能制定化工废水防治方案。

素质目标

(1) 能够对资料进行整理、分析、归纳，并进行自主学习。

(2) 具有安全意识、团队意识、强烈的责任感及集体荣誉感。

(3) 促进理论联系实际，提高分析问题、解决问题的能力以及动手能力。

知识目标

(1) 了解水体污染种类及危害。

(2) 掌握化工废水的治理原理、水体污染指标的意义。

(3) 掌握物理法、化学法、物理化学法、生物处理法等废水处理技术的常用方法。

工业废水的防治是化工行业环境保护工作的重要组成部分。由于水量大、水质复杂，对废水处理过程要综合考虑，以求合理解决。

子任务一　化工废水危害认知

　　1953 年在日本九州熊本县水俣镇的居民，出现了口齿不灵、视觉缩小、手指颤动、身体像弓一样弯曲等不良现象，主要原因是氮肥生产中排放含甲基汞的废水、废渣污染了水体，甲基汞富集在鱼体内，人类食用鱼而引起中毒。这一事件有 10000 多人受害，283 人发病，50 多人死亡。

一、水体污染物分析

1. 含无机物的废水

　　主要来自于无机盐、氮肥、磷肥、硫酸、硝酸、纯碱等工业生产时排放的酸、碱、无机盐及一些重金属和氰化物等。通常将含有酸、碱及一般无机盐的废水称为无机无毒物，将含有金属氰化物的废水称为无机有毒物。

2. 含有机物的废水

　　主要来自于基本有机原料、三大合成材料、农药、染料等工业生产排放的碳水化合物、脂肪、蛋白质、有机氯、酚类、多环芳烃等。通常将含有碳水化合物、脂肪、蛋白质等易于降解的废水称为有机无毒物（也称需氧有机物），将含有酚类、多环芳烃、有机氯等的废水称为有机有毒物。

3. 含石油类的废水

　　主要来自于石油化工生产的重要原料和各种动力设施运转过程消耗的石油类废弃物等。

二、水体污染物的危害分析

1. 含无机物废水的危害

　　废水中的酸、碱会使水体的 pH 值发生变化，消灭或抑制了微生物的生长，削弱了水体的净化功能，腐蚀桥梁、船舶等，使土壤改性，危害农、林、渔业生产等。人体接触可对皮肤、眼睛和黏膜产生刺激作用，进入呼吸系统，能引起呼吸道和肺部发生损伤。无机盐可增大水体的渗透压，对淡水和植物的生长不利。

　　氮、磷等营养物能促进水中植物生长，加快水体的富营养化，使水体出现老化现象，促进各种水生生物的活性，刺激它们异常繁殖，生成藻类，从而带来一系列严重的后果。

　　废水中各类重金属主要是指：镉、铅、铬、镍、铜等。这些物质在水体中不能被微生物降解，只能产生分散、富集、转化等在水体中的迁移。如果进入人体，将在某些器官中积蓄起来造成慢性中毒，产生各种疾病，影响人体正常生活。废水中的无机有毒物对人体健康的危害非常大。氰化物本身就是剧毒物质，可引起呼吸困难，造成人体组织的严重缺氧。

2. 含有机物废水的危害

废水中的有机无毒物在有氧条件下，分解生成 CO_2 和 H_2O，但若需要分解的物质太多，将消耗水体中大量的氧气，造成各种耗氧生物（如鱼类）的缺氧死亡。

废水中的有机有毒物比较稳定，不易分解。长期接触，将会影响皮肤、神经、肝脏的代谢，导致骨骼、牙齿的损害。

酚类排入水体后，严重影响水质及水产品的质量。水体中的酚浓度低时，影响鱼类的回游繁殖，浓度高时引起鱼类大量死亡，甚至绝迹。进入人体可引起头昏、出疹、贫血等。

多环芳烃一般都具有很强的毒性，如 1,2-苯并芘和 1,2-苯并蒽等有很强的致癌作用。

3. 含石油类废水的危害

当水体含有石油类物质时，不仅对水资源造成污染，而且对水生物有相当大的危害。水面上的油膜使大气与水面隔绝，减少氧气进入水体，从而降低了水体的自净能力。水体中的油类物质含量高时，将造成水体生物的死亡。

子任务二　化工废水综合防治

一、废水水质的控制指标分析

废水水质的控制指标，其特性主要是指废水中的污染物种类及其物理化学性质、浓度等。由于化工废水中所含的污染物不同，其特性也不同。化工废水中污染物种类如表 10-3 所示。

表 10-3　化工废水中污染物种类

污染物种类		主要控制的水质指标
固体污染物		固体悬浮物（SS）、浊度、总固体（TS）
需氧污染物		生化需氧量（BOD）、化学需氧量（COD）、总需氧量（TOD）、总有机碳（TOC）
营养性污染物		氮、磷
酸碱污染物		pH 值
有毒污染物	无机化学毒物	金属毒物：汞、铬、镉、铅、锌、镍、铜、钴、锰、钛等，非金属毒物：砷、硒、氰、氟、硫、亚硝酸根等
	有机化学毒物	农药（DDT、有机氯、有机磷等）、酚类化合物、聚氯联苯、稠环芳烃（如：苯并芘）、芳香族氨基化合物
	放射性物质	X 射线、α 射线、β 射线、γ 射线
油类污染物		石油类、动植油类
感官性污染物		色度、臭味、浊度、飘浮物
热污染		温度

二、废水处理的方法选择

1. 物理处理法

物理法主要去除废水中的漂浮物、悬浮固体、沙和油类物质，具有设备简单、成本低、操作方便、效果稳定等优点，在工业废水处理中占有很重要的地位，一般用作预处理或补充处理。物理法的主要方法有：

（1）沉淀法　是利用废水中悬浮状污染物与水的密度不同，借助重力沉降作用使其与水分离的方法。主要用作预处理或再处理。一般采用沉淀池。

（2）离心分离法　是利用离心力的作用，使悬浮物从水中分离出来的方法。常用设备有水力旋转器、离心机等。该法具有体积小、结构简单、使用方便、单位容积处理能力高等优点，但设备易磨损，电耗较大。

（3）过滤法　是让废水通过具有微细孔道的过滤介质，悬浮固体颗粒被截留从水中分离出来的方法。常作为废水处理过程中的预处理。常用过滤介质有格栅、筛网、滤布、粒状滤料。

2. 化学处理法

化学法是利用化学反应的作用来处理废水中的溶解物质或胶体物质。它既可以去除废水中的无机污染物或有机污染物，还可回收某些有用组分。

（1）中和法　是利用酸碱性物质中和含酸碱废水以调整废水中的 pH 值，使其达到排放标准的处理方法。

（2）混凝法　是向废水中投加混凝剂，使细小的悬浮颗粒和胶体粒子聚集成较大粒子而沉淀下来的处理方法。

（3）氧化还原法　利用氧化还原反应，使废水中的有毒害的无机物质或有机物质转变成无毒或毒性较小的物质，从而达到净化的目的。

（4）电解法　是用适当材料作电极，在直流电场作用下，使废水中的污染物分别在两极发生氧化还原反应，形成絮凝物质或生成气体从废水中逸出，以达到净化的目的。

3. 物理化学处理法

废水经过物理方法处理后，还会有少量细小的悬浮物和溶解于水中的有机物，为了进一步去除残存在水中的污染物，可采用物理化学方法做进一步的处理。

（1）吸附法　是利用多孔性固体吸附剂，使废水中的一种或多种污染物吸附在固体表面从废水中分离出来的方法。常用吸附剂有活性炭、磺化煤、焦炭、硅藻土、木炭、泥炭、白土、矾土、矿渣、炉渣、木屑、吸附树脂等。

（2）浮选法　是将空气通入废水中，形成许多微小气泡，气泡在上升过程中捕集废水中的悬浮颗粒及胶状物质后浮到水面上，然后从水面上将其除去的方法。

（3）膜分离法　是用一种特殊的薄膜将溶液隔开，使溶液中的某种物质或者溶剂渗透出来，从而达到分离溶质的目的。

4. 生物处理法

生物处理法是利用自然环境中微生物的生物化学作用氧化分解废水中的有害污染物。

（1）好氧生物处理法　是在有氧条件下，好氧微生物和兼性微生物将有机污染物分解为二氧化碳和水的过程。

（2）厌氧生物处理法　是在隔绝氧气的条件下，利用厌氧微生物将有机污染物分解为甲烷、二氧化碳和少量硫化氢、氢气等无机物的过程。

三、污水处理系统解析

污水处理的基本方法，就是采用各种技术与手段，将污水中所含的污染物质分离去除、回收利用或将其转化为无害物质，使水得到净化。

化工生产污水中的污染物是多种多样的，往往需要采用几种方法的组合，才能处理不同性质的污染物与污泥，达到净化的目的与排放标准。

现代污水处理技术，按处理程度划分可分为一级、二级和三级处理。

一级处理，主要去除污水中呈悬浮状态的固体污染物质，物理处理法大部分只能完成一级处理的要求。经过一级处理后的污水，BOD 一般可去除 30％左右，达不到排放标准。一级处理属于二级处理的预处理。

二级处理，主要去除污水中呈胶体和溶解状态的有机污染物质（即 BOD、COD 物质），去除率可达 90％以上，使有机污染物达到排放标准。

三级处理，是在一级、二级处理后，进一步处理难降解的有机物、磷和氮等能够导致水体富营养化的可溶性无机物等，主要方法有生物脱氮除磷法、混凝沉淀法、活性炭吸附法、离子交换法和电渗析法等。

图 10-1 为典型污水处理流程。

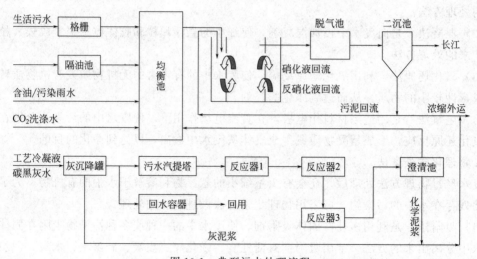

图 10-1　典型污水处理流程

任务三
化工废渣污染及治理

能力目标

能提出化工废渣防治措施。

素质目标

(1) 能够对资料进行整理、分析、归纳，并进行自主学习。

(2) 具有安全意识、团队意识、强烈的责任感及集体荣誉感。

(3) 促进理论联系实际，提高分析问题、解决问题的能力以及动手能力。

知识目标

(1) 了解化工废渣的定义、来源、组成及分类。

(2) 熟悉化工废渣的污染途径及危害。

(3) 掌握常见的化工废渣处理及处置方法。

子任务一　化工废渣危害认知

一、化工废渣的来源

化工废渣是指化学工业生产过程中产生的固体和泥浆废物，包括化工生产过程中排出的不合格产品、副产物、废催化剂、废溶剂及废水、废气处理产生的污泥等。常见的化工废渣有硫铁矿渣、硫酸渣、硫石膏、磷石膏、电石渣、磷肥渣、碱渣、硫黄渣、铬渣、盐泥、制糖废渣、氟石膏等。

其来源包括化工生产过程中进行化合、分解、合成等化学反应产生的不合格产品（含中间产品）、副产物、失效催化剂、废添加剂、未反应的原料及原料中夹带的杂质等；直接从反应装置排出的或在产品精制、分离、洗涤时由相应装置排出的工艺废物；空气污染控制设施排出的粉尘，废水处理产生的污泥，设备检修和事故泄漏产生的固体废弃物及报废的旧设备、化学品容器和工业垃圾等。

二、化工废渣分类分析

化工废渣按化学性质分为有机废渣和无机废渣，按形状分为固体废渣和泥状废渣，按对人体和环境危害状况分为危险废渣（有害废渣）和一般工业废渣。

三、化工废渣的危害分析

化工废渣对环境的污染是多方面的。

1. 对水体的污染

固体废物进入水体，会影响水生生物的生存和水资源的利用。投入海洋的废物会在一定海域造成生物的死亡。废物堆或垃圾填地经雨水浸淋，渗出液和滤液会污染土地、河川、湖泊和地下水。不少国家直接把固体废物倾倒入河流、湖泊、海洋，甚至把海洋投弃作为一种处置方法。

2. 对大气的污染

固体废物堆中的尾矿、粉煤灰、干污泥和垃圾中的尘粒会随风飞扬，遇到大风，会刮到很远的地方。许多固体废物本身或者在焚化时会散发毒气和臭气。

3. 对土壤的污染

固体废物及其渗出液和滤液所含的有害物质会改变土质和土壤结构，影响土壤中微生物的活动，有碍植物根系生长或在植物机体内积蓄。

典型废渣的危害如表 10-4 所示。

表 10-4　典型废渣危害

废渣	主要成分及其含量	危害特征
铬渣	Cr^{6+}，0.3%～2.9%	对人体消化道和皮肤具有强烈刺激和腐蚀作用，对呼吸道造成损伤，有致癌作用。可在水生生物体内蓄积并导致死亡。影响小麦、玉米等作物生长

废渣	主要成分及其含量	危害特征
无机盐废渣	CN^-，14%	引起头痛、头晕、心悸、甲状腺肿大，急性中毒时，可导致呼吸衰竭，对人体和生物危害极大
	汞，0.2%～0.3%	无机汞对消化道黏膜有强烈腐蚀作用，吸入较高浓度的汞蒸气可引起急性中毒，神经功能障碍。烷基汞能在人体内长期滞留，对鸟类、水生脊椎动物会造成危害
	Zn^{2+}，7%～25% Pb^{2+}，0.3%～2% Cd^{2+}，100～500mg/kg As^{3+}，40～400mg/kg	铅、镉对人体神经系统、造血系统、消化系统、肝、肾、骨骼等都会引起中毒伤害。砷化物具有致癌作用，锌盐对皮肤和黏膜有刺激腐蚀作用。重金属对动植物、微生物有明显危害作用
蒸馏釜残液	苯、苯酚、硝基苯、芳香胺、有机磷农药等	对人体中枢神经、肝、肾、胃、皮肤等造成障碍和损害。芳香胺类、亚硝胺类有致癌作用，对水生生物也有致毒作用
酸渣和碱渣	无机酸、无机碱以及金属离子和盐类	对人体皮肤、眼睛和黏膜有强烈刺激作用，导致皮肤和内部器官损伤、腐蚀，对水生生物（如鱼类）有严重影响

子任务二　化工废渣综合防治

一、固体废物的处理原则分析

对固体废物应按照"三化"原则进行处理。"三化"原则指的是无害化、减量化与资源化。

1. 无害化

无害化是指将固体废物经过相应的工程处理过程使其达到不影响人类健康，不污染周围环境的目的。

2. 减量化

减量化是指通过合适的技术手段减少固体废物的产生量和排放量。

① 选用合适的生产原料，尽量在源头上减少和避免固体废物的产生。

② 采用无废或低废工艺，尽量减少和避免在生产过程中产生固体废物。

③ 提高产品质量和使用寿命，使用寿命延长，一定时间内废物的累积量也能减少。

④ 对产生的废物进行有效的处理和最大限度的回收利用，减少固体废物的最终处置量。

3. 资源化

资源化是指对固体废物施以适当的处理技术从中回收有用的物质和能源。资源化主要包括三方面的内容：

① 物质回收，即从废物中回收二次物质。

② 物质转换，即利用废物制取新形态的物质。

③ 能量转换，即从废物处理过程中回收能量，生产热能或电能。

二、化工废渣的处理和利用

1. 卫生填埋法

卫生填埋法俗称安全填埋法，属于减量化、无害化处理中最经济的方法。该法是在平地上或在天然低洼地上，逐层堆积压实，覆盖土层的处理方法。为防止废渣中有害污染物浸入地下水，填埋场底部与侧面均采用黏土作防渗层，在防渗层上设置收集管道系统，定期将浸沥液抽出。当填埋物可能产生气体时，则需用透气性良好的材料在填埋场不同部位设置排气通道，把气体导出。

2. 焚烧法

焚烧法是把可燃性固体废物集中在焚烧炉内，通入空气彻底燃烧的处理方法。焚烧法产生的热量可以生产蒸汽或发电，处理方法快速有效，故焚烧法不仅有环保意义，而且有经济价值。但容易造成二次污染，且投资和运行管理费用也较高。固体废弃物通过焚烧可减重80%以上，减小体积90%以上，体现了"减量化"原则；可以破坏固体废弃物的组织结构，杀灭细菌，达到"无害化"原则；回收热量，生产蒸汽和发电，体现了"资源化"原则。

3. 热解法

热解法是利用固体废物中有机物的热不稳定性，在无氧或缺氧条件下受热分解生成汽、油和炭的过程。热分解主要是使高分子化合物分解为低分子化合物，因此也称为"干馏"。其产物一般有以氢气、甲烷、一氧化碳、二氧化碳等低分子碳氢化合物为主的可燃性气体；以乙酸、丙酮、甲醛等化合物为主的燃料油；以纯炭与金属、玻璃、沙土等混合形成的炭黑。将可燃性固体废弃物在无氧条件下加热到 $500\sim550℃$ 转化为油状，若进一步加热至 $900℃$ 时可几乎全部气化。热解法因为是在缺氧条件下操作，产生的氮氧化物（NO_x）、硫氧化物（SO_x）、氯化氢（HCl）等较少，排气量也小，可减轻对大气的二次污染。但由于废物种类繁多，夹杂物质多，要稳定、连续地分解，在技术和运转操作上要求高，难度大。适合于热解的废物主要有废塑料、废橡胶、废轮胎、废油等。

4. 微生物分解法

微生物分解法是依靠自然界广泛分布的微生物，人为地促进可生物降解的有机物转化为腐殖肥料、沼气、饲料蛋白等，从而达到固体废物"无害化"处理的方法。目前应用较广泛的是好氧堆肥技术和厌氧发酵技术。

好氧堆肥是在通气的条件下，借助好氧微生物使有机物得以降解。堆肥温度一般为 $50\sim60℃$，最高可达 $80\sim90℃$，因此好氧堆肥又称为高温堆肥。

厌氧发酵是在无氧的条件下，借助厌氧微生物的作用来进行的。分为酸性发酵阶段和碱性发酵阶段。

5. 固化处理法

通过物理或化学的方法将有害固体废弃物固定或包容在惰性固体中，使之具有化学稳定性或密封性，降低或消除有害成分的逸出，是一种无害化处理技术。要求处理后的固化体具有良好的抗渗透性、抗浸出性、抗冻融性、具有良好的机械强度。根据废弃物的性能和固化剂的不同，固化技术常用的有水泥固化法、石灰固化法、热塑性材料固化法、热固性材料固化法、玻璃固化法、高分子有机物聚合固化法等。

随着国家经济社会发展，城市常住人口增长迅速，由此产生大量的城市生活垃圾。妥善

处理生活垃圾是世界范围内城市发展过程中一个难以回避的重大课题，稍有不慎就会造成"垃圾围城"和环境污染等严重局面，威胁人民群众的身体健康。请说明城市生活垃圾的处理措施有哪些？

模块考核题库

一、单选题

1. 对于小批量有特殊要求的难处理废水进行分离处理时应选用（　　）。

A. 过滤法 　　　　　B. 斜板式沉淀法 　　　C. 离心分离法 　　　　D. 曝气浮选法

2. 氧化能力强，操作简单，对体系不会产生二次污染的污水处理技术是（　　）。

A. 臭氧氧化法 　　　B. 次氯酸钠氧化法 　　C. 芬顿氧化法 　　　　D. 空气氧化法

3. 下面几项不属于污水深度处理方法的是（　　）。

A. 活性炭吸附 　　　B. 膜分离技术 　　　　C. 土地处理技术 　　　D. 臭氧氧化处理

4. 以下含铝离子的混凝剂在使用时需要加碱性助凝剂的是（　　）。

A. 精制硫酸铝 　　　B. 聚硫氯化铝 　　　　C. 聚合氯化铝 　　　　D. 聚合硫酸铝

5. 化工污染不包括（　　）。

A. 信息污染 　　　　B. 水污染 　　　　　　C. 固体废弃物污染 　　D. 大气污染

6. 厌氧发酵的主要产物是（　　）。

A. 甲烷 　　　　　　B. 氧气 　　　　　　　C. 氢气 　　　　　　　D. 氮气

7. 填埋场的衬层系统通常从上至下依次包括（　　）。

A. 排水层、过滤层、保护层、防渗层

B. 过滤层、保护层、排水层、防渗层

C. 过滤层、排水层、防渗层、保护层

D. 过滤层、排水层、保护层、防渗层

8. 《固体废物　浸出毒性浸出方法　硫酸硝酸法》（HJ/T 299—2007）以（　　）为浸出剂，模拟废物在不规范填埋处置、堆存或无害化处理后，土地利用时，有害组分在酸性降水影响下，从废物中浸出进入环境的过程。

A. 硫酸 　　　　　　　　　　　　　　　B. 硝酸

C. 硫酸/硝酸混合溶液 　　　　　　　　　D. 乙酸

9. 在（　　）方法处理固体废物时，必须进行压实处理。

A. 焚烧 　　　　　　B. 填埋 　　　　　　　C. 堆肥 　　　　　　　D. 热解

10. 水俣病是由（　　）污染造成的公害病。

A. 砷 　　　　　　　B. 镉 　　　　　　　　C. 汞 　　　　　　　　D. 铬

二、多选题

1. 热处理技术的优点有（　　）。

A. 减容效果好

B. 消毒彻底

C. 减轻或消除后续处置过程对环境的影响

D. 回收资源和能量

2. 固体废物预处理技术主要有（　　　）。

A. 压实　　　　　　　　B. 破碎　　　　　　　　C. 脱水　　　　　　　　D. 分选

3. 厌氧发酵过程分为（　　　）三阶段，每个阶段有其独特的微生物类群起作用。

A. 产酸阶段　　　　　　B. 水解阶段　　　　　　C. 潜伏阶段　　　　　　D. 产甲烷阶段

4. 填埋场衬层系统结构型式主要有（　　　）。

A. 单层衬层系统　　　　B. 复合衬层系统　　　　C. 双层衬层系统　　　　D. 多层衬层系统

5. 堆肥过程中，通风的作用是（　　　）。

A. 提供氧气　　　　　　B. 调节温度　　　　　　C. 减小粒度　　　　　　D. 去除水分

6. 能否采用焚烧技术处理固体废物，主要取决于固体废物的（　　　）。

A. 闪点　　　　　　　　B. 容重　　　　　　　　C. 热值　　　　　　　　D. 组成

7. 城市生活垃圾处理技术的三大工艺为（　　　）。

A. 填埋　　　　　　　　B. 焚烧　　　　　　　　C. 热解　　　　　　　　D. 堆肥

8. 填埋气体中最主要的两种气体是（　　　）。

A. 二氧化硫　　　　　　B. 甲烷　　　　　　　　C. 氨　　　　　　　　　D. 二氧化碳

9. 我国《城市生活垃圾卫生填埋技术规范》规定，填埋物可以包括下列城市生活垃圾（　　　），街道清扫垃圾，公共场所垃圾，机关、学校、厂矿等单位的生活垃圾。

A. 居民生活垃圾　　　　　　　　　　　　B. 商业垃圾

C. 集市贸易市场垃圾　　　　　　　　　　D. 城市医院医疗垃圾

10. 在浮选中，上浮的物料是（　　　）。

A. 表面化学性质活泼的物料　　　　　　　B. 表面亲水性的物料

C. 表面疏水性的物料　　　　　　　　　　D. 表面化学性质不活泼的物料

三、判断题

1. 固体废物就是没有任何利用价值的废物。（　　　）

2. 国家对固体废物处置实施污染者付费原则。（　　　）

3. 热灼减率是指焚烧残渣经灼烧减少的质量占原垃圾的质量分数。（　　　）

4. 烟气冷却方式主要有水冷式和空冷式。（　　　）

5. 燃烧室热负荷是指燃烧室单位容积、单位时间燃烧废物所产生的热量。（　　　）

6. 半干式洗气法主要设备是半干式洗气塔，实际是一个喷雾干燥系统，利用高效雾化器将消石灰泥浆从塔底向上或从塔顶向下喷入干燥吸收塔中。酸性尾气与喷入的碱性泥浆可以同向流或逆向流的方式充分接触并产生中和作用。（　　　）

7. 按照热解温度分，热解方式可分为低温热解、中温热解、高温热解。（　　　）

8. 与好氧微生物一样，衡量厌氧微生物营养水平的指标也是 C/N。（　　　）

9. 填埋场防渗方式主要有水平防渗和垂直防渗。（　　　）

10. 我国有关固体废物的国家标准基本由生态环境部和住房和城乡建设部在各自的管理范围内制定。（　　　）

参考文献

[1] 刘景良.化工安全技术 [M].4 版.北京：化学工业出版社，2019.

[2] 齐向阳.化工安全技术 [M].2 版.北京：化学工业出版社，2014.

[3] 智恒平.化工安全与环保 [M].2 版.北京：化学工业出版社，2008.

[4] 孙士铸，刘德志.化工安全技术 [M].2 版.北京：化学工业出版社，2019.

[5] 于淑兰.化工安全技术 [EB/OL].(2018-11-16) [2020-05-20].https：//www.icourse163.org/course/SDWFVC-1003124003.

[6] 于淑兰，林远昌.化工安全与环保（任务驱动型）[M].北京：中国劳动社会保障出版社，2013.

[7] 朱大滨，安源胜，乔建江.压力容器安全基础 [M].上海：华东理工大学出版社，2014.

[8] 何秀娟，徐晓强，左丹.化工安全与职业健康 [M].北京：化学工业出版社，2018.

[9] 王德堂，孙玉叶.化工安全生产技术 [M].天津：天津大学出版社，2009.

[10] 樊晶光.化工企业职业卫生管理 [M].北京：化学工业出版社，2018.

[11] 刘景良.安全人机工程 [M].2 版.北京：化学工业出版社，2018.

[12] 杨文芬.劳动防护用品知识讲座（二十三）眼面部防护用品（一）[J].劳动保护，2001（05）：38-39.

[13] GB 6944—2012.危险货物分类和品名编号.

[14] GB 13690—2009.化学品分类和危险性公示通则.

[15] GB 12268—2012.危险货物品名表.

[16] GB/T 13861—2009.生产过程危险和有害因素分类与代码.

[17] GB 2894—2008.安全标志及其使用导则.

[18] GB/T 11651—2008.个体防护装备选用规范.

[19] GB 6441—86.企业职工伤亡事故分类.

[20] GB/T 18664—2002.呼吸防护用品的选择、使用与维护.

[21] GB 39800.1—2020.个体防护装备配备规范　第 1 部分：总则.

[22] GB 39800.2—2020.个体防护装备配备规范　第 2 部分：石油、化工、天然气.

[23] GB 21148—2020.足部防护　安全鞋.

[24] GB 2811—2019.头部防护　安全帽.

[25] 周国庆.浅谈如何建立健全安全生产责任制 [J].中国安全生产，2019，14（12）：32-33.

[26] 李丽，刘新，康华，等.基于 2010 年—2014 年年度事故统计的我国安全生产形势分析 [J].长春工程学院学报（自然科学版），2015，16（02）：77-79＋128.

[27] 吴海兵.着力安全发展　夯实基础屏障　有效防范事故——广西石油化学工业供销总公司柳州公司柳江石化仓库实现 18 年无安全事故 [J].安全生产与监督，2009（01）：47-48.

[28] 宁书琴，周晓东，辛华.中国石化天津分公司化工部大芳烃车间运行乙班"六个一"安全管理无事故 [J].现代职业安全，2013（09）：70-71.

[29] 胡万吉.2009—2018 年我国化工事故统计与分析 [J].今日消防，2019，4（02）：3-7.

[30] 崔金玲，吕良海，汪彤.2002—2015 年我国重特大事故统计分析 [J].安全、健康和环境，2016，16（12）：4-8.